职业教育
计算机
系列教材

数据可视化
工具、技术及实践

主　编◎程光胜　张钰梅
副主编◎张丽梅　张　亮　廉画画
　　　　朱　超　解晓丽

Neusoft Beyond Technology 东软电子出版社

同济大学出版社
TONGJI UNIVERSITY PRESS
·上海·

内容提要

本书旨在系统培养读者利用主流工具进行数据可视化的核心技能。全书内容围绕实际工作流程展开,首先,指导读者快速搭建高效的数据可视化开发环境,为后续实践奠定基础。随后,重点聚焦于 Excel、PowerBI、ECharts、Matplotlib、Pyecharts 这五大核心工具的应用,强调动手实践,任务驱动,覆盖从简单的数据处理到复杂的交互式图表构建全流程。通过层层递进、逐步深入的理论知识学习,以及丰富的实践案例,学生将建立系统的知识体系,并且能够根据实际需求灵活选用合适工具,有效转化数据为直观洞见,提升数据分析表达能力和职业竞争力,满足企业真实场景下的数据可视化需求,并为相关技能考证和竞赛打下坚实基础。

本书可作为职业教育计算机专业、大数据专业、电子商务专业、管理专业等相关专业课程的教学用书,还可作为数据可视化、数据分析等相关人员更新升级知识和技能的参考用书。

图书在版编目(CIP)数据

数据可视化:工具、技术及实践 / 程光胜,张钰梅主编. -- 上海:同济大学出版社,2025. 6. -- ISBN 978-7-5765-1754-5

Ⅰ. TP31

中国国家版本馆 CIP 数据核字第 2025UB2602 号

数据可视化:工具、技术及实践

主　编　程光胜　张钰梅

副主编　张丽梅　张　亮　廉画画　朱　超　解晓丽

责任编辑　屈斯诗　**责任校对**　徐逢乔　**封面设计**　渲彩轩

出版发行　同济大学出版社　www.tongjipress.com.cn

（地址:上海市四平路 1239 号　邮编:200092　电话:021－65985622）

经　　销　全国各地新华书店

印　　刷　常熟市大宏印刷有限公司

开　　本　787 mm×1092 mm　1/16

印　　张　16.75

字　　数　397 000

版　　次　2025 年 6 月第 1 版

印　　次　2025 年 6 月第 1 次印刷

书　　号　ISBN 978－7－5765－1754－5

定　　价　58.80 元

前　言

想象一下，在满眼的灰色之中，一抹红色为何能够瞬间吸引你的目光？这就是视觉的魔力——它能够在繁杂的信息中迅速锁定焦点，揭示数据背后的秘密。而数据可视化，正是利用这一魔力，将难以捉摸的数据转化为直观、易懂的图形、符号、色彩和纹理，让我们能够更轻松地理解、分析和利用数据。在这个数据驱动的时代，数据可视化已经成为洞察世界、理解复杂现象的重要工具。数字中国建设已经成为国家战略的重要组成部分，而数据作为新型生产要素，更是数字化、网络化、智能化的基石，它不仅是商业决策的得力助手，还是医疗、金融、保险等各个领域中不可或缺的一部分。通过数据可视化，我们能够更直观地理解数据的内涵，洞察其背后的模式和趋势，从而做出更加明智的决策。在这个背景下，数据可视化的重要性不言而喻。为了培养更多具备数据可视化技能的人才，我们编写了本书。

本书具有以下特点：

(1)成果导向的教学内容：在编写本书前，编者团队深入调研了企业需求，基于 OBE (Outcome-Based Education)教育理念，选取与岗位技能点高度契合的教学内容。并以任务导向的教学方式帮助学生在实践中学习、在任务中提升，真正做到学以致用。

(2)工具导向的实践教学：本书注重数据可视化工具的学习与应用，介绍了从传统到现代、从操作型到编程型、从封闭型到开放型的各类工具。通过学习这些工具，学生不仅能够掌握数据可视化的技能，更能够深入理解其背后的原理和思想。

(3)行动导向的教学模式：本书以学生为中心，采用行动导向的教学模式。资讯、计划、决策、实施、检查和评价六个环节，可以帮助学生在实践中学习、在反思中成长，实现知识与技能的全面提升。

由于编者水平有限，加之时间仓促，疏漏之处在所难免，真诚欢迎广大读者提出宝贵的意见和建议，共同促进数据可视化课程的教学发展。

编　者
2025 年 1 月

目　录

序 言

模块一　搭建数据可视化环境

学习情境 1.1　选择数据可视化工具

学习情境描述

年底了，小王基本完成了本年度的项目开发工作，想利用这段时间学习新技术。这天，项目经理告诉小王，明年部分项目需要在前端实现数据的可视化展示，让小王预研一下数据可视化的相关技术和工具。在数字经济背景下，数据价值愈发凸显，数据资源化、数据资产化、数据要素化的趋势愈加显著。然而，随着数据的快速增长和集聚，数据要发挥自身的价值，需要经过一系列的加工处理环节，其中，数据可视化是一项很重要的技术。小王想先了解目前有哪些数据可视化工具，然后再选择适合自身项目开发的工具和环境。

学习目标

➢ 知识目标

(1)了解数据可视化的概念。

(2)了解数据可视化常用的工具。

(3)了解数据可视化的基本理论。

➢ 能力目标

(1)能够利用网络工具检索数据可视化信息。

(2)能够通过官网获取权威和最新信息。

(3)具备对不同的数据可视化工具进行鉴别和评价的能力。

➢ 素质目标

(1)培养自学的能力。

(2)培养信息获取的能力。

(3)培养英文阅读的能力。

学习任务

1.通过百度、知乎、豆瓣等互联网平台检索数据可视化技术及其工具相关内容。

2.通过思维导图等工具对不同的数据可视化工具进行比较分析,总结各种工具的特点、优势和应用场景。

资 讯

引导问题:

1.日常生活中,常通过拍照来记录美好时刻。那么,手机中存放的照片属于数据吗?

2.什么是数据可视化技术?

3.数据可视化工具有哪些?

计 划

1.制订工作方案(表1-1)。

表1-1 工作方案

步骤	工作内容
1	
2	
3	
4	
5	
6	
7	
8	

2.写出数据可视化的输出结果。

3.列出工具清单(表 1-2)。

表 1-2　　工具清单

序号	工具名称	工具版本	备注

4.列出技术清单(表 1-3)。

表 1-3　　技术清单

序号	技术名称	技术版本	备注

决　策

1.阐述自己设计的工作方案。

2.对其他工作方案提出不同看法。

3.教师根据完成情况进行点评,并选出最佳方案。

知识准备

1.数据概述

(1)数据的产生推动计算的发展

人类最早数据记录的产生,可以追溯到 30 000 年前的旧石器时代。那时的人类祖先就开始在岩石、洞穴上,绘制描述自然生活的壁画。法国肖维岩洞壁画(图 1-1)是人类已知最早的史前艺术,创作年代约为公元前 30000 年至公元前 28000 年,壁画的内容大多为动物和捕猎的人类,贴近生活,反映了该时期的部分生活风貌。我国的贺兰山岩画(图 1-2)同样记录了 3 000~10 000 年前远古人类放牧、狩猎、祭祀、征战等生产生活场景,成为研究远古人类文化史、原始艺术史的文化宝库。

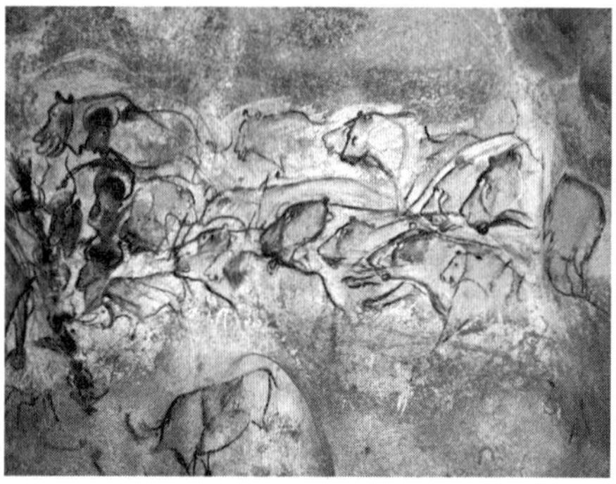

图 1-1 肖维岩洞壁画

图 1-2 贺兰山岩画

到了新石器时代,一些早期的社会形态逐渐形成,人们对于记录的需求日益增强,出现了各种各样的记事方法,其中使用较多的为结绳记事。在我国,《易经 · 系辞传》是有关结绳记事的最早文献记载,其中提到“上古结绳而治,后世圣人易之以书契,百官以治,万民以察”。直到近现代,一些民族依旧沿用了结绳记事。例如,我国哈尼族、瑶族、独龙族、高山族等少数民族直到 20 世纪 50 年代,依然保留这种记事方法。除了结绳记事,还有刻木记事、编贝记事、积石记事等。这些记事方法使数据信息在人类大脑以外的地方得到保存。

考古发现,人类真正意义上的文字,出现于公元前 3200 年左右苏美尔文明的乌鲁克古城,其泥板文书上的原始楔形文字只是一些图画符号。随着人类文明的发展和交流范围的扩大,原始图形无法满足应用需求,于是苏美尔人逐渐简化符号,增加其意义,最终形成以音节表意的抽象楔形文字。事实上,汉字也起源于图画,之后从图画逐渐抽象为图案符号,再由图案符号逐渐抽象为具有意义的文字单元,这一过程持续了几千年。目前,学术界公认的最早汉字,是殷商时期刻在龟甲和兽骨上的甲骨文以及铸造在青铜器上的金文,存在的时期约为公元前 17 世纪至公元前 11 世纪。

随着文字产生的另一个事物,就是数字。文字产生后,各式各样的数学符号也相继出现。印度数字系统在公元前 3 世纪就已经出现,经过阿拉伯人的使用流通之后,最终在阿拉伯帝国时期传入欧洲。1202 年,数学家斐波那契(Fibonacci)发布著作《计算之书》,标志着印度数字在欧洲获得认可。后来,人们就将其称为阿拉伯数字系统,这也是今日最为常见的全球通用的一种数字形式。数字的出现使得人类对事物的描述开始变得数量化、精准化,为一系列高级计算方式的诞生提供了可能。

数字的出现，也推动了计算的发展。回顾历史，算盘是人类历史上最早用来计算的专业工具。在中国，算盘的历史大约可以追溯到汉朝时期的一种更为简单的工具——算筹。算盘由算筹在实际应用的长期过程中改进而来，并于宋元时期广泛流行。使用算盘的计算称为珠算，珠算有对应于四则运算的相应法则。在这个时期，人类就已经具有了通过工具计算数据量较大且较为复杂难解的问题的能力。后来，欧洲逐渐产生了一些机械计算器。1642 年，法国数学家布莱士·帕斯卡(Blaise Pascal)创造出了第一台机械计算机，通过齿轮运作实现加法运算。1673 年，德国数学家、微积分发明人之一戈特弗里德·威廉·莱布尼茨(Gottfried Wilhelm Leibniz)创造出了步进计算器(图 1-3)，这是第一台可以进行加减乘除四则运算的机械计算机。

图 1-3　保存在德意志博物馆的步进计算器复制品

在接下来的两个世纪里，众多发明家在不同时期对步进计算器进行了连续的迭代和更新。他们不断改进这一机械计算工具，使其更加精确和高效。到了 19 世纪 30 年代，英国数学家、发明家查尔斯·巴贝奇(Charles Babbage)提出“通用数字计算机”的设计思想。1812 年，20 岁的查尔斯·巴贝奇从法国人发明的提花编织机中获得启发，经过十年的钻研，于 1822 年制造出了第一台“差分机”，并在 1823 年开始建造第二台 “差分机”。1832 年，查尔斯·巴贝奇设计了一种名为“分析机”的计算设备，并提出了近乎完整的计算机设计方案，首次运用了通用计算机概念，查尔斯·巴贝奇也因此被誉为“计算机之父”。随后，英国数学家阿达·洛芙莱斯(Ada Lovelace)为分析机编写了一份假想程序，并预言“未来会诞生一门全新的、强大的、专为分析所用的语言”，她也因此成为世界上第一位程序员。

1848 年，英国数学家乔治·布尔(George Boole)创立了二进制代数学，为现代二进制计算机奠定了基础。1854 年，乔治·布尔提出了符号逻辑的思想，进一步推动了计算机领域的发展。乔治·布尔的创新奠定了计算机科学的基础，他的理论不仅为逻辑运算和信息处理提供了坚实的数学基础，还影响了现代计算机的逻辑设计和运算方式。1913 年，麻省理工学院的教授范内瓦·布什(Vannevar Bush)制造出了第一台模拟式计算机微分分析仪。1939 年，美国人约翰·阿塔那索夫(John Vincent Atanasoff)和他的学生克利夫·贝瑞(Clifford E. Berry)研制了第一台电子计算机。此后，计算机经过一次次改进和优化，逐渐成为人类迎接信息时代的高效工具。

20 世纪 50 年代，通信领域的学者们开始意识到，不同计算机用户之间也有通信的需求，于是他们开始对分散网络、排队论、分组交换等展开研究。1960 年，美国国防部高级研究计划局出于冷战考虑创建了 ARPA 网络。此后，网络技术日益进步，ARPA 网络逐渐成为互联网发展的基础。1973 年，ARPA 网络被扩展为互联网，接入了来自英国和挪威的计算机。在互联网几十年的发展过程中，ARPA 的罗伯特·卡恩(Robert Kahn)和斯坦福的温顿·瑟夫(Vinton Cerf)提出了 TCP/IP 协议，蒂姆·伯纳斯-李(Tim Berners-Lee)在瑞士欧洲核子研究组织构建了万维网项目。如今，互联网已经达到了高度普及的程度，世界各地的人们都在互联网上分享、下载、上传各种类型的数据，海量的互联网数据正成为一种全新的数据表现形式，相应地，并行计算、分布式计算、集群计算和云计算等技术的出现，为数据科学的研究提供了坚实基础和重要支撑。

(2)数据及数据的 DIKW 模型

如今，只要翻开书本、打开手机，甚至不必主动搜寻，就已经有各种各样的数据源源不断地向我们涌来。大至政府发布的各种人口数据、税务数据，小至物价数据、天气数据，以及自身身体的健康数据等，今天的我们，已经生活在一个离不开数据的世界。数据的产生及数据的应用，将我们带进了数据科学时代。

我们身处数据的漩涡，却又不能准确说出数据到底是什么，我们对数据既熟悉又陌生。当然，不同的学科对数据的定义也是不同的。统计学中的数据，是指为了找出问题背后的规律而需要的、与问题相关的变量的观测值，是对客观现象进行计量的结果；计算机科学中的数据，是指所有能输入计算机并被计算机程序处理的，具有一定意义的数字、字母、符号等的统称。但可以看出，从某个学科来讲，数据的概念被狭义化了。从广义的视角来看，数据是对客观事物的一种符号化描述，具体呈现的形式有文本、图形、图像、声音、视频等。例如，书本上的内容是一种数据，载体是纸张，符号是文本或图像等；商店里面各种商品的价格是一种数据，载体是商品价格单，符号是文本、数字和图像；刻在岩石上的壁画是一种数据，载体是石头，符号是图像；监控拍摄的录像是一种数据，载体是磁盘等数字化设备，符号是视频。因此，凡是记录客观世界里各种事物的符号表示都是数据。数据是对真实世界的简化描述，只能无限逼近，但永远无法完全反映真实世界。

数据中蕴含着有价值的信息，将这些信息提取出来，可以帮助人们做出正确的决策，解决现实遇到的问题和困难。在此过程中，衍生出了数据的 DIKW 模型，其中，D 代表数据(Data)，I 代表信息(Information)，K 代表知识(Knowledge)，W 代表智慧(Wisdom)，如图 1-4 所示。

DIKW 模型呈金字塔形状。在该模型中，数据位于最底层，是对客观事物的数量、属性、位置、状态及其相互关系等的具体表示，属于“原始材料”；信息在数据层之上，是数据的语义化解释，具有一定的时效性，是已经过加工处理，并对决策有指导作用的数据流；知识在信息层之上，是经过人类长期选择与积累的、具有价值的信息，相比信息更具抽象性、逻辑性和价值性；智慧位于模型的最顶层，是人类所具备的、基于已有知识和相关信息对问题进行分析和解决的能力，这种能力运用的结果是将有价值的信息挖掘出来，并使之成为已有知识结构的一部分，进而促进智慧的产生。

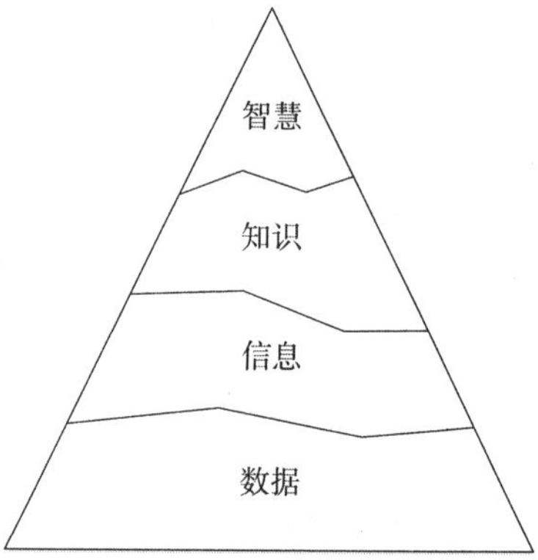

图 1-4 数据的 DIKW 模型

2.数据可视化技术

(1)理解数据可视化

在数据可视化领域，爱德华·塔夫特(Edward Tufte)被誉为“数据界的达·芬奇”。他致力于将每一个数据做成图示物。塔夫特的信息图形不仅能传达信息，还被很多人称作艺术品。塔夫特指出，数据可视化不仅能作为商业分析工具，还能以一种视觉上引人入胜的方式传达数据信息。

信息对接收者的价值受到很多因素的影响。除了数据本身的完整性、准确性和时效性之外，数据的展现方式也将影响信息传递的准确性和接收者的认知。人们常说的“一图胜千言”，即图形能够以更直观的形式呈现出复杂数据所要表达的信息，方便接收者对数据进行进一步分析与应用。特别是面对以 3V[高速(Velocity)、大量(Volume)和多样化(Variety)]为典型特征的大数据，迫切需要利用数据可视化，帮助决策者理解复杂数据背后隐藏的信息。

数据可视化就是使用图形化手段表达数据的变化、联系或者趋势的方法，将数据转换为图形、图像显示出来，其目的是清晰、有效地传达信息，让用户更好地理解和使用数据。按过程来讲，数据可视化主要是记录信息、分析推理并进行信息传播与协同的过程。简而言之，数据可视化意味着以可视化图表的形式来显示数据信息，实现发现、分析、预测、监控和决策的目的。

数据可视化与信息图形、信息可视化、科学可视化以及统计图形密切相关。在当今的研究、教学和开发领域，数据可视化已经成为一个极为活跃且至关重要的方面。

(2)数据可视化的作用

数据可视化主要借助图形化手段，清晰有效地传达与沟通信息，可以从数据中提取信息，并从信息中获取价值。具体而言，数据可视化的作用包括以下三点。

①快速理解信息

据美国宾夕法尼亚大学医学院的研究人员估计，通常情况下，人类视网膜视觉输入(信息)的速度可以和以太网的传输速度相媲美。人类视网膜中大约包含数亿个神经元最快能以大约 10 Mbps 的速度传达信息。丹麦作家陶・诺瑞钱德(Tor Norretranders)证明了人们通过视觉接收的信息比其他任何一种感官都多。如果人们通过视觉接收信息的速度和计算机网络相当，那么通过触觉接收信息的速度就只有它的 10%。人们通过嗅觉和听觉接收信息的速度更慢，大约是触觉接收速度的 10%。此外，人们通过味蕾接收信息的速度也很慢。总体而言，人们通过视觉接收信息的速度比其他感官接收信息的速度快了 10～100 倍。因此，如果包含大量数据的信息被压缩成了充满知识的图片，那么人们接收这些信息的速度会更快。

数据可视化正是利用人类天生的技能来提高数据处理和组织效率。通过图形，以清晰、一致的方式查看大量数据，快速理解这些数据隐含的信息。例如，查尔斯・约瑟夫・米纳德(Charles Joseph Minard)通过绘制拿破仑行军图(图 1-5)呈现丰富的信息。

这幅图通过两个维度(二维图形)展现了 6 种数据，分别是拿破仑军队的数量、行进的路程、维度、经纬度、行进方向和特定日期或事件的位置。图的横轴是一个时间轴(刻度并不均匀)，可以对应每个日期，下面的部分标明了返程时每一天的温度。图的主干部分即如今的带状图，用来表示每个时刻、每个位置的军队人数，其中浅灰色的带状区域表示向莫斯科行进的军队，黑色的带状区域表示返回巴黎的军队，带状的宽度表示了当时军人的数量。带状区域向横轴的投影对应了时刻，同时根据当时所在位置的经纬度，可以计算其指向莫斯科的方向(角度)，所以带状区域的方向就是当时的真实行军方向。这样，带状区域上的任一点，可以对应一个地点和时间，从而对应一个关键的事件(比如经过某个地点)。如果行进的过程中有分兵，也能通过分支的区域画出来。

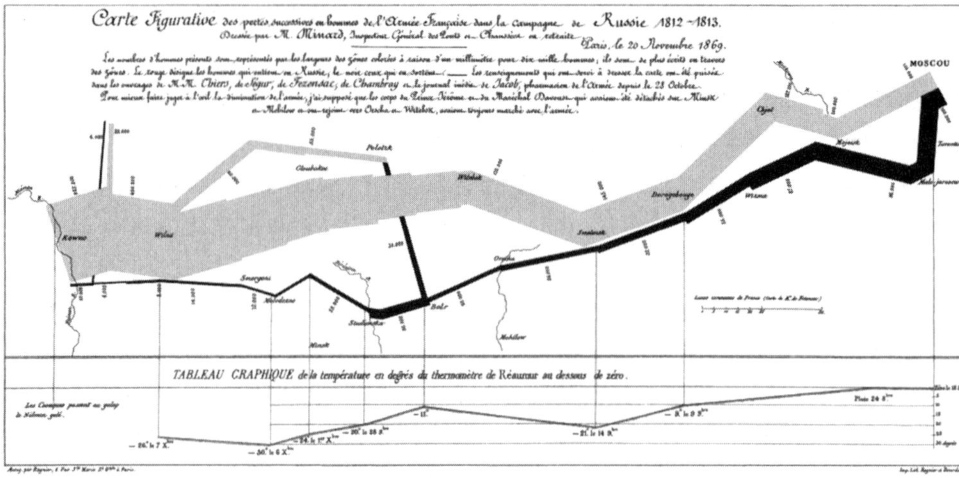

图 1-5　拿破仑行军图

“乘兴而来，败兴而归”，可以精准地概括拿破仑在这场战争中的状态。

战争虽然结束了，但仍然反复被人们研究和讨论。近 50 年后，查尔斯·约瑟夫·米纳德在 80 岁高龄创新地运用展现人员流动的图表再现了俄法战争。这张图直观地描绘出了当年的“乘兴”和“败兴”。该图有效展现了统计信息及历史人文背景，加之信息量丰富，达到“一图胜千言”的效果，被信息设计的先驱者、视觉化大师爱德华·塔夫特誉为迄今为止最好的统计图表。

同样，统计学家安斯库姆(F.J.Anscombe)四重奏的例子很好地说明数据可视化对快速理解信息的作用。1973 年，安斯库姆构造出了四个数据集，它们的平均数、方差、相关系数和线性方程式完全一致，这些数据集具有几乎相同的简单描述性统计数据。单从这些统计指标来看，四组数据所反映的实际情况非常相近，然而事实上，这四组数据有着天壤之别。通过绘制这四组数据的散点图(图 1-6)，可以看出这些数据中的点的分布完全不同。

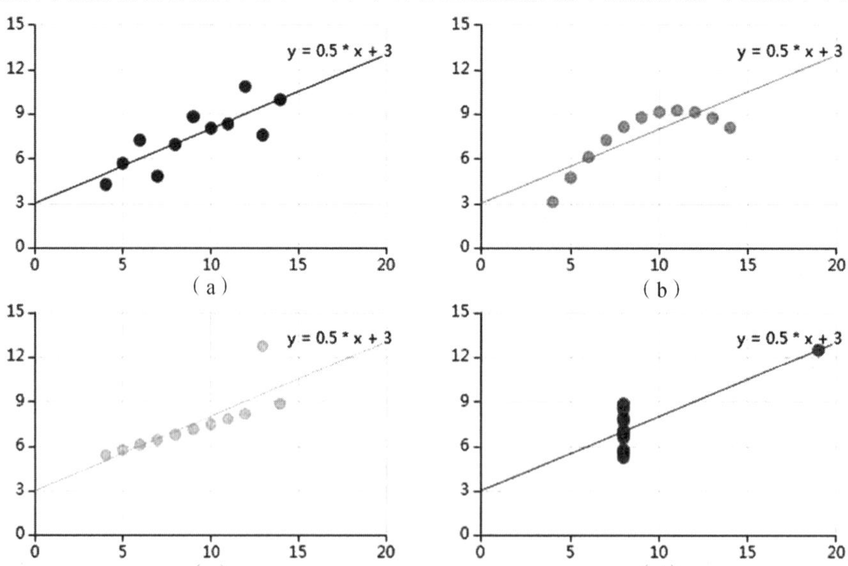

图 1-6　安斯库姆四组数据散点图

图 1-6(a)是线性关系图,是大多数人看到统计指标的第一反应,是最“正常”的一组数据;图 1-6(b)是曲线关系图,所反映的事实上是一个精确的二次函数关系,只是在错误地应用线性模型后,各项统计指标恰好与第一组相同;图 1-6(c)是异常值图,描述的是一个精确的线性关系,只是这里面有一个异常值,它导致了各个统计指标尤其是相关度值的偏差;图 1-6(d)为极端异常值图,展现了一个更极端的例子,异常值导致了均值、方差、相关度、线性回归线等所有统计指标显著扭曲。

②挖掘有价值信息

数据之间以及数据描述的对象之间,往往存在隐含的、难以直接观测的信息,而数据可视化能够以图形方式揭示出这些信息,从而发现问题的根源,帮助人们做出科学的决策。例如,1854 年,英国布洛德大街暴发大规模霍乱,当时了解微生物理论的人很少,人们不清楚霍乱的传播途径,而“瘴气传播理论”是当时的主导理论。内科医生约翰 · 斯诺(John Snow)对这种理论表示了怀疑,并于 1855 年发表了关于霍乱传播理论的论文,其主要依据如图 1-7 所示。图中正中心沿东西方向的街道即为布洛德大街,黑色条形表示死亡的地点,死亡人数越多条形越长。这幅图形揭示了一个重要现象,死亡发生地都在街道中部一处水井(水泵)周围,市内其他水源周围极少发现死者。经过进一步调查,他发现这些死者都饮用过这里的井水,结合其他证据得出饮用水传播的结论,于是移掉了该水泵的把手,霍乱最终得到控制。

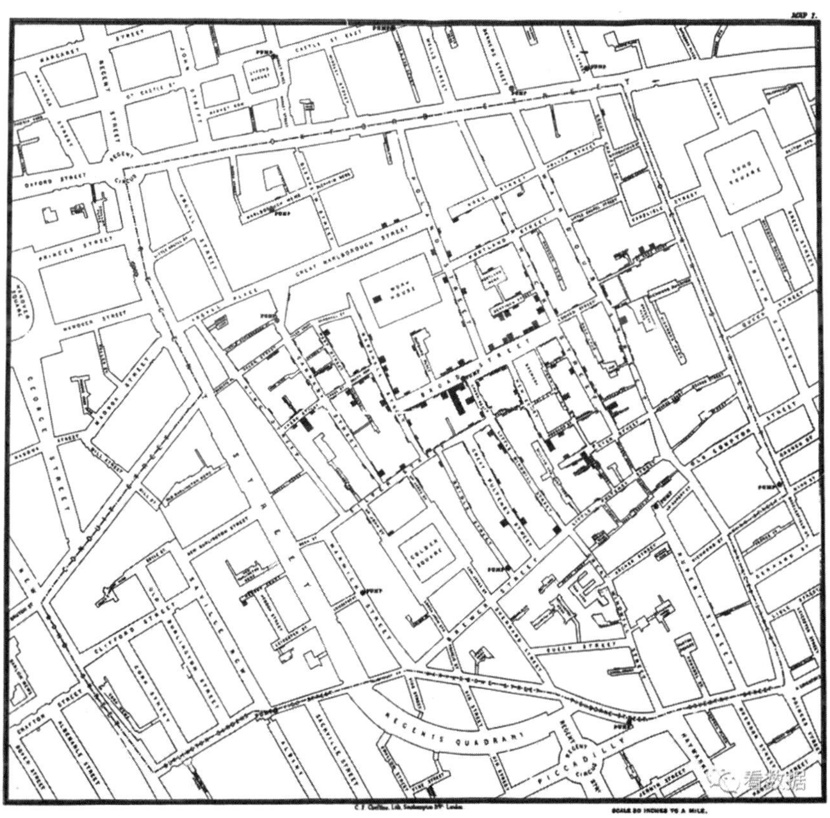

图 1-7　霍乱传播地图

这幅图被爱德华·塔夫特选为经典案例,用来说明数据可视化的重要性。在这个例子中,约翰·斯诺亲自上门统计死亡病例,并记录死者具体的住址,每出现一起死亡病例,他就在该地址上画一条黑线,多条黑线堆叠起来就形成了条形,一个地址条形越长说明死亡人数越多。这样所有的数据都能够画在地图上,并且可通过地图一目了然地发现死亡病例的分布规律,然后推断可能的原因,最终结合他作为医生的专业背景提出假设,通过移除水泵把手的方式尝试解决问题,果然控制住了疫情的传播。这是一个经典的科学分析的案例,也是数据可视化的成功典范。因为它揭示了问题的根本原因,并启发了解决方案。这个解决方案之所以被发现,是因为约翰·斯诺突破了当时可视化技术的界限。在点图和热图还没有完全开创的时代,这种早期的尝试是令人难以置信的创新。

通常,人们认为,数据可视化的目的是漂亮和炫酷,所以可能走入追求新技术的极端。但从这个近200年前的例子中可以发现,数据可视化的本质是数据分析。用一种直观的方式发现数据中隐藏的信息才是数据可视化的真正意义。

③证实假设或猜想

除了帮助快速理解信息、识别关系和模式之外,数据可视化还能够帮助论证假设或猜想。一般通过A/B测试的模式来验证假设。南丁格尔发明的玫瑰图(Nightingale's rose diagram)就是利用数据可视化证实假设的经典案例。

如图1-8所示,这种长得像饼图又不是饼图,有着极坐标的统计图即为南丁格尔玫瑰图,又名鸡冠花图(Coxcomb chart)或极坐标区域图(Polar area diagram)。南丁格尔玫瑰图将柱图转化为更美观的饼图形式,是极坐标化的柱图,它放大了数据之间差异的视觉效果,适合展示差异较小的数据。该图的发明者南丁格尔(Florence Nightingale)女士是一位护士,也是一名统计学家,同时也是英国皇家统计学会的第一位女性会员。

19世纪50年代,英国、法国、土耳其和俄国进行了克里米亚战争。南丁格尔主动申请担任战地护士。当时的战地医院卫生条件极差,受伤战士死亡率高达42%,直到1855年卫生委员会为战地医院改善整体的卫生环境后,受伤战士的死亡率才降至2.5%。当时的南丁格尔注意到了这件事,认为政府应该改善战地医院的条件来拯救更多年轻的生命。

出于对根据资料统计的结果可能会不受重视的考虑,她发展出南丁格尔玫瑰图(图1-8)。从整体上来看,这张图是用来说明、比较战地医院伤患因各种原因死亡的人数,每块扇形代表着各个月份中的死亡人数,面积越大代表死亡人数越多。

图1-8中,各色块圆饼区均由圆心往外的面积来表现数字;浅灰色区域代表死于原本可避免的感染的士兵数;深灰色区域代表因受伤过重而死亡的士兵数;黑色区域代表死于其他原因的士兵数;1854年10月、1855年4月的深灰色区域和黑色区域恰好面积相等;1856年1月与2月的浅灰色区域和黑色区域恰好面积相等;1854年11月深灰色区域中的黑线指出该月的黑色区域大小。

由图1-8可知,左、右两个玫瑰图被时间点"1855年3月"所隔开。左、右两个玫瑰图都包含了12个月的数据。其中,右侧较大的玫瑰图展现的是1854年4月至1855年3月的数据;而左侧的玫瑰图展现的则是1855年4月至1856年3月的数据。通过对左、右两图面积大小的对比,可以得出结论:

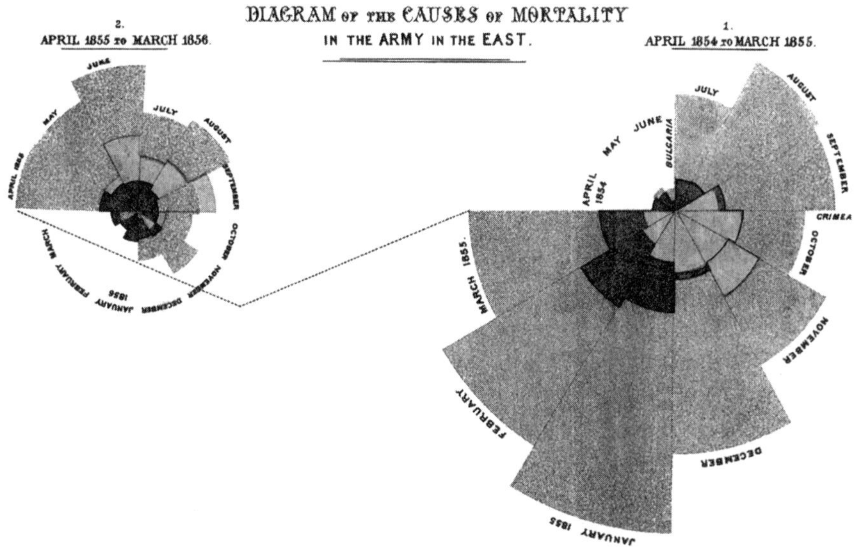

图 1-8 南丁格尔玫瑰图

第一,深灰色的区域的面积明显大于其他颜色,这意味着大多数的伤亡并非直接来自战争,而是来自糟糕医疗环境下的感染。

第二,卫生委员到达后(1855 年 3 月),死亡人数明显下降。

这幅图让政府相关官员了解到改善医院的医疗状况可以显著地降低死亡率。南丁格尔的方法打动了当时的高层,包括军方人士甚至维多利亚女王,于是医事改良的提案才得到支持。

3.数据可视化工具

数据可视化工具分为可视化软件工具和可视化编程语言。可视化软件工具在第三方软件的基础上,通过所提供的工具及模板对导入的数据进行可视化。此类工具对用户的技术要求相对较低,但是往往需要花费一定成本购买软件的使用权。可视化编程语言通过编程的方式实现可视化,该方式所使用的编程语言大多是免费的,但是需要用户具备一定的程序语言基础,技术门槛相对较高。

(1)可视化软件工具

可视化软件工具主要有 Excel、Tableau、SPSS、Sugar BI 等。

①Excel

Excel 是微软公司开发的一款电子表格软件,其直观的界面、出色的计算功能和图表工具,再加上成功的市场营销,使 Excel 成为目前最流行的个人计算机数据处理软件。作为一个入门级工具,Excel 拥有强大的函数库,是快速分析数据的理想工具。Excel 的图形化功能虽然可以满足大部分基础应用场合,但是算不上功能强大,而且在制作可视化图表时,图表中的颜色、线条和样式可选择的范围有限,这也意味着用 Excel 很难制作出符合专业出版物和网站需要的数据图。在 Excel 2010 以上的版本中可以加载 PowerPivot 等一系列程序。这些程序为 Excel 添加了更多的数据模型和新功能,如动态图表、数据透视图等,从而便于开发者更好地制作可视化图表。

Excel 提供的部分可视化图表类型如图 1-9 所示。用户可以根据数据的类型和数据可视化的目的,选择合适的图表类型。

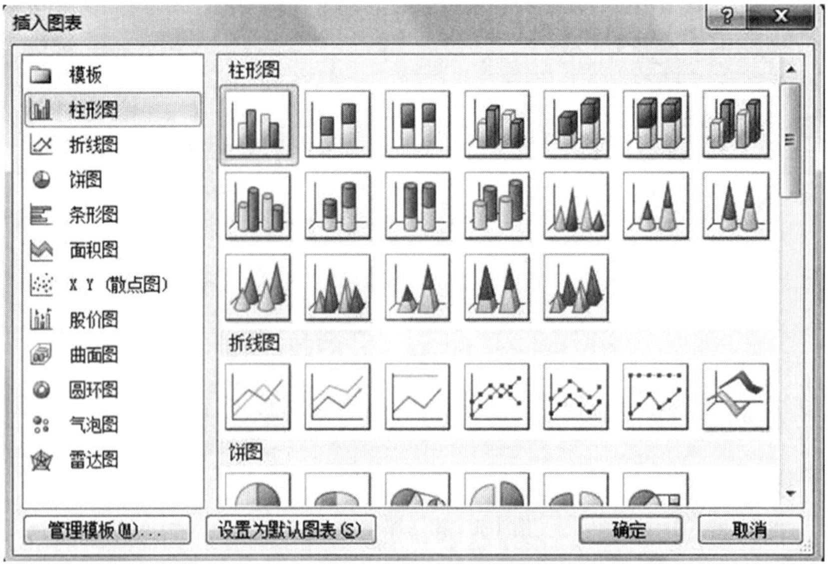

图 1-9　Excel 提供的可视化图表类型

柱形图和条形图是从属性视角可视化数量数据的常用图表,用条柱的长度表示数量变量取值的大小,而不同的条柱表示不同的属性,包括簇状柱形图、堆积柱形图、百分比堆积柱形图、三维簇状柱形图、三维堆积柱形图等;折线图可以清晰地展示数据随相应因素变化的走势,包括基础折线图、堆积折线图、百分比堆积折线图、带数据标记的折线图等。饼图是用来表示各要素分别占整体的百分比的图表,包括基础饼图、三维饼图、复合饼图、复合条饼图、圆环图等。散点图反映的是两个数量数据之间的相关关系或整体的分布情况,包括基础散点图、带平滑线的散点图、带平滑线和数据标记的散点图、带直线的散点图、带直线和数据标记的散点图等。面积图是指在折线图内部填充颜色的图表,包括基础面积图、堆积面积图和百分比堆积面积图等。

②Tableau

Tableau 与大多数商务智能(Business Intelligence,BI)工具一样,通过可视化方式进行数据分析。不同于传统的 BI 工具,Tableau 是一款"轻"BI 工具。用户可以在 Tableau 的拖放界面中可视化任何数据,探索不同的视图,甚至可以轻松地将多个数据库组合在一起。Tableau 不需要任何复杂的脚本,旨在轻松创建和分发交互式数据仪表板,通过简单而有效的视觉效果对动态、变化趋势和数据密度分布进行深入描述。

Tableau 提供了多种具有鲜明特征的可视化功能。Tableau 提供的可视化类型库包括"文字云"和"气泡图",可为用户提供独特的高级别理解。树状图可提供上下文信息,强化视觉效果,通常用于描述分类数据,重点关注最相关的信息。

Tableau 是企业级的可视化工具,分为 Desktop 版和 Server 版。Desktop 版又分为个人版和专业版,个人版只能连接到本地数据源,专业版可以连接到服务器上的数据库;Server 版主要用于处理、上传和管理仪表板数据,各个用户通过访问同一个 Server 可以查看其他同事处理的数据信息。除此之外,Tableau 还可以与 Amazon Web Services(AWS)、MySQL、

Hadoop、Teradata 以及 SAP 等平台或系统协作，成为一个能够创建详细图形和展示直观数据的多功能工具，从而辅助企业中的各级管理人员做出决策。

③SPSS

SPSS 是世界上应用最广泛的专业统计软件之一。SPSS 不仅提供了各种成熟的统计方法和模型，为用户提供了全方位的统计方法，如方差分析、回归分析、多元统计分析方法、生存分析方法等，还提供了各种数据准备与数据整理技术。此外，SPSS 还能提供自由灵活的表格功能，使制表变得更加简单、直接。SPSS 可绘制各种常用的统计图形，如条形图、饼图、直方图、散点图等，以对数据进行全面直观的展示。

SPSS 之所以有广大的用户群，不仅因为它是一种权威的统计学工具，还因为它是一款非常简单易学的软件。它的界面(图 1-10)友好、操作简单，便于统计分析人员使用。不断增强其易用性几乎是近十几年来 SPSS 的核心改进方向。另外，SPSS 也向高级用户提供了编程功能，使分析工作变得更加节省时间和精力。

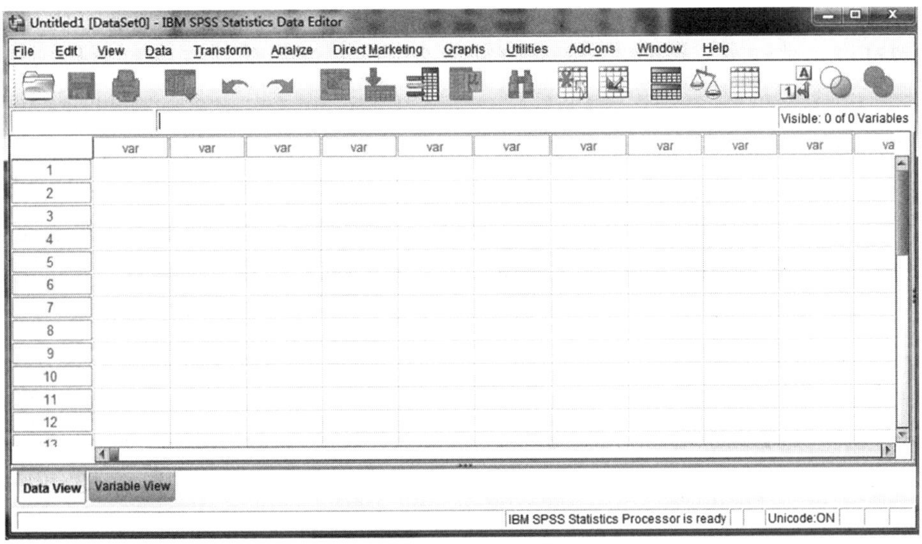

图 1-10 SPSS 工作界面

④Sugar BI

Sugar BI 是基于百度云推出的更敏捷的 BI 和数据可视化在线平台，目的是解决报表和大屏的数据 BI 分析与可视化问题。Sugar BI 提供界面优美、体验良好的交互设计，拖拽图表组件即可快速搭建数据可视化页面，并对数据进行快速分析。

Sugar BI 支持连接多种数据源，包括 Excel/CSV、MySQL、SQL Server、PostgreSQL、Oracle、GreenPlum、Kylin、Hive、Spark SQL、Impala、Presto、Vertica 等，还可以通过 API、静态 Json 方式绑定可视化图表的数据，简单灵活。大屏与报表的图表数据源可以复用，便于用户为同一套数据搭建不同的展示形式。

(2)可视化编程语言

①ECharts

ECharts 是一个使用 JavaScript 来实现的开源可视化库，能兼容市面上的大部分浏览器，如 IE、FireFox、Chrome、Safari 等，在 PC 端和移动端都能流畅运行。ECharts 的底层依赖图形库 ZRender，能提供直观、生动、可交互、可个性化定制的数据可视化图表。ECharts 最初由百度团队开源，于 2018 年年初捐赠给 Apache 软件基金会（ASF），成为 ASF 孵化级项目。2021 年 1 月 26 日，ECharts 成为 Apache 顶级项目。

ECharts 可绘制多种图形。其中，盒形图用于统计；地图、热力图、线图用于地理数据的可视化；关系图、树状图、旭日图用于关系数据的可视化；平行图用于多维数据的可视化；漏斗图用于 BI、仪表盘的可视化。ECharts 还支持图与图之间的混搭。

ECharts 支持使用 HTML5 中的 VML、SVG（4.0＋）、Canvas 技术渲染图表。其中，VML 可以兼容低版本 IE，SVG 使移动端不再为内存容量担忧，Canvas 技术可以轻松应对大数据量和特效的展现。不同的渲染方式为用户提供了更多选择，使得 ECharts 在各种场景下都有很好的表现。

ECharts 能够展现十万数量级的数据，也提供了对流加载（4.0＋）的支持，支持使用 WebSocket 或者对数据分块后加载，加载多少就同步渲染多少，无须等待所有数据加载完再进行绘制，大大节省时间。此外，ECharts 针对客户端交互做了细致的优化，例如，在 PC 端可以用鼠标缩放（用鼠标滚轮）、平移图表。在移动端则可以用手指缩放、平移图表。

②Python

Python 由吉多・范罗苏姆（Guido van Rossum）于 1989 年年底开始设计与开发，并于 1991 年发布了第一个公开发行版本。Python 是一门免费、开源的跨平台高级动态编程语言，支持命令式编程、函数式编程，完全支持面向对象程序设计，拥有大量功能强大的内置对象、标准库和扩展库。经过多年的发展，Python 已经渗透到计算机科学与技术、统计分析、移动终端开发、科学计算可视化、逆向工程与软件分析、图形编程与图像处理、人工智能、游戏设计与策划、网站开发、数据采集、大数据处理、密码学、系统运维、音乐编程、计算机辅助教育、医药辅助设计、天文信息处理、化学、生物等几乎所有专业和领域。例如，谷歌搜索引擎的核心代码以及迪士尼公司的动画制作与生成均使用 Python 实现，大部分 UNIX 和 Linux 都内建了 Python 环境支持，豆瓣网使用 Python 作为主体开发语言进行网站架构和有关应用的设计与开发，网易公司旗下多款网络游戏的服务器端架构均采用 Python 进行核心业务设计与开发，易度的 PaaA 企业应用云端开发平台和百度云计算平台 BAE 也都使用了 Python 语言，美国宇航局使用 Python 实现了 CAD/CAE/PDM 库及模型管理系统的构建，雅虎公司使用 Python 建立全球范围的站点群，微软公司的集成开发环境 Visual Studio 2015 开始默认支持 Python 语言，开源 ERP 系统 Odoo 完全采用 Python 语言开发，引力波数据是用 Python 进行处理和分析的，类似应用不胜枚举。

一般来讲，Python 可视化是基于 NumPy 库、Pandas 库、Matplotlib 库、Seaborn 库、Pyecharts 库等第三方库来实现的。

NumPy 库是 Python 做数据处理的底层库，是高性能科学计算和数据分析的基础，掌握 NumPy 库的数据处理功能是利用 Python 做数据运算和机器学习的基础。NumPy 库最核心的部分是 N 维数组对象，即 Ndarray 对象，它具有矢量算术能力和复杂的广播能力，可以执行科学计算。Ndarray 对象同时拥有对高维数组的处理能力，这是数值计算不可或缺的重要特性。NumPy 库对 Ndarray 对象的基本操作包括数组的创建、索引和切片、运算、转置和轴对称等。NumPy 数组中可以保存任何类型的数据，如整数、字符串、浮点数等。

Pandas 库是 Python 下著名的数据分析库，主要功能是进行大量的数据处理。Series 和 DataFrame 是 Pandas 库的两类主要的数据结构。其中，Series 是一维的，DataFrame 是二维的。基于 Pandas 库，可以完成数据读取、数据整理和数据可视化等主要步骤。在多数情况下，数据可视化的数据来源于外部数据，如 CSV 文件、Excel 文件、Json 文件和数据库文件等。

Matplotlib 库是 Python 中最流行的数据可视化库，它的功能十分强大，绘图风格类似 MATLAB。Matplotlib 库通过 pyplot 模块提供了一套绘图 API，将众多绘图对象构成的复杂结构隐藏在这套 API 内部，用户只需要调用 pyplot 模块提供的方法，即可以渐进的方式快速绘图，并设置图表的各种细节，如创建画布、在画布中创建一个绘图区、在绘图区上画几条线、给图像添加文字说明等，而且可以输出为 PNG 或 PDF 等多种文件格式。

Seaborn 库是在 Matplotlib 库基础上的高级 API 封装，它提供了一个高级界面绘制统计图形，使数据可视化更加方便、美观。

Pyecharts 库是基于 ECharts 的类库，用于生成 ECharts 图表，是将 Python 与 ECharts 相结合的数据可视化工具。使用 Pyecharts 库可以制作多种图表，这些图表基于 Web 浏览器进行显示。

③R 语言

罗斯・伊哈卡(Ross Ihaka)和罗伯特・杰特曼(Robert Gentleman)创造了 R 语言，该语言也因两位作者名字的首位字母而得名。R 语言专注于统计模型和数据分析与可视化，编程容易、资源丰富、入门门槛低。它的设计理念是“人类的时间永远比机器的时间更宝贵”。在数据科学领域，R 语言虽然经常因为运算性能较弱被诟病，但它一直是数据科学领域最简易的编程语言，可以用最少的代码来解决复杂的分析问题。

R 语言继承与发展了贝尔实验室开发的 S 语言，著名的 C 语言、UNIX 系统也是由贝尔实验室开发的。R 语言是一个属于 GNU 系统的自由、免费、源代码开放的软件，在多个商业领域有着广泛的应用。

R 语言具有完善的数据类型，如向量、矩阵、因子、数据集、一般对象等，且支持缺失值。其代码像伪代码一样简洁、可读。R 语言强调交互式数据分析，支持复杂算法描述，图形功能强，实现了经典的、现代的统计方法，如参数和非参数假设检验、线性回归、广义线性回归、非线性回归、可加模型、树回归、混合模型、方差分析、判别、聚类、时间序列分析等。

R 程序安装后，启动界面如图 1-11 所示。

目前，R 语言已成为统计计算和图表呈现的软件环境，并且还在不断发展。R 语言的核心开发团队完善了其核心产品，这将推动其进入全新方向。众多统计分析和数据挖掘人员利用 R 语言开发统计软件并实现数据分析。

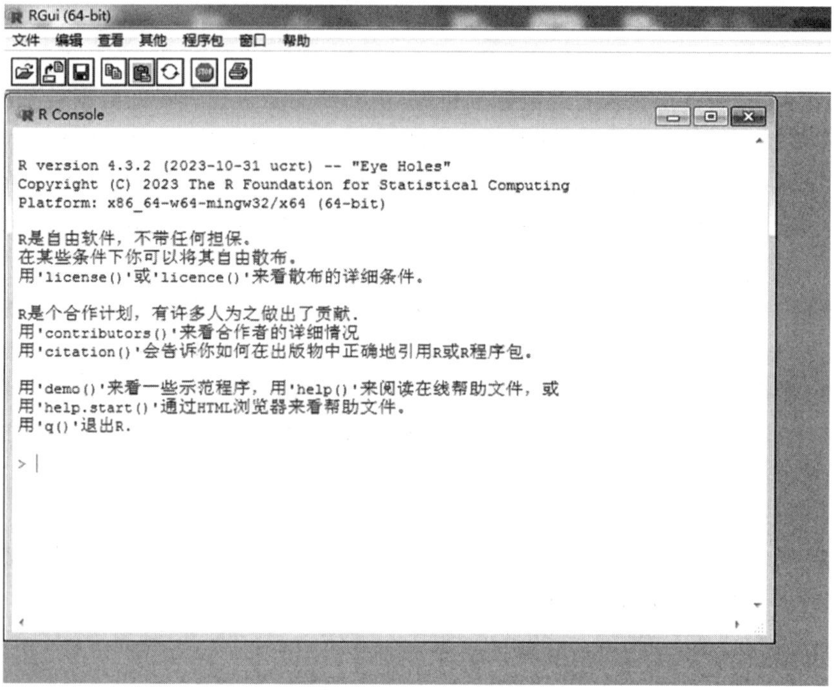

图 1-11 R 程序启动界面

延伸阅读

成立国家数据局,助推数字经济发展

2023 年 10 月 25 日,国家数据局正式揭牌。国家数据局的设立显示出数据在当今的经济体系中已经变得非常重要。以数据为核心的数字经济,是如今世界经济发展的核心领域。我国提出要大力发展数字经济,牢牢抓住数字技术发展主动权,把握新一轮科技革命和产业变革发展先机。2019 年,《中共中央关于坚持和完善中国特色社会主义制度 推进国家治理体系和治理能力现代化若干重大问题的决定》首次将数据列为生产要素。2020 年,《中共中央 国务院关于构建更加完善的要素市场化配置体制机制的意见》首次将数据作为一种新型生产要素写入中央文件,与土地、劳动力、资本、技术等传统要素并列。2022 年 1 月,国务院印发了《"十四五"数字经济发展规划》,从顶层设计上明确了数字经济及其重点领域发展的总体思路、发展目标、重点任务和重大举措。2022 年 12 月,中共中央、国务院印发《关于构建数据基础制度更好发挥数据要素作用的意见》,通过"一条主线、四项制度、四项措施",充分实现数据要素价值、促进数字经济发展。

数字经济是继农业经济、工业经济之后的新经济形态,从某种程度上来说,数字经济的外在表现包括平台经济和算力经济。数据驱动的平台化模式引领各行各业衍生出更多的新业态和新模式,成为推动价值创造和价值聚集的重要载体。我国是一个数据大国,具有数字经济的发展优势。但不可否认的是,数据要素市场的发展仍然面临着较大挑战,数据要素基础制度尚未明确。除此之外,数据也可能涉及国家主权和国家安全利益,因此各国立法都对数据跨境行为设定了数据安全审查流程。由此可见,数据是数字经济时代的复杂客体,关涉多个方面的利益。在理论层面，数据面临着确权难题，这进一步制约了我国数据要素市场的发展。

面对数字经济时代的现实挑战，党中央、国务院高屋建瓴、审时度势，《党和国家机构改革方案》中明确提出组建国家数据局，承担协调推进数据基础制度建设、数据资源整合共享和开发利用等职能。这是一次具有重要意义的机构改革，优化了数据管理体制，将国家数据局作为数据发展的宏观统筹核心，确保了数字经济发展中的分工科学、职责明确、目标明确，有利于形成有效的目标约束机制。

任务实施

按照本学习情境所涉及的知识点，本任务将展示"选择数据分析工具"的具体实施过程。在学习情境描述中要求"需要在前端实现数据的可视化展示"，而在前端开发的三大技术中，HTML 主要用于搭建网页结构，CSS 用于美化页面，JavaScript 用于实现交互。因此基于编程语言的数据可视化工具需要无缝对接 JavaScript。目前，基于 JavaScript 的数据可视化工具比较丰富，其中具有代表性的工具如图 1-12 所示。

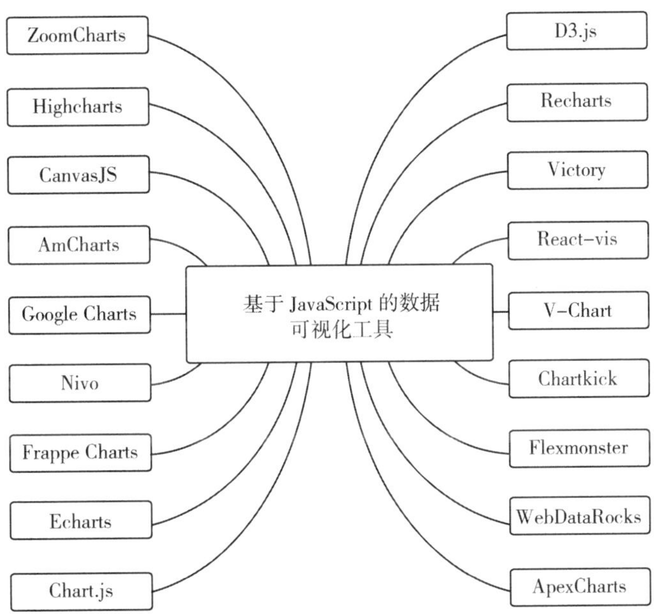

图 1-12 基于 JavaScript 的数据可视化工具

D3.js 不仅用于在 Web 浏览器中生成动态、交互式的数据可视化，还用于动画设计、数据分析、地理信息可视化和数据实用程序开发。D3.js 使用可缩放矢量图形(SVG)、HTML5 和级联样式表(CSS)标准。D3.js 将数据绑定到 DOM 及其元素，能够通过更改数据来操作可视化效果。

Recharts 是一个使用 React 的数据可视化库，它在后台使用 D3.js 并公开声明性组件。Recharts 非常轻巧，可以渲染 SVG 元素以创建美观的交互式图表。该库可以制作各种类型的图表，同时允许根据用户个人需求进行高度自定义。

Victory 是一个用于构建交互式数据可视化的 ReactJS 库。它依靠 D3.js 进行强大的底层数学运算,依靠 Radium 进行内联样式管理,依靠 React 进行其他大部分操作。Victory 专门为 React 和 React Native 设计模块化图表组件,以轻松实现跨平台图表绘制。

React-vis 是 Uber 公司开源的数据可视化库,基于 React 和 D3.js, React-vis 库的安装和使用非常简单。它拥有 Uber 支持的优秀文档,可以快速创建常用图表,如折线图、面积图、条形图、饼图、树状图等。React-vis 体积量轻,动画简单且流畅,还允许基于现有元素编写自定义图表。

V-Chart 基于 Vue2.x 和 Echarts,用于创建具有简单数据配置的通用图表。

Chartkick 是一个图表绘制工具,其用户界面(User Interface,UI)美观,且使用简单。

Flexmonster 是用于可视化业务数据的 JavaScript 工具,可以在 Web 应用程序上可视化复杂的业务信息。它支持 Microsoft Analysis Services OLAP 多维数据集、Mondrian、icCube、Salesforce、SAP 和 SQL 等多种数据平台或系统。

WebDataRocks 是一个用 JavaScript 编写的可嵌入的 Web 数据透视表,可以在 Web 应用程序中使用,并根据数据构建交互式报表。

ApexCharts 是一个带有 Vue.js 和 React 包装器的 SVG 图表库,支持缩放、平移、滚动数据,支持在图表上放置信息性注释等。

Chart.js 是一个免费的 JavaScript 库,用于制作基于 HTML 的图表,是最简单的 JavaScript 可视化库之一,并且附带多种类型内置图表,允许使用 HTML5 Canvas 元素构建响应式图表。

Echarts 是一个由百度开源的数据可视化库,凭借着良好的交互性、精巧的图表设计,得到了许多开发者的认可。

Frappe Charts 是一个开源 SVG 图表组件。它是受 GitHub 的视觉效果启发所开发的软件包,支持折线图、条形图和其他类型的图表。

Nivo 是一个基于 D3.js 和 React 构建的框架,提供了多种不同类型的组件来呈现数据。Nivo 提供了许多自定义选项,以及三个渲染选项(即 Canvas、SVG 和基于 API 的 HTML)。

Google Charts 是一个纯粹的基于 JavaScript 的图表库,旨在通过添加交互式图表功能来增强 Web 应用程序。Google Charts 提供了各种各样的图表,例如,折线图、面积图、条形图、饼图等。

AmCharts 是一组基于 JavaScript 的数据可视化库,包括常规图表类型,如散点图、饼图等,以及股票图表和地图等高级版本。AmCharts 可以从简单的 CSV 或 XML 文件中提取数据,同时也支持从动态数据源读取并生成图表,可无缝对接 PHP、.NET、Ruby on Rails、Perl 等后端技术提供的数据服务。

CanvasJS 是一个易于使用的 HTML5 和 JavaScript 图表库,可以在 Canvas 元素上构建。CanvasJS 能够帮助用户创建响应式、动态、可渲染、轻量级和丰富的 UI 仪表板和图表,这些 UI 仪表板和图表可以在所有设备上工作,且不会影响 Web 应用程序的功能或维护。

Highcharts 是一个纯粹的基于 JavaScript 的图表库, 能够轻松便捷地在 Web 网站或

Web 应用程序添加具有交互性的图表。

ZoomCharts 是一个基于 JavaScript 和 HTML 5 的图表库，只需简洁的代码就可向应用程序添加视觉丰富的交互式图表。ZoomCharts 可以与服务端编程语言及前端框架一起使用。

综上，从应用生态的成熟性、支持图表的丰富性、用户交互的友好性、图表展现的美观性以及开发使用的开源性和免费性等多个角度考虑，本书最终选择百度公司的 ECharts 作为数据可视化工具。

检　查

各自完成学习情境的任务并展示结果，介绍任务的完成情况。作品展示前应准备阐述材料，并完成自查。自查单见表 1-4。

表 1-4　　自查单

学习情境 1.1	选择数据可视化工具		
检查项目	检查标准	分值	得分
信息检索	能够使用网络工具准确检索数据可视化相关信息	20	
归纳整理	能够对不同的数据可视化工具进行分类	20	
比较分析	能够综合分析不同数据可视化工具的优缺点	20	
工作结果	能够根据实际需求，选择最优的数据可视化工具	40	
合计		100	

学生展示过程中，以个人为单位，对任务结果进行互查。互查单见表 1-5。

表 1-5　　互查单

学习情境 1.1		选择数据可视化工具							
评价项目	分值	等级				评价对象			
		优 (100%)	良 (80%)	中 (60%)	差 (40%)	1	2	3	4
计划合理	10								
方案准确	10								
工作质量	20								
工作效率	20								
工作完整	10								
工作规范	10								
成果展示	20								
合计	100								

评 价

教师对学生的工作过程和工作结果进行综合评价,填写综合评价表,见表 1-6。

表 1-6 综合评价表

<table>
<tr><td colspan="2">学习情境 1.1</td><td colspan="3">选择数据可视化工具</td></tr>
<tr><td colspan="2">评价项目</td><td>评价标准</td><td>分值</td><td>得分</td></tr>
<tr><td colspan="2">考勤(20%)</td><td>无迟到、早退、旷课现象</td><td>20</td><td></td></tr>
<tr><td rowspan="4">工作过程(40%)</td><td>方案制作</td><td>能有效制订整个工作方案</td><td>10</td><td></td></tr>
<tr><td>工具运用</td><td>能有效使用相关工具</td><td>10</td><td></td></tr>
<tr><td>工作态度</td><td>态度端正、工作认真、积极向上</td><td>10</td><td></td></tr>
<tr><td>职业素养</td><td>一丝不苟、精益求精</td><td>10</td><td></td></tr>
<tr><td rowspan="4">工作结果(40%)</td><td>工作完整</td><td>能按时完成任务</td><td>10</td><td></td></tr>
<tr><td>工作质量</td><td>能按计划完成任务</td><td>10</td><td></td></tr>
<tr><td>材料准备</td><td>能准备成果展示所需要的材料</td><td>10</td><td></td></tr>
<tr><td>成果展示</td><td>能准确表达、汇报工作成果</td><td>10</td><td></td></tr>
</table>

拓展思考

1.数据可视化的一般过程是什么?

2.数据可视化与数据分析之间的关系是什么?

3.数据可视化的图形要素有哪些?

学习情境 1.2 了解数据可视化基本图形

学习情境描述

小王结合项目实际选定可视化工具之后,他开始思考如何将数据以图表的方式有效地呈现出来。经查询资料后发现,图形类型丰富多样,包括柱形图、散点图、雷达图、马赛克图等,这让他产生了疑惑:应该根据数据决定图形呢?还是通过图形选择数据呢?而且不同图形有其自身的特色和优势,在项目开发中,应该如何确定并使用合适的可视化图形呢?

学习目标

➢ 知识目标

(1)了解数据可视化涉及的图形类型。

(2)了解每种可视化图形的基本特征。

(3)了解基本的数据类型。

➢ 能力目标

(1)能够根据实际需求选择相应的可视化图形。

(2)能够把握数据类型与可视化图形之间的关系。

(3)具备对不同的可视化图形依据数据类型进行归纳总结的能力。

➢ 素质目标

(1)培养欣赏图形美的能力。

(2)培养多学科交叉的复合型能力。

(3)培养综合分析的能力。

学习任务

1.学习数据可视化基本图形。

2.通过思维导图或表格等工具,总结数据类型和数据可视化基本图形之间的关系。

资讯

引导问题:

1.小明想把自己 8 次的考试成绩以图形的方式展现出来,选择使用折线图还是雷达图更合适呢?

2.数据可视化的基本图形有哪些?

3.数据类型与数据可视化图形之间存在什么关系?

计划

1.制订工作方案(表 1-7)。

表 1-7　　工作方案

步骤	工作内容
1	
2	
3	
4	
5	
6	
7	
8	

2.分析数据与数据可视化图形之间的关系。

3.列出工具清单(表 1-8)。

表 1-8　　工具清单

序号	工具名称	工具版本	备注

4.列出技术清单(表 1-9)。

表 1-9　　技术清单

序号	技术名称	技术版本	备注

决　策

1.阐述自己设计的工作方案。

2.对其他工作方案提出不同看法。

3.教师根据完成情况进行点评,并选出最佳方案。

知识准备

1.直方图

直方图(Histogram)是观察数据分布特征的常用图形,可以直观地展示数据分布的形状是否对称、偏斜的方向和程度等。

将数据分组后,在X轴上用矩形的宽度表示每个组的组距,在Y轴上用矩形的高度表示每个组的频数或密度,多个矩形并列在一起就形成直方图。

直方图的主要作用有:

(1)显示各组频数或数量分布的情况。

(2)显示各组之间频数或数量的差别。

(3)观察和估计哪些数据比较集中,以及异常或者孤立的数据分布在何处。

以维纳布尔和雷普利根据美国黄石国家公园喷泉数据制作的喷泉喷发间隔时间的分布情况(图1-13)为例,图中Frequency表示频数,Denisty表示密度,breaks表示时间间隔。

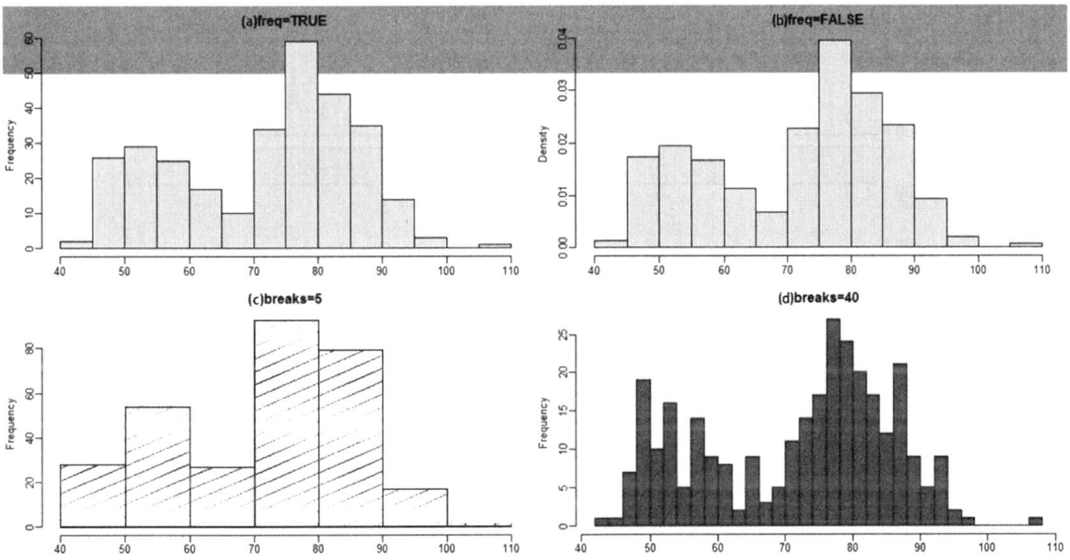

图1-13　喷泉喷发间隔时间直方图

图1-13中,图(a)和图(b)中的直方图看起来形状完全一样,区别仅仅是前者为频数图,后者为密度图,二者在统计量上仅相差一个常数倍,密度直方图的一个便利之处在于它可以方便地添加密度曲线,用以辅助展示数据的统计分布;图(c)和图(d)的区别在于区间划分段数,可以很清楚地看出区间划分的多少对直方图的直接影响。需要特别指出的是,直方图的理论并非想象中或看起来的那么简单,组距也并非可以任意选择,不同的组距或区间划分方法会导致不同的估计误差。

2.折线图

折线图(Line chart)是描述时间序列最基本的图形,主要用于观察和分析时间序列随时间变化的形态和模式。一般来说,折线图的X轴是时间,Y轴是变量的观测值。

图1-14展示了2018年某地的AQI、$PM_{2.5}$、PM_{10}和臭氧浓度等指标的折线图。可以看

出，AQI、$PM_{2.5}$、PM_{10}三个指标的全年变化特征十分相似，均有两个峰值，即在3月到4月有一个波峰，11月左右也有一个波峰，而7月到10月处于波谷。这说明气温较低时，AQI、$PM_{2.5}$、PM_{10}的值都较高，空气质量也较差；而气温较高时，空气质量较好。臭氧浓度的变化刚好相反，在7月左右有一个波峰，表明气温较高时，臭氧浓度相对较高，空气质量相对较好；而气温较低时，臭氧浓度也较低，空气质量相对较差。除臭氧浓度外，其他三个指标都没有趋势性特征或固定的模式，基本上为随机波动。

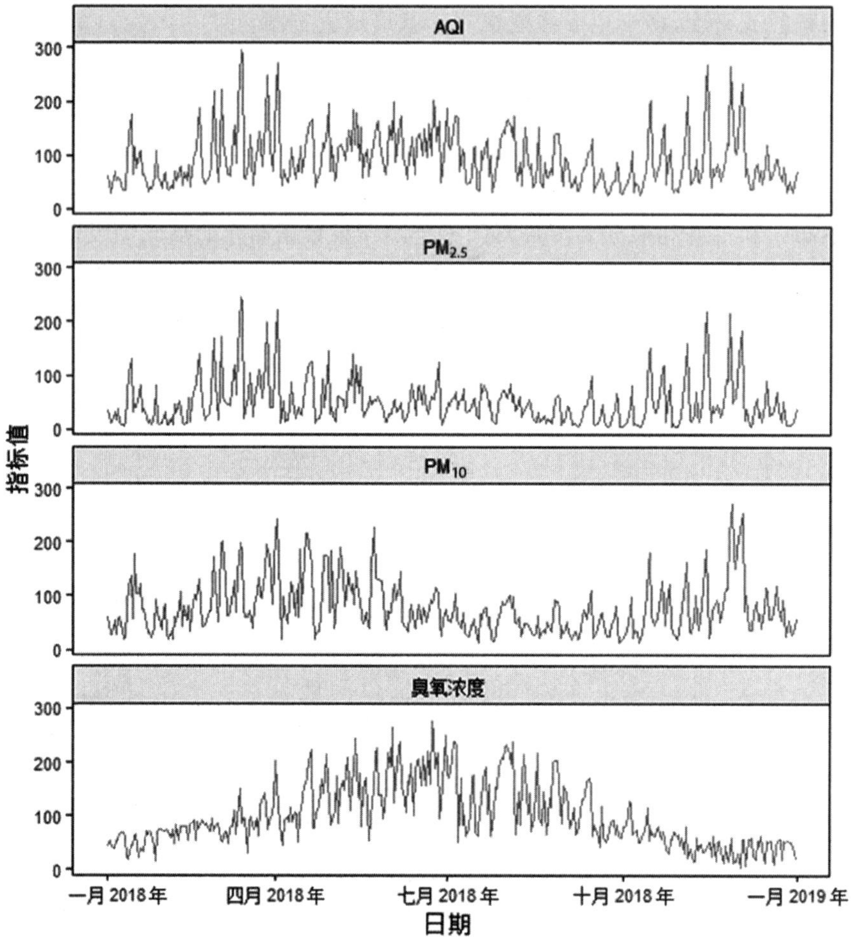

图 1-14 空气污染指标折线图

3.散点图

散点图(Scatter plot)是分析变量间关系的常用工具。当涉及两个变量时，可以绘制普通散点图；当涉及两个以上变量时，可以绘制散点图矩阵或相关系数矩阵。

散点图可以提供三类关键信息：

(1)变量之间是否存在数量关联趋势。

(2)如果存在关联趋势，那么其是线性还是非线性的。

(3)观察是否存在离群值，从而分析这些离群值对建模分析的影响。

通过观察散点图上数据点的分布情况，可以推断出变量间的相关性。如果变量之间不存在相互关系，那么在散点图上就会表现为随机分布的离散的点；如果存在某种相关性，那么大部分的数据点就会相对密集并以某种趋势呈现。数据的相关关系主要分为正相关（两个变量值同时增加或减少）、负相关（一个变量值增加/减少时另一个变量值减少/增加）和无相关。那些离集群较远的点称为离群点或者异常点（outlier）。

图 1-15 为根据鸢尾花数据所作的散点图矩阵。其中，Sepal. Length 表示花萼长度，Sepal. Width 表示花萼宽度，Petal.Length 表示花瓣长度，Petal. Width 表示花瓣宽度。

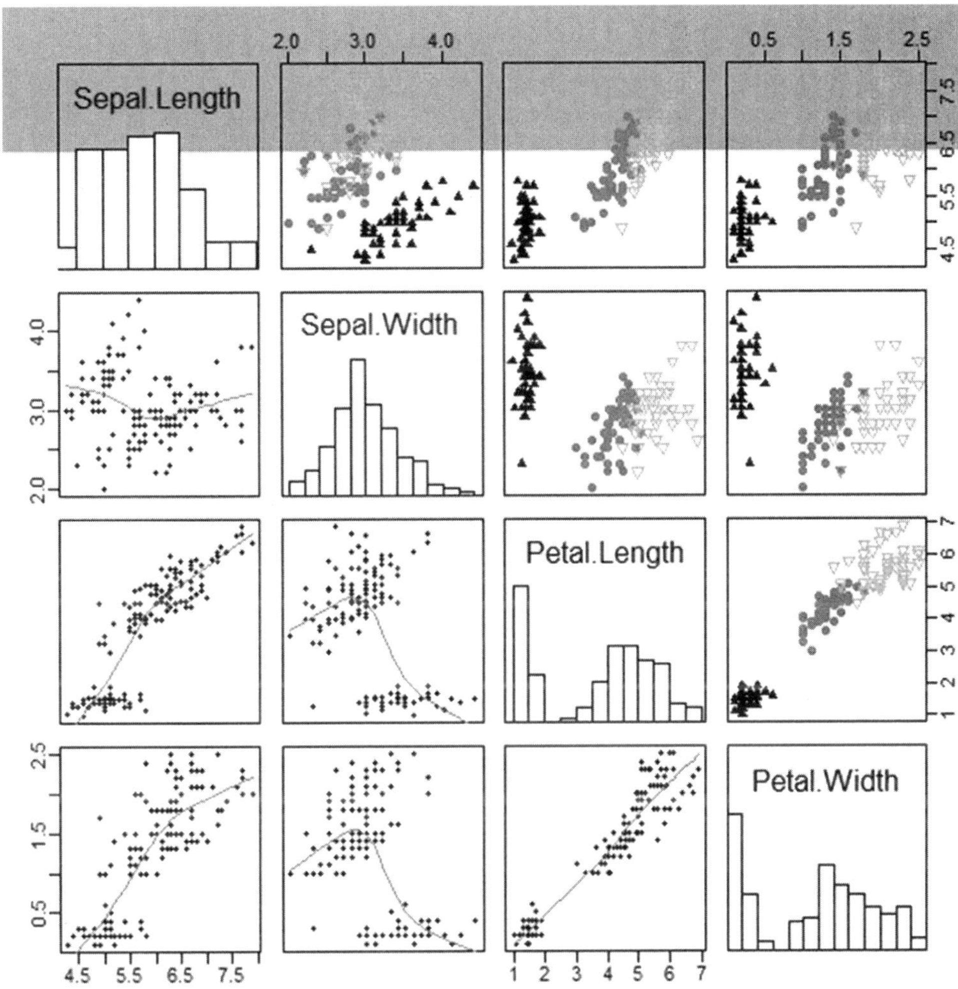

图 1-15　鸢尾花数据散点图矩阵

4.柱形图

柱形图是以高度或长度的差异来显示统计指标数值的一种图形。柱形图简明、醒目，是一种常用的统计图形。

柱形图一般用于显示一段时间内的数值变化或各项数值之间的比较情况。另外，柱形的高度反映了数值的大小。柱形越“矮”，数值越小；柱形越“高”，数值越大。需要注意的是，柱形的宽度与相邻柱形的间距决定了整个柱形图视觉上的美观程度。若柱形的宽度小于间距，则会使人们的注意力集中在空白处而忽略了数据，因此合理地选择宽度很重要。

图 1-16 为不同品牌汽车的每加仑燃料所行英里数(miles per gallon,mpg)柱形图。

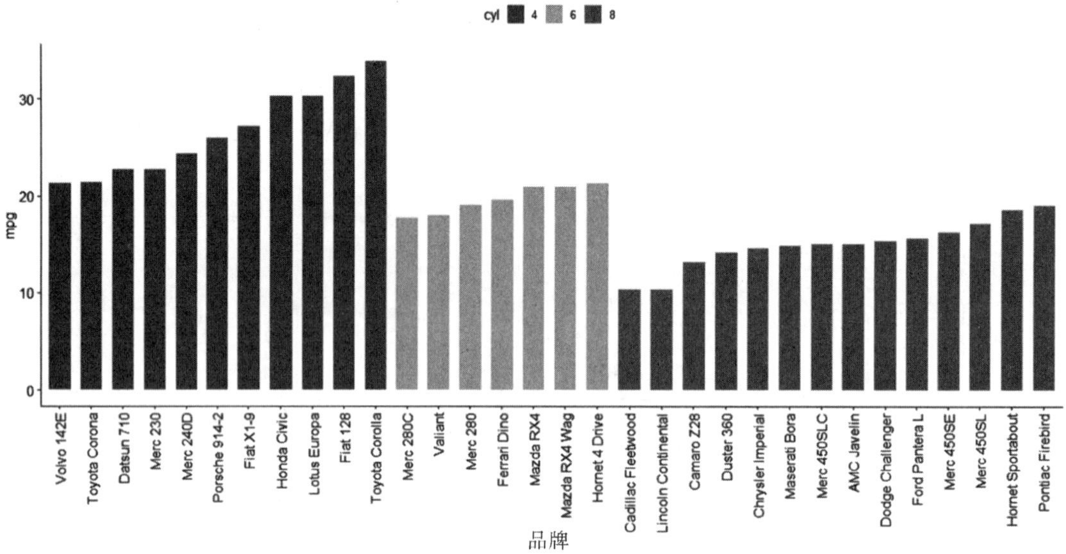

图 1-16 不同品牌汽车的 mpg 柱形图

5.箱线图

箱线图(Box plot)是展示数据分布的另外一种图形,它不仅可以反映一组数据分布的特征,如分布是否对称、是否存在离群点等,还可以比较多组数据的分布特征,这也是箱线图的主要用途。图 1-17 为 6 项空气污染指标的箱线图。

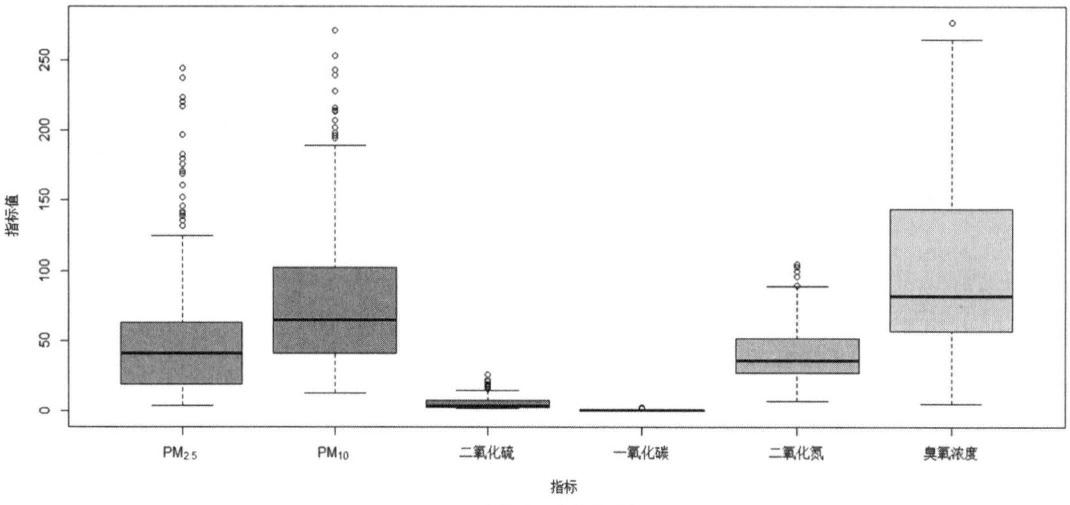

图 1-17 空气污染指标箱线图

6.饼图

饼图(Pie chart) 被广泛地应用于各个领域,用于表示不同分类的占比情况。饼图就是将一个圆饼按照分类的占比划分成多个切片, 整个圆饼代表数据的总量,每个切片表示该分类占总体的比例,所有切片的加和等于 100%。图 1-18 为运动偏好的统计饼图。

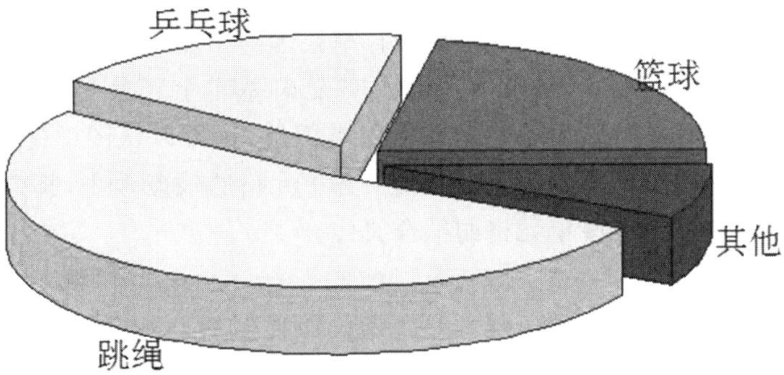

图 1-18　运动偏好统计饼图

7.马赛克图

马赛克图(Mosaic plot，或 Marimekko chart)是可以可视化两个或两个以上类别变量的图形，尤其适合展示两个以上的类别变量。马赛克图使用的绘制数据可以是原始的类别变量，也可以是列联表。马赛克图可视为条形图的一个变种。

马赛克图是用矩形表示列联表中对应频数的一种图形，图中嵌套矩形的面积与列联表相应单元格的频数成正比。图 1-19 为泰坦尼克号乘客生存情况的马赛克图，其中，Female 表示女性，Male 表示男性，Child 为儿童，Adult 为成人，Crew 表示船员。

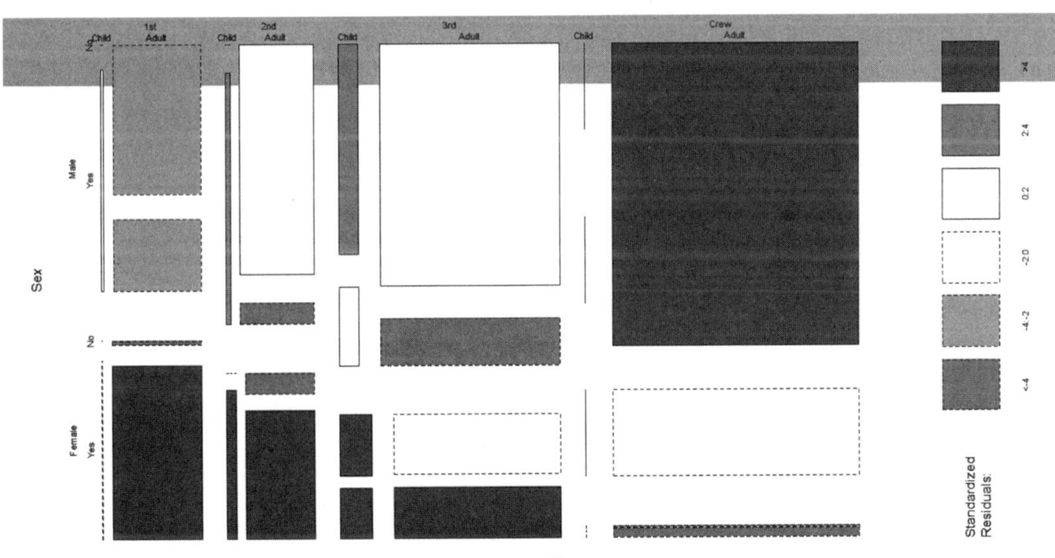

图 1-19　泰坦尼克号乘客生存情况马赛克图

泰坦尼克号的沉没是一件著名的历史事件，至今仍然有很多人在研究它。我们所关心的问题主要是通过一些数据看出当时救援的侧重性，例如，头等舱的乘客生还比例是否最高？女性和儿童优先的原则在各船舱有没有被很好地遵守？……

通过矩形块(马赛克)的大小，可以清楚看出各舱位、不同性别、年龄的人群的生还状况。

例如，对于头等舱来说，无论是成人、儿童或男、女，下方的矩形都比上方的矩形要高（尤其是女性和儿童），这说明头等舱的生还率相对较高，很可能是因为当时的救援更偏向头等舱；从年龄角度来看，头等舱和二等舱中儿童的生存率要远高于成人，但三等舱中儿童和成人的生存率差异并不是太显著；而从性别角度来看，各舱位基本上还是将生存机会优先让给女性了，男性的生还率在各舱位来说都相对较低。类似地，还可以从图中挖掘出更多的现象，这里不再深入。另外，图中用不同颜色表示出了各单元格的残差大小，其中虚线框表示残差为负数，从中可以清楚看出哪些单元格的拟合欠佳。

8.瀑布图

瀑布图（Waterfall chart）是由麦肯锡咨询公司独创的一种图形，因为形似瀑布而得名。瀑布图的图形与条形图十分相似，可看作条形图的变种，区别是条形图不反映局部与整体的关系，而瀑布图可以显示多个子类对总和的贡献，从而反映局部与整体的关系。图 1-20 为不同数据项对总体数据的贡献情况。

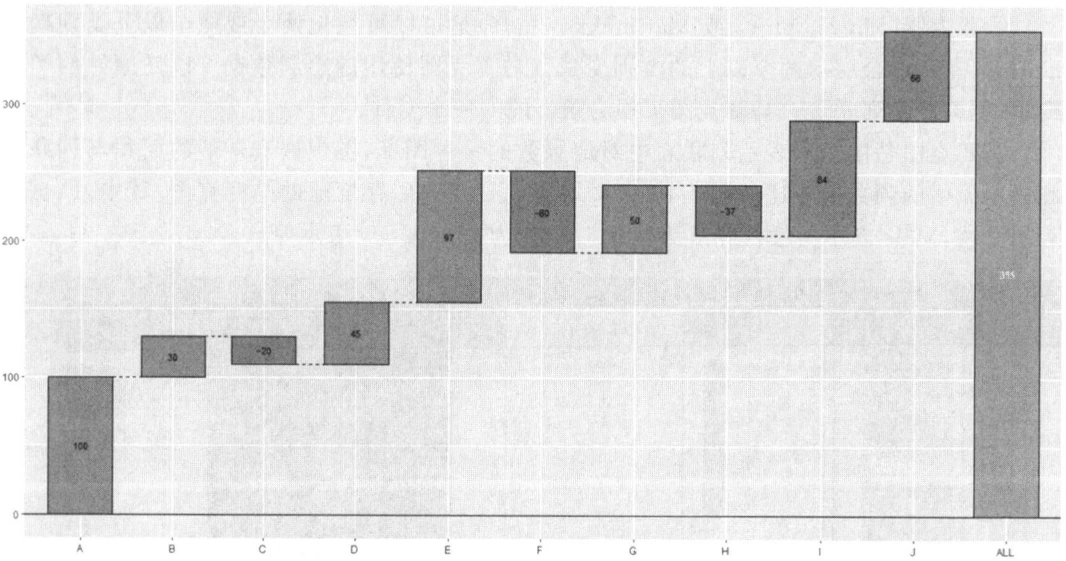

图 1-20　贡献情况瀑布图

9.和弦图

和弦图（Chord diagram）可以显示不同实体之间的相互关系和彼此的一些共通之处，因此，这种图表非常适合用来比较数据集或不同数据组之间的相似性。和弦图中的节点围绕着圆周分布，点与点之间以弧线或贝塞尔曲线连接并显示其中关系，然后给每个连接分配数值。此外，也可以用颜色将数据分成不同类别，有助于进行比较和区分。

连接两个数据点的弧线可以以颜色、弧线与圆的接触面积大小为不同的维度，表达不同的数值。正因为和弦图能在表达大量复杂数据的同时，尽可能把这种复杂的关系可视化，所以和弦图被广泛应用于各个场景。图 1-21 为 2020 年北京、天津、上海和重庆的消费支出和弦图。

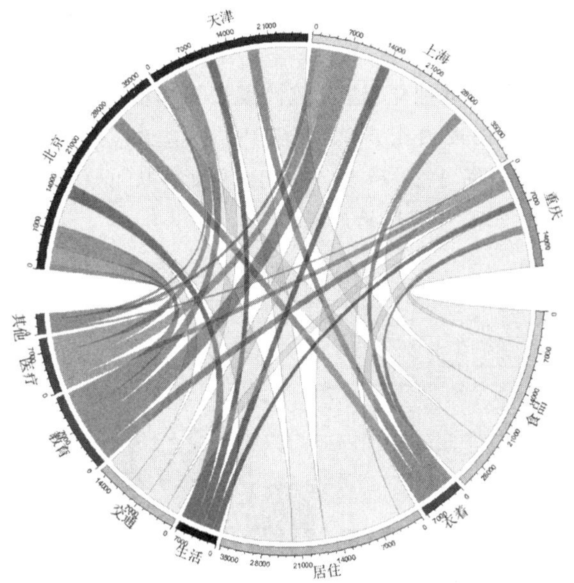

图 1-21　2020 年不同省市消费支出和弦图

由图 1-21 可以看出，外环的大小与各类别数据的大小成正比，内部不同颜色连接的弧线表示数据关系流向，线的粗细表示数据流量的大小或关系强度。从外环看，在各项消费支出中，居住支出最多，食品支出次之，其他商品和服务支出最少。在四个省市中，北京和上海的支出总额相差不大，重庆的各项支出总额最少。从四个省市各项支出的流向看，上海和北京的居住支出最多，其他商品和服务及衣着的支出则相对较少；天津的食品支出最多，其次是居住支出，其他商品和服务的支出最少；重庆的食品支出最多，其他商品和服务的支出最少，其他各项支出相差不大。

10.词云图

词云图(Word cloud)是由单个的字、单词或句子组成的图形。词云图可以分析一个文本文件中某些词语出现的词频、发现网络中的热门词语等。在词云图中，可根据词频的多少，用不同的位置或字体大小来安排各词语。譬如，高频词用大的字体表示，并放在图中显眼的位置；低频次用小的字体表示，并放在图中次要的位置等。图 1-22 为根据本学习情境文本词频生成的词云图。

图 1-22　学习情境 1.2 词云图

延伸阅读

数据可视化:通过统计图表看中国经济发展

2014 年至 2023 年,我国国内生产总值(GDP)从 64.36 万亿增加到 126.06 万亿元,所以柱形图的高度逐年升高,如图 1-23 所示。GDP 增长率从 2014 年到 2019 年呈平缓下降态势,从 2020 年到 2023 年呈现“W”形的波动。

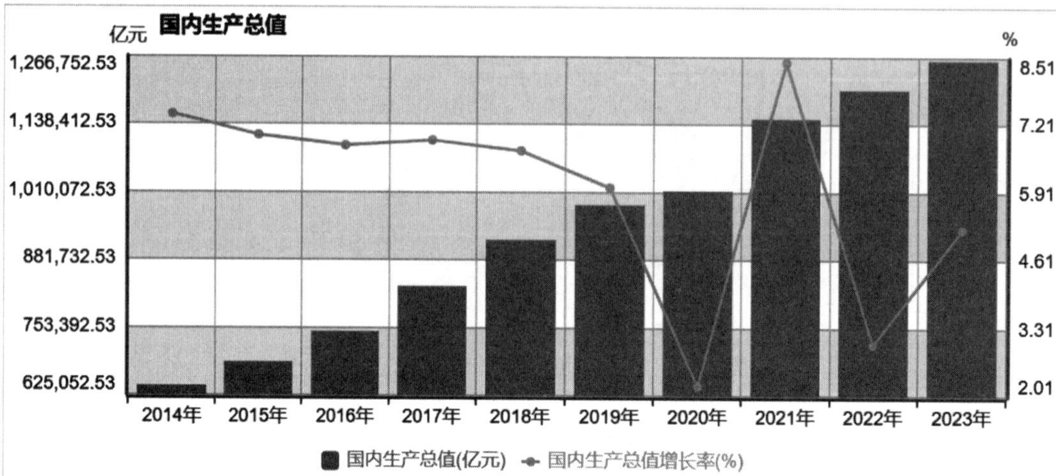

指标	2023年	2022年	2021年	2020年	2019年	2018年	2017年
国内生产总值(亿元)	1260582.1	1204724.0	1149237.0	1013567.0	986515.2	919281.1	832035.9
国内生产总值增长率(%)	5.2	3.0	8.4	2.2	6.0	6.7	6.9
人均国内生产总值(元/人)	89358	85310	81370	71828	70078	65534	59592
人均国内生产总值增长率(%)	5.4	3.0	8.4	2.0	5.6	6.3	6.3

图 1-23 最近十年我国国内生产总值(部分数据)

GDP 的增长主要受到最终消费、资本形成总额、货物和服务净出口三大需求的影响。由图 1-24 可知,最终消费对 GDP 增长的影响最大。因此,刺激消费是提升 GDP 的一大重要举措。

从三大产业的贡献占比来看,2023 年第三产业对 GDP 的贡献率达到 60.2%,已经远超第一产业和第二产业贡献率的总和,如图 1-25 所示。

这些数据表明,我国经济发展、人民生活水平稳步提升,彰显我国发展基础更牢、发展质量更优、发展动力更为充沛。

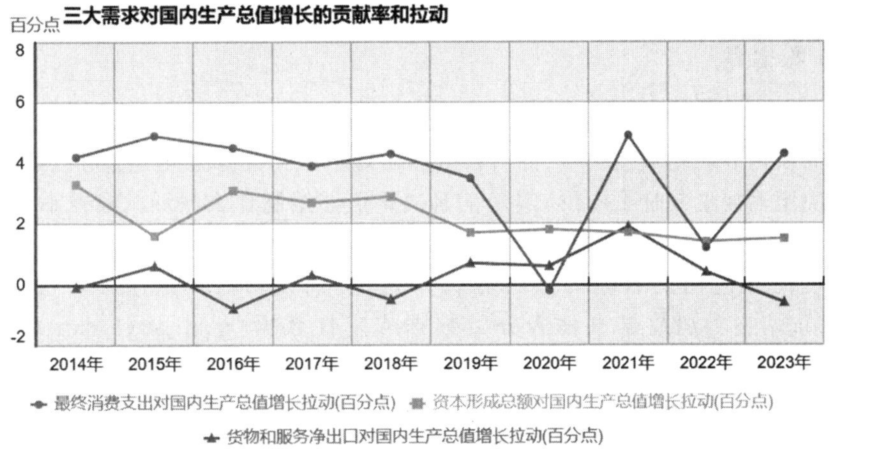

指标	2023年	2022年	2021年	2020年	2019年	2018年
最终消费支出对国内生产总值增长贡献率(%)	82.5	39.4	58.3	-6.8	58.6	64.0
最终消费支出对国内生产总值增长拉动(百分点)	4.3	1.2	4.9	-0.2	3.5	4.3
资本形成总额对国内生产总值增长贡献率(%)	28.9	46.8	19.8	81.5	28.9	43.2
资本形成总额对国内生产总值增长拉动(百分点)	1.5	1.4	1.7	1.8	1.7	2.9
货物和服务净出口对国内生产总值增长贡献率(%)	-11.4	13.8	21.9	25.3	12.6	-7.2
货物和服务净出口对国内生产总值增长拉动(百分点)	-0.6	0.4	1.9	0.6	0.7	-0.5

图 1-24　三大需求对国内生产总值增长的贡献率和拉动

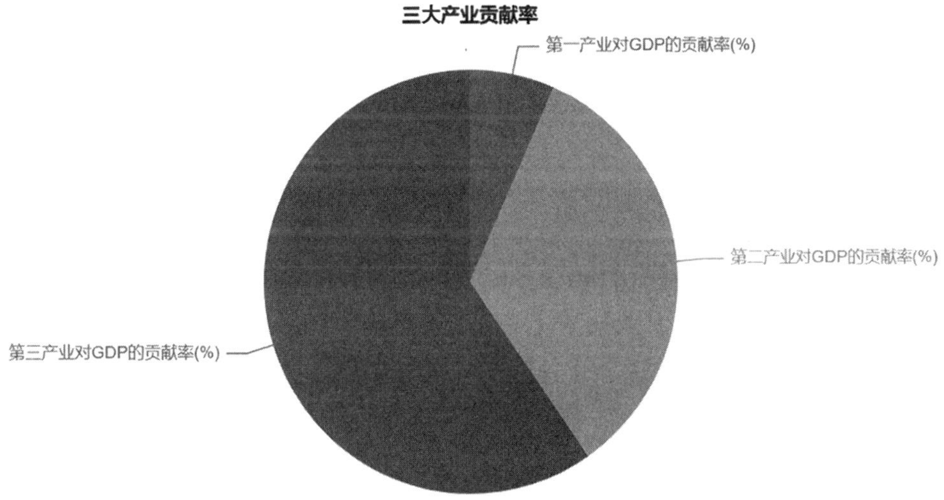

指标	2023年	2022年	2021年	2020年	2019年	2018年	2017年	2016年
第一产业对GDP的贡献率(%)	5.9	10.8	6.4	10.4	3.9	4.1	4.6	4.0
第二产业对GDP的贡献率(%)	33.9	33.9	38.9	43.3	32.6	34.4	34.2	36.0
第三产业对GDP的贡献率(%)	60.2	55.3	54.7	46.3	63.5	61.5	61.1	60.0

图 1-25　三大产业贡献率

（图表来源：国家统计局官网）

任务实施

本任务为根据数据类型选择图形以更好地展示数据。事实上,从使用者的角度来看,数据可视化分析需要明晰数据类型、分析目的和实现工具。数据类型决定可以绘制什么图形,分析目的决定需要绘制什么图形,实现工具决定能够绘制什么图形。根据不同的数据可以绘制不同的图形。比如,对于性别数据可以绘制条形图,对于年龄数据可以绘制直方图。

数据可视化使用的数据大致可分为两类:类别数据(categorical data)和数值数据(numeric data)。类别数据也称为分类数据或定性数据(qualitative data),是类别变量(category variable)的观测结果。类别变量是取值为对象属性、类别或区间值的变量,也称分类变量或定性变量(qualitative variable)。比如,四季变换可分为春季、夏季、秋季和冬季;员工的业绩评价有优秀、良好、合格和不合格等。类别变量根据取值是否有序,可分为无序类别变量和有序类别变量。无序类别变量的各类别间是不可以排序的,而有序类别变量的各类别间则是有序的。数值数据也称定量数据(quantitative data),是数值变量(numeric variable)的观测结果。数值变量也称定量变量(quantitative variable),根据其取值的不同,可分为离散变量(discrete variable)和连续变量(continuous variable)。离散变量是只能取有限值的变量,而且其取值可以列举;连续变量是可以在一个或多个区间中取任意值的变量。

可以通过思维导图的方式呈现不同数据类型所对应的可视化图形,如图 1-26 所示。在实际中,数据类型可以通过不同的方法和手段进行转换,从而可以满足实际问题中的作图需求。

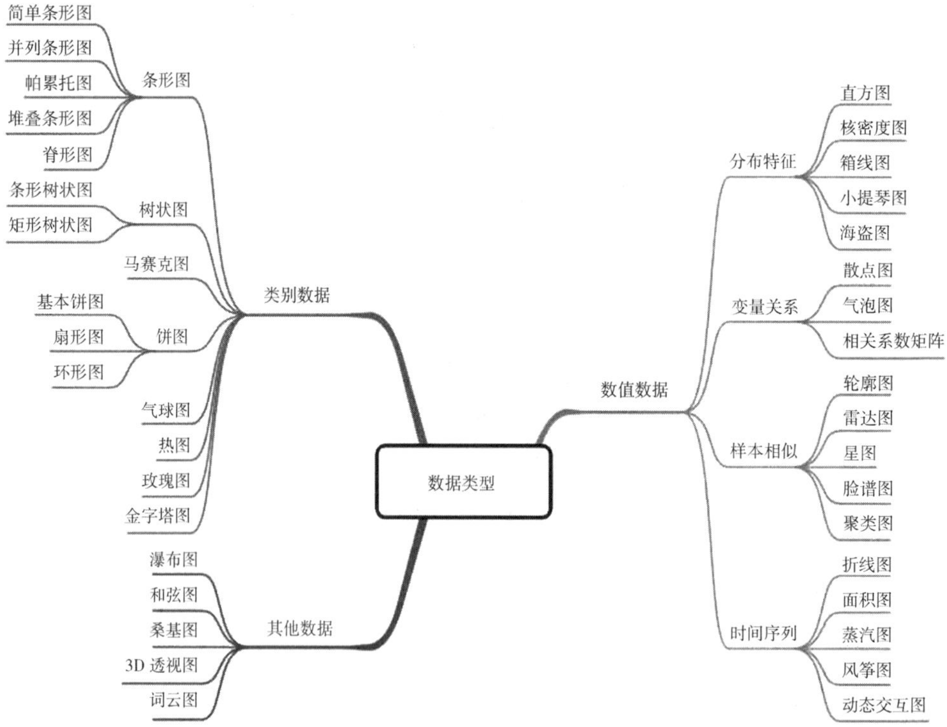

图 1-26 数据类型与可视化图形之间的关系

检　查

完成学习情境的任务并展示结果，介绍任务的完成情况。作品展示前应准备阐述材料，并完成自查。自查单见表 1-10。

表 1-10　自查单

学习情境 1.2	了解数据可视化基本图形		
检查项目	检查标准	分值	得分
信息检索	能够借助网络和书籍资源获取可视化图形的特点	20	
归纳整理	能够对不同的可视化图形进行有效分类	20	
比较分析	能够综合分析不同可视化图形的优缺点	20	
工作结果	能够根据实际需求，选择最优的数据可视化图形	40	
合计		100	

学生展示过程中，以个人为单位，对任务结果进行互查。互查单见表 1-11。

表 1-11　互查单

学习情境 1.2		了解数据可视化基本图形							
评价项目	分值	等级				评价对象			
		优 (100%)	良 (80%)	中 (60%)	差 (40%)	1	2	3	4
计划合理	10								
方案准确	10								
工作质量	20								
工作效率	20								
工作完整	10								
工作规范	10								
成果展示	20								
合计	100								

评　价

教师对学生的工作过程和工作结果进行综合评价，填写综合评价表，见表 1-12。

表 1-12　　综合评价表

<table>
<tr><th colspan="2">学习情境 1.2</th><th colspan="3">了解数据可视化基本图形</th></tr>
<tr><th colspan="2">评价项目</th><th>评价标准</th><th>分值</th><th>得分</th></tr>
<tr><td colspan="2">考勤(20%)</td><td>无迟到、早退、旷课现象</td><td>20</td><td></td></tr>
<tr><td rowspan="4">工作过程
(40%)</td><td>方案制作</td><td>能制订有效工作方案</td><td>10</td><td></td></tr>
<tr><td>工具运用</td><td>能够有效使用相关工具</td><td>10</td><td></td></tr>
<tr><td>工作态度</td><td>态度端正、工作认真、积极向上</td><td>10</td><td></td></tr>
<tr><td>职业素养</td><td>一丝不苟、精益求精</td><td>10</td><td></td></tr>
<tr><td rowspan="4">工作结果
(40%)</td><td>工作完整</td><td>能按时完成任务</td><td>10</td><td></td></tr>
<tr><td>工作质量</td><td>能按计划完成任务</td><td>10</td><td></td></tr>
<tr><td>材料准备</td><td>能够准备成果展示所需要的材料</td><td>10</td><td></td></tr>
<tr><td>成果展示</td><td>能准确表达、汇报工作成果</td><td>10</td><td></td></tr>
</table>

拓展思考

1.除了本书中所列举的可视化图形，在学习和生活中，还有哪些其他的可视化图形？

2.你能说出某种可视化图形背后的统计学原理吗？

3.如何理解数据类型？

模块二　使用 Excel 实现数据可视化

学习情境 2.1　设计与构思 Excel 图表

学习情境描述

数据可视化中的“可视”不是简单地指将数据转换为图形，可视的目的不是“看见”，而是“看懂”。摒弃那些阻碍人看懂的无用信息，发掘在其他形式下很难注意到的信息，这才是真正的“可视”。Excel 提供了多种类型的图表，每种图表适用于不同的数据类型和目的，数据可视化不追求华丽酷炫、信息密集，而追求“一图胜千言”，简明准确，突出关键性信息，帮助业务决策者快速作出有价值的决策。

每年年终的时候，小王的工作单位要求各部门对本年度的工作进行梳理与总结，并进行不同部门间对比考核、项目占比构成考核、分析趋势准确决策下步计划考核等分类考核。为了让每个部门都能顺利完成考核，单位要求各部门先根据考核要求使用 Excel 进行数据收集，并基于这些数据作图，再将可视化数据展示给考核部门。

学习目标

➢ 知识目标

(1)理解并掌握 Excel 图表表现信息的特点和意义。

(2)理解并掌握根据数据信息创建相应图表的方法。

➢ 能力目标

(1)熟练运用 Excel 图表建立数据之间的图形关系。

(2)熟练运用 Excel 图表洞察事物的发展规律。

➢ 素质目标

(1)培养处理信息的能力。

(2)培养解决实际问题的能力。

(3)培养良好的思维方式。

学习任务

1.根据要求完成 Excel 图表的构思与设计。
2.通过制作 Excel 图表解决生活中的实际问题。

资 讯

引导问题:
1.你在生活中主要是基于数据作图,还是基于信息作图?

2.如何选择合适的 Excel 图表?

3.如何设计与构思 Excel 图表?

计 划

1.制订工作方案(表 2-1)。

表 2-1 工作方案

步骤	工作内容
1	
2	
3	
4	
5	
6	
7	
8	

2.写出构思与设计 Excel 图表的关键步骤。

3.列出工具清单(表 2-2)。

表 2-2　工具清单

序号	工具名称	工具版本	备注

4.列出技术清单(表 2-3)。

表 2-3　技术清单

序号	技术名称	技术版本	备注

决　策

1.阐述自己设计的工作方案。

2.对其他工作方案提出不同看法。

3.教师根据大家完成的情况进行点评,并选出最佳方案。

知识准备

1.Excel 作图流程

俗话说,“字不如表,表不如图”,图表比文字更直观、清晰。为了更好地传达信息,要基于信息作图,而不是基于数据作图,也就是说,要先确定需要表达的信息、强调的内容,再选择图表进行数据的加工与展示。Excel 提供了丰富的图表类型和可视化选项,用户通过选中数据、插入图表就可以建立一个图表。为了让图表更加专业和直观,以便更好地满足受众需求,需要多思考和优化。

2.柱形图及其衍生图

(1)柱形图

柱形图(图 2-1)是一种简单直观的图表类型，通过条柱的高度来表现数据的差异。柱形图通常使用垂直轴来表示数值大小，并使用颜色或标签来区分不同的类别，适用于比较数据量、显示趋势和排名、展示比例以及对比多个数据集等场景。

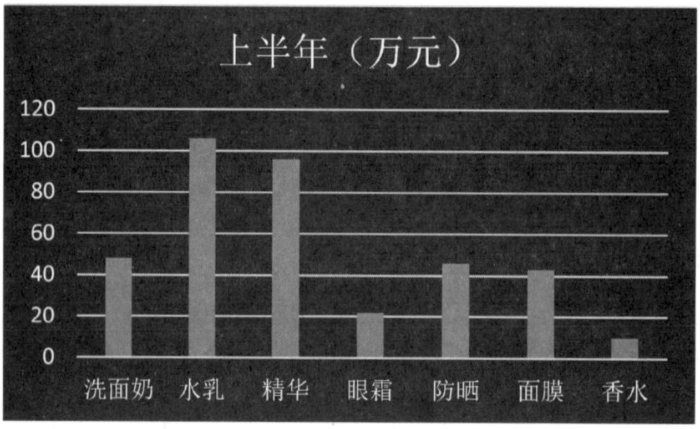

图 2-1 柱形图

(2)簇状柱形图

簇状柱形图(图 2-2)是不同类别之间的比较，突出类别之间的差异。它常用于比较不同类别或组之间的数据，并且由于每个类别或组的数据显示在相邻的柱形中，可以直观地比较它们之间的差异。

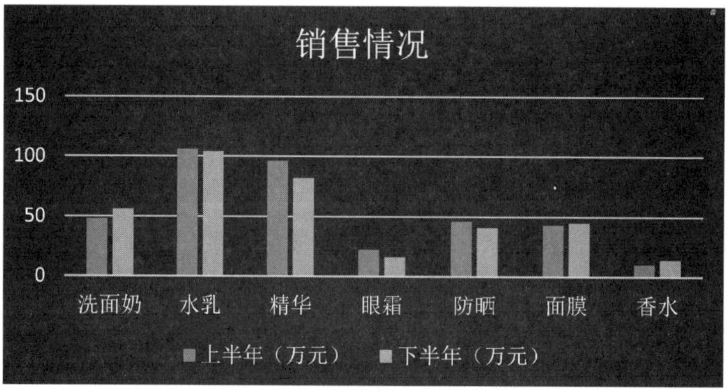

图 2-2 簇状柱形图

(3)堆积柱形图

堆积柱形图(图 2-3)表示类别里的各构成的对比，表明组成整体的成分情况。它常用于比较不同类别或组之间的数据，并且由于每个类别或组的数据都堆积在同一个柱形中，可以直观地比较它们之间的差异和相对大小。

(4)百分比堆积柱形图

百分比堆积柱形图(图 2-4)用于对比同一个分组数据内不同分类的占比。它常用于比较百分比数据、展示组成结构、显示变化趋势等场景。

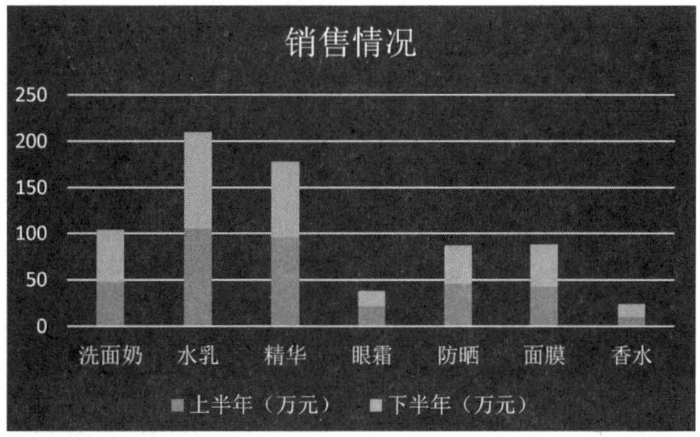

图 2-3　堆积柱形图

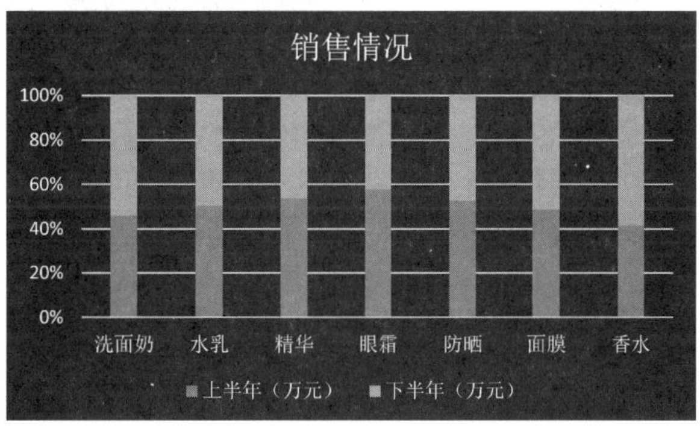

图 2-4　百分比堆积柱形图

(5)渐变柱形图

渐变柱形图是一种柱形图的变体，使用颜色渐变来显示数据的变化趋势或比较不同数据的大小。在渐变柱形图中，柱形的颜色从一个端点渐变到另一个端点，代表着数据的不同取值或者不同类别之间的差异。在 Excel 中，创建渐变柱形图的步骤（图 2-5）如下：打开工作表，选中数据，单击"插入"——→"在线图表"——→"柱形图"——→"免费"——→"渐变柱形图"——→"立即使用"。插入渐变柱形图之后的效果如图 2-6所示。

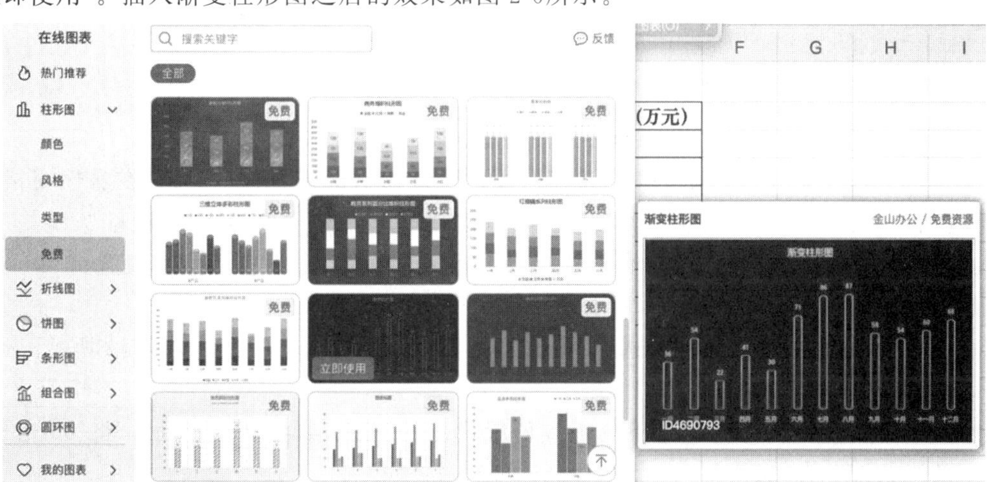

图 2-5　插入渐变柱形图

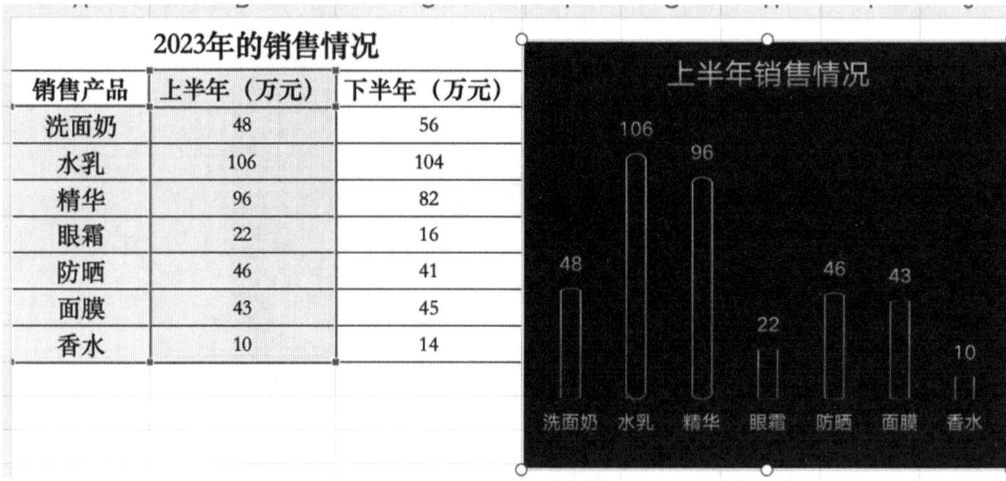

2023年的销售情况

销售产品	上半年（万元）	下半年（万元）
洗面奶	48	56
水乳	106	104
精华	96	82
眼霜	22	16
防晒	46	41
面膜	43	45
香水	10	14

图 2-6 渐变柱形图

(6)圆角柱形图

圆角柱形图是一种柱形图的变体，与传统的柱形图相比，它具有柱形顶部或顶部和底部的圆角。这种设计使得柱形图看起来更加平滑和现代化，并且在某些情况下，可能更易于阅读和理解。

在 Excel 中，创建圆角柱形图的步骤如下：

①打开工作表，选中数据，单击“插入”⟶“柱形图”，选中数据系列，将颜色设置为“无填充”，如图 2-7 所示。

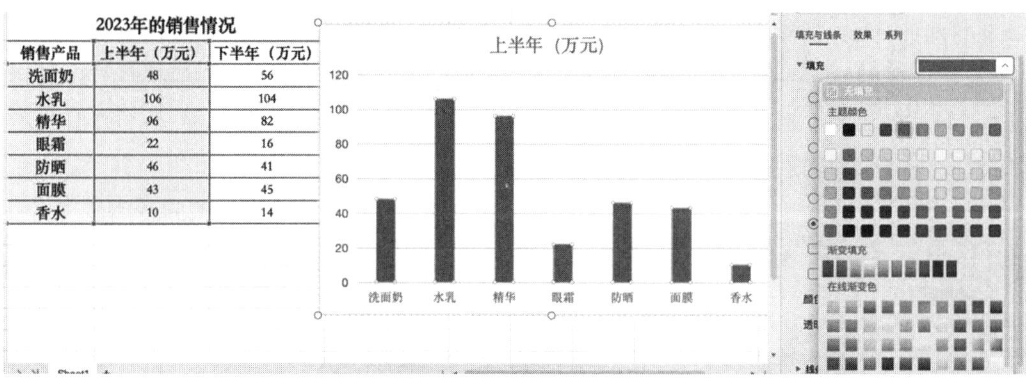

2023年的销售情况

销售产品	上半年（万元）	下半年（万元）
洗面奶	48	56
水乳	106	104
精华	96	82
眼霜	22	16
防晒	46	41
面膜	43	45
香水	10	14

图 2-7 设置数据系列颜色

②选中图表，单击右上角“图表元素”，勾选“误差线”，选择“更多选项”，在属性窗格中，选中选项卡“误差线”，将垂直误差线设置为“负偏差”，末端样式设置为“无线端”，误差量设置为“100%”。在选项卡“填充与线条”中，将线条颜色设置为“黄色”，宽度设置为“20 磅”，端点类型设置为“圆形”，如图 2-8 所示。

③在属性窗格中，将“坐标轴选项”下的边界最小值设置为“－10”，如图 2-9 所示。选中数值坐标，按“Delete”键删除。

④在属性窗格中，将“标签”下的标签位置设置为“低”，如图 2-10 所示。将“填充与线条”下的线条设置为“无线条”。

⑤单击选中网格线，然后按“Delete”键删除，设置背景颜色，效果如图 2-11 所示。

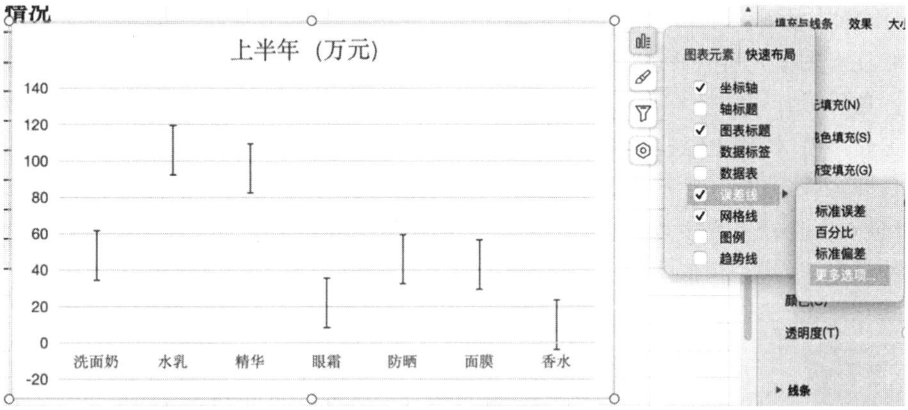

图 2-8 调整误差线参数

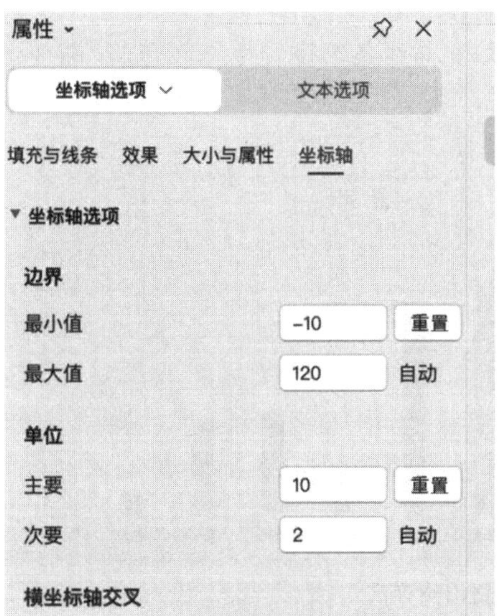

图 2-9 调整坐标轴边界

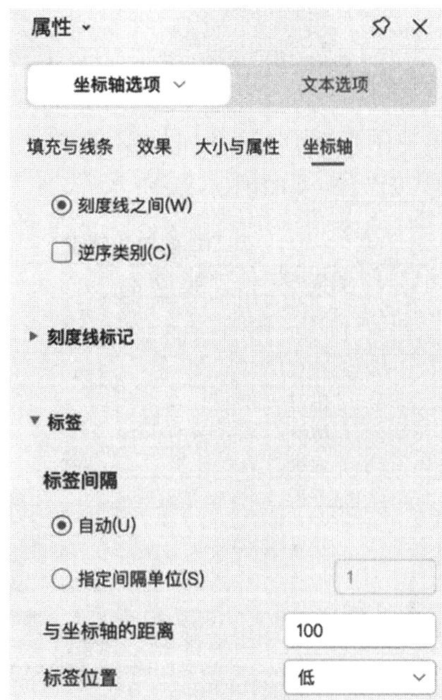

图 2-10 调整标签位置

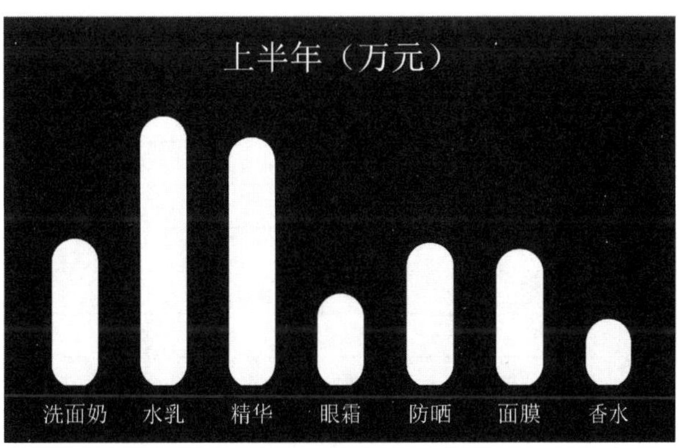

图 2-11 圆角柱形图

(7)山峰柱形图

山峰柱形图是一种柱形图的变体,它在柱形的顶部添加了尖峰,使得柱形看起来像是山峰一样。这种设计可以让柱形图更加生动和突出,特别适合用于强调数据的峰值或高点。

在 Excel 中,创建山峰柱形图的步骤如下:

①打开工作表,插入柱形图,在菜单栏单击“插入”⟶“形状”⟶“等腰三角形”,右击选择“编辑顶点”,选择上方顶点,再右击选择“平滑顶点”,顶点就变成了弧形。然后,拖动其他两个点的参考线,将三角形变成山峰形状,如图 2-12 所示。

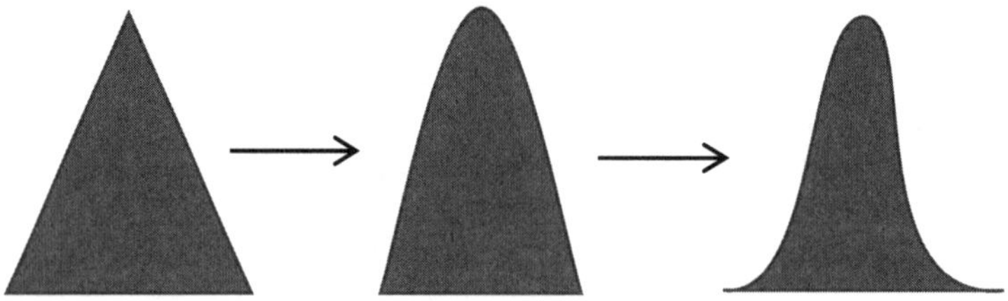

图 2-12 制作山峰

②选中图形“山峰”,在属性窗格中,选择“填充与线条”,设置填充颜色为“渐变填充”,线条颜色为“无”,效果如图 2-13 所示。

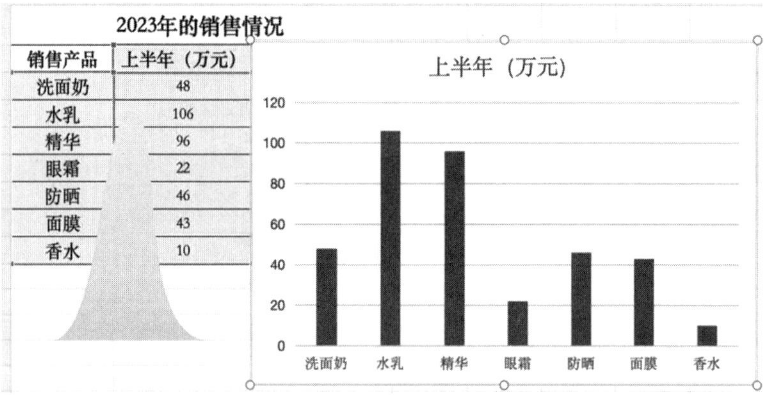

2023年的销售情况

销售产品	上半年(万元)
洗面奶	48
水乳	106
精华	96
眼霜	22
防晒	46
面膜	43
香水	10

图 2-13 调整山峰样式

③选中图形“山峰”,按“Ctrl+C”组合键,单击图表的数据系列,然后按“Ctrl+V”组合键,效果如图 2-14 所示。

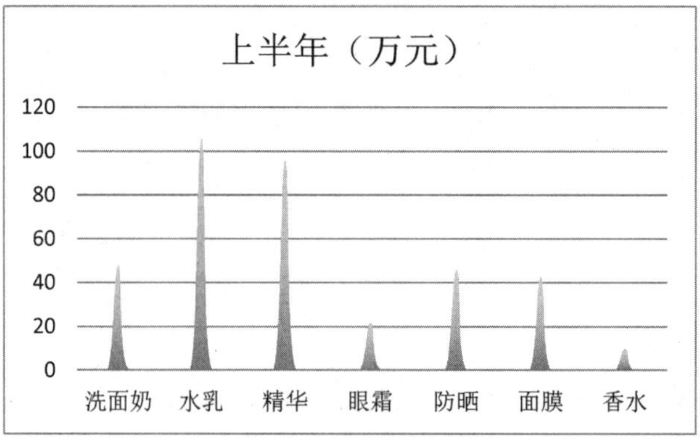

图 2-14 调整数据系列

④在属性窗格中，选择“系列”选项卡，将分类间距设置为“0%”，如图 2-15 所示。

⑤删除数值坐标轴、网格线，设置图表背景颜色，效果如图 2-16 所示。

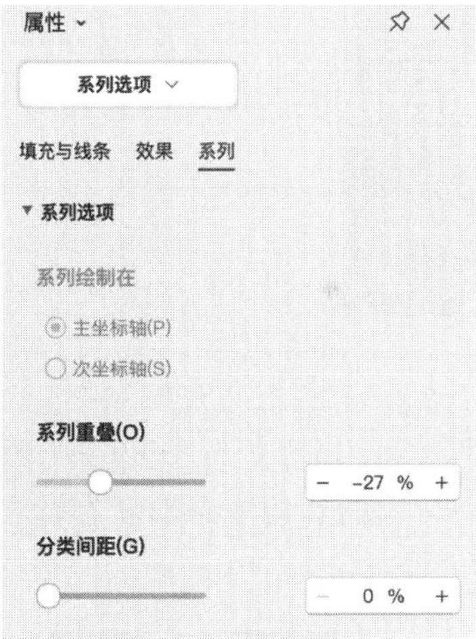

图 2-15　调整数据系列间距

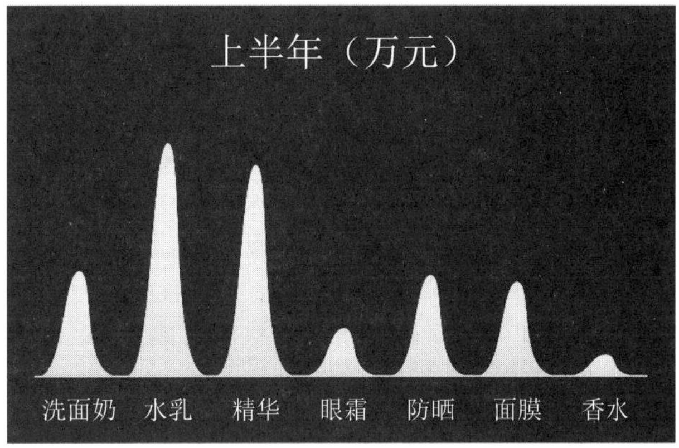

图 2-16　山峰柱形图

(8)波浪水球图

波浪水球图的修饰意义比较大，特别是在展示比例或百分比时，波浪水球图可以通过形状和颜色来突出显示不同的数据级别，体现完成度或占比情况。

在 Excel 中，建立波浪水球图的步骤如下：

①打开工作表，选中数据，插入柱形图，单击选中垂直(值)坐标轴，在属性窗格中，选择“坐标轴”选项卡，将边界最大值设置为“1”，效果如图 2-17 所示。

产品	占比	辅助
副食	65%	1

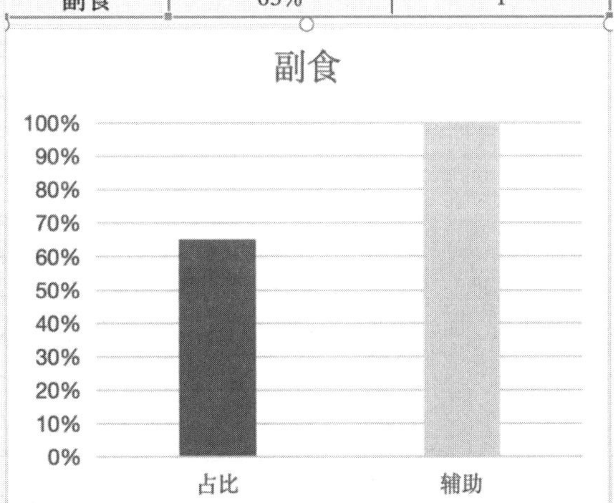

图 2-17　插入柱形图

②删除非数据元素：单击选中标题，按“Delete”键；单击选中垂直(值)轴，按“Delete”键；同样地，单击选中网格线，按“Delete”键。单击选中图表，在属性窗格中，选择“填充与线条”选项卡，勾选“纯色填充”，将填充颜色设置为“RGB(26,30,67)”，线条设置为“无线条”，效果如图 2-18 所示。

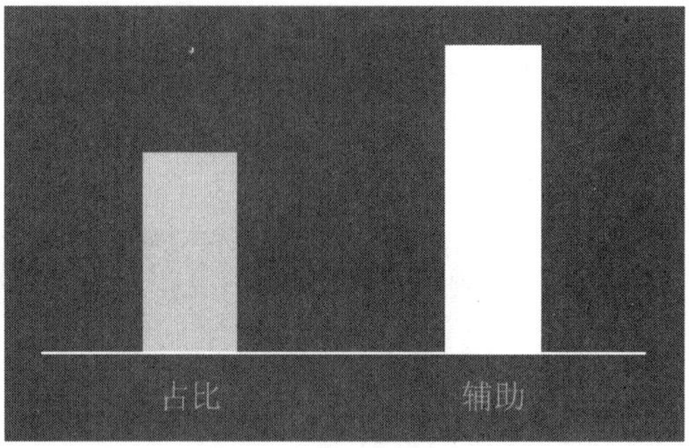

图 2-18 删除元素

③添加辅助形状:单击菜单中的“插入”⟶“形状”⟶“双波形旗帜、矩形”⟶“组合”,再单击菜单中的“插入”⟶“形状”⟶“圆形”。在属性窗格中,设置填充为“无填充”,线条为“实线”,宽度为“2.5 磅”,颜色为双波形旗帜、矩形组合图形的颜色,第三个形状存储于工作表中。效果如图 2-19 所示。

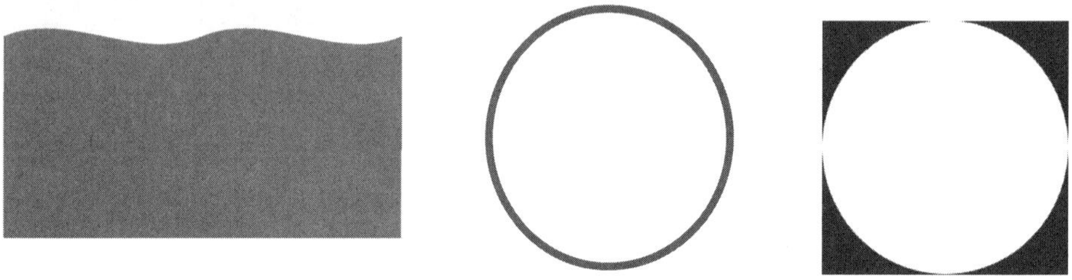

图 2-19 添加形状

④修饰图表:选中图表,单击菜单“图表工具”,选择“切换行列”,选中第三个形状,按“Ctrl+C”组合键;单击橙色柱体,按“Ctrl+V”组合键;选中第一个形状,按“Ctrl+C”组合键,单击蓝色柱体,按“Ctrl+V”组合键;单击选中波浪矩形柱体,在属性窗格中,选择“系列”选项卡,将系列重叠设置为“100%”,分类间距设置为“80%”,单击选中水平(类别)轴,按“Delete”键;调整第二个形状的位置和大小。效果如图 2-20 所示。

⑤注释图表:单击菜单“插入”⟶“文本框”,然后在文本框中输入占比比例和标题等。最终完成效果如图 2-21 所示。

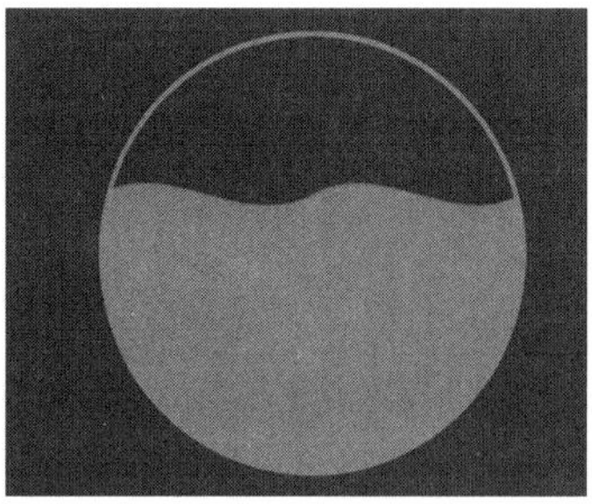

图 2-20 修饰图表

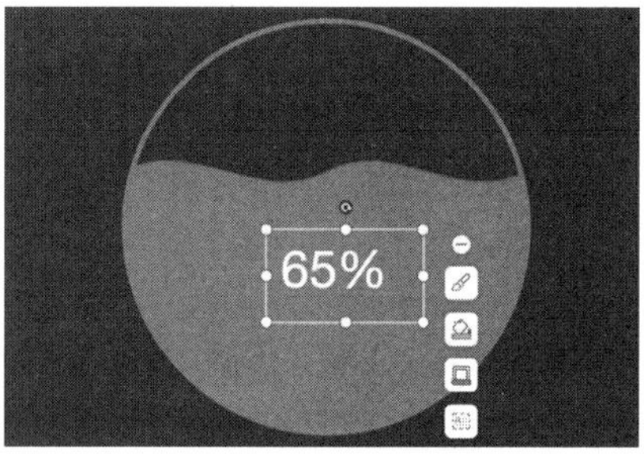

图 2-21 波浪水球图

3.条形图及其衍生图

(1)条形图

条形图(图 2-22)就是将柱形图横过来,通过条形的长度来表现数据的多少,进而比较不同数据之间的差异。当数据量较多或者标签文本较长时,可选用条形图。但最好不要超过 20 条，否则容易带来视觉和记忆负担。当数据为时间长度等类似指标时，优先选用条形图。

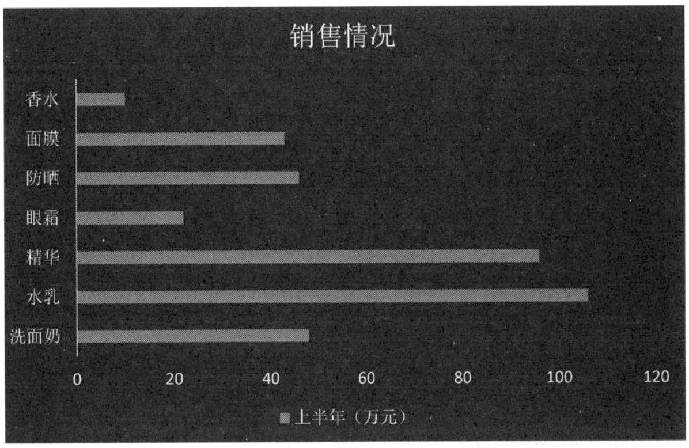

图 2-22　条形图

(2)簇状条形图

簇状条形图(图 2-23)是一种简单直观的图表类型，适用于比较数据、显示排名顺序、展示变化趋势、分析构成结构等场景，是数据可视化中常用的工具之一。

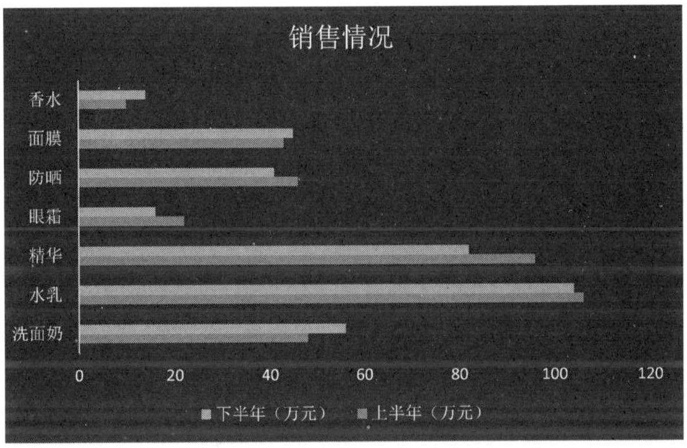

图 2-23　簇状条形图

(3)堆积条形图

堆积条形图(图 2-24)是一种简单直观的图表类型，适用于比较数据、显示构成结构、展示变化趋势、分析组成结构等场景。

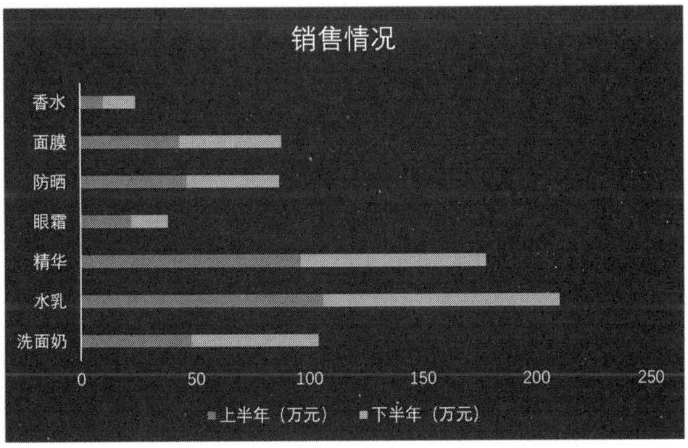

图 2-24　堆积条形图

(4)百分比堆积条形图

百分比堆积条形图(图 2-25)是一种简单直观的图表类型，适用于比较百分比数据、显示构成结构、分析组成结构等场景。

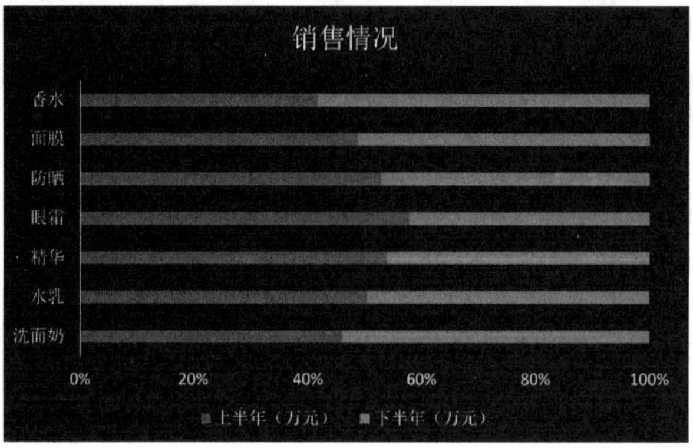

图 2-25 百分比堆积条形图

(5)蝴蝶图

蝴蝶图是一种数据可视化图表，特点是能够直观地比较两个数据集，并突出二者之间的差异。蝴蝶图通常用于对比两个时间点、两个群体或两种不同变量的数据。

在 Excel 中，创建蝴蝶图的步骤如下：

①打开工作表，选择数据，插入条形图，如图 2-26 所示。

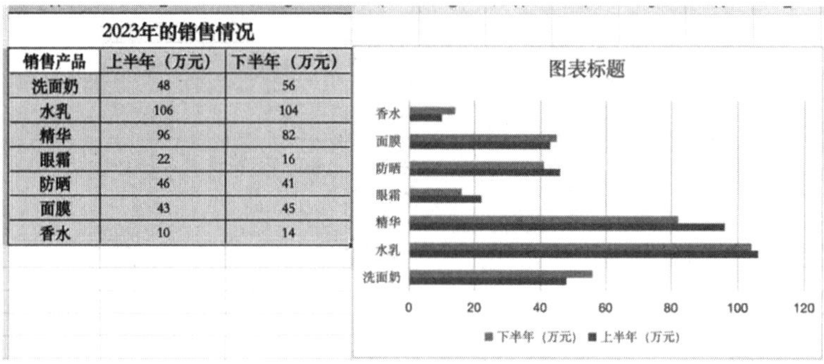
2023年的销售情况

销售产品	上半年（万元）	下半年（万元）
洗面奶	48	56
水乳	106	104
精华	96	82
眼霜	22	16
防晒	46	41
面膜	43	45
香水	10	14

图 2-26 插入条形图

②单击选择上半年数据系列，在属性窗格的“系列选项”中选择“系列”选项卡，设置系列绘制在“次坐标轴”，如图 2-27 所示。

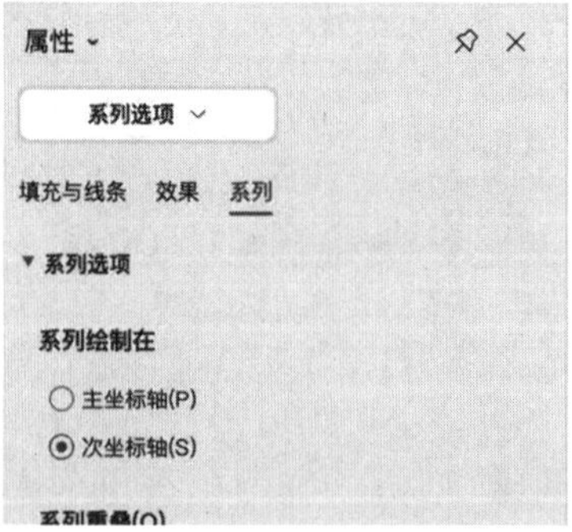

图 2-27 设置坐标轴

③单击选择图表，在属性窗格的“水平（值）轴”选项中选择“坐标轴”选项卡，将边界最小值设置为“－120”；在属性窗格中的“次要水平（值）轴”选项中选择“坐标轴”选项卡，将边界最小值设置为“－120”，勾选“逆序刻度值”。效果如图 2-28 所示。

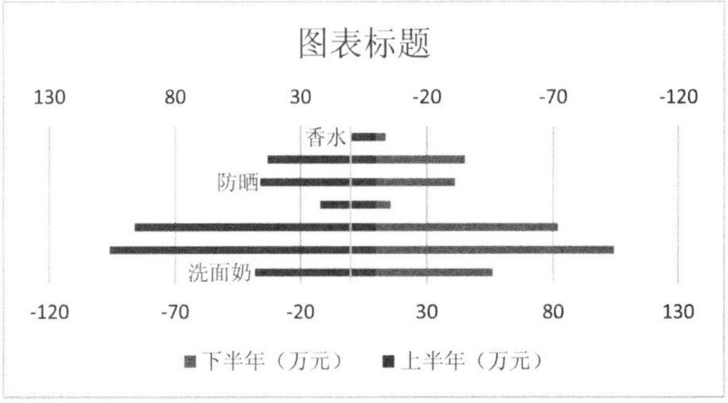

图 2-28　设置坐标轴边界

④单击选择图表，在属性窗格的“垂直（类别）轴”选项中选择“坐标轴”选项卡下的“标签”项，将标签位置设置为“低”；选中表中的蝴蝶图片，按“Ctrl＋C”组合键，然后选中相应的数据系列，按“Ctrl＋V”组合键；在属性窗格的“系列选项”中选择“填充与线条”选项卡，选中“层叠”，如图 2-29 所示。

⑤修改图表标题，删除网格线。效果如图 2-30 所示。

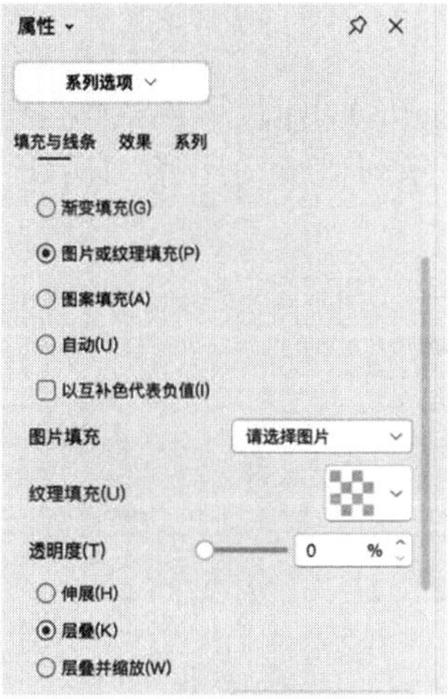

图 2-29　设置层叠展示

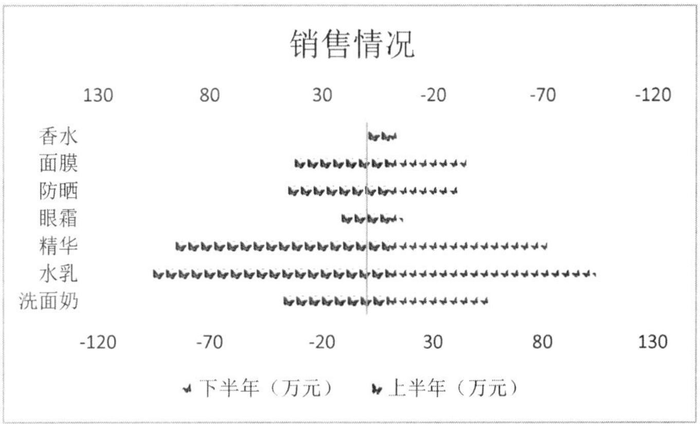

图 2-30　蝴蝶图

(6)甘特图

甘特图以可视化方式，显示任务列表、任务在时间上的先后顺序和持续时间。甘特图是一种项目管理工具，用于可视化项目的时间安排和进度，通常由水平条形图组成，其中每个条形代表一个任务，条形的长度表示该任务的持续时间，条形的位置表示任务的开始日期和结束日期。这种可视化方法可以帮助观看者识别任务之间的依赖关系、估计项目完成时间以及跟踪项目进度。

在 Excel 中，创建甘特图的步骤如下：

①甘特图基本的三个要素分别是：任务名称、任务开始时间、任务持续时间。打开工作表，找到或创建满足要求的数据源，如图 2-31 所示。

某项目任务安排表

任务	开始时间	工作天数
收集数据	2023/12/1	2
分析整理，形成方案	2023/12/3	2
技术开发	2023/12/5	10
测试	2023/12/20	5
完成交付	2023/12/27	2

图 2-31　数据源

②选中数据，插入堆积条形图。效果如图 2-32 所示。

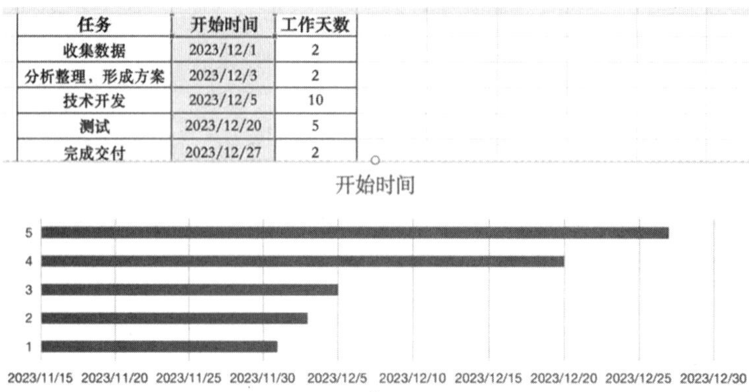

图 2-32　插入图表

③添加持续工作时间系列：选中图表，右击选择“选择数据”，在弹出的“选择数据”对话框中，单击“＋”按钮，选择“系列名称”，单击单元格“工作天数”，系列值拖动选择“G3：G7”，然后单击“确定”按钮。效果如图 2-33 所示。

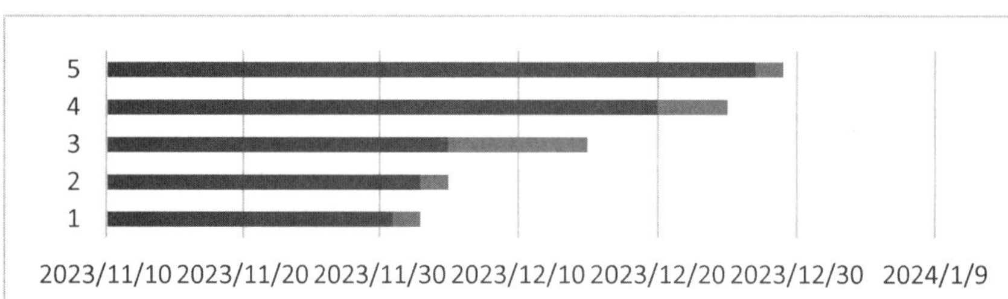

图 2-33　添加数据系列

④隐藏开始时间系列条形图：单击“开始时间”系列，在属性窗格中，选择“填充与线条”选项卡，线条设置为“无线条”。效果如图 2-34 所示。

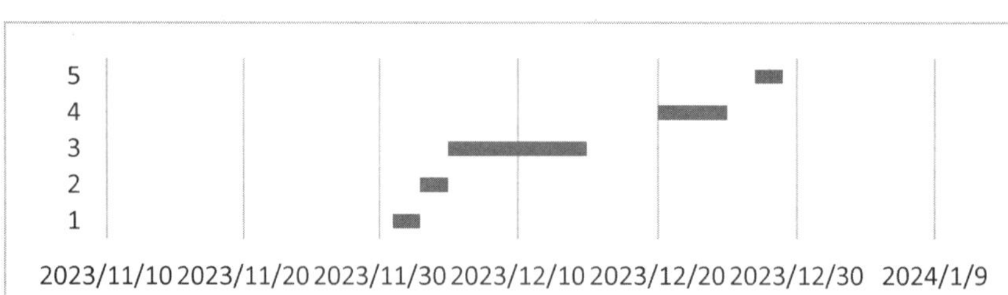

图 2-34　隐藏数据系列

⑤设置任务名称：选中垂直（类别）轴，右击选择“选择数据”，在弹出的“选择数据”对话框中，单击“轴标签（分类）”中的“编辑”按钮，拖动选择“E3：E7”轴标签区域，单击“确定”按钮；在属性窗格中，选择“坐标轴”选项卡，坐标轴位置勾选“逆序类别”；选中水平（值）轴，在属性窗格中，选择“坐标轴”选项卡，调整边界最小值为“2023/12/1”。效果如图 2-35 所示。

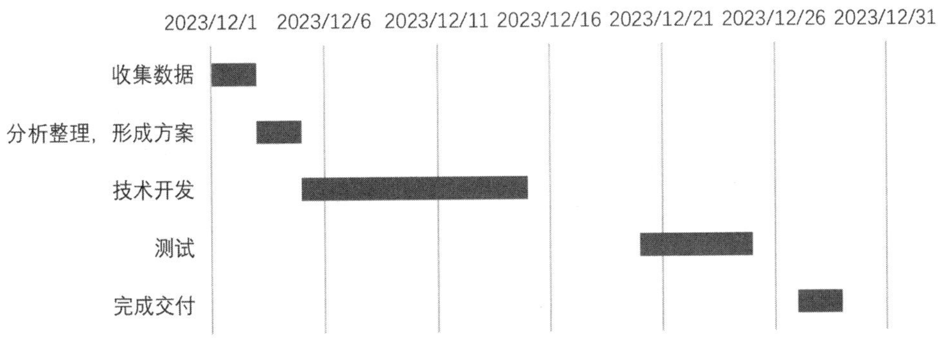

图 2-35 甘特图

(7)REPT 函数

在 Excel 中，REPT 函数用于重复文本字符串若干次，是一种特殊的数据可视化技巧。下面介绍两种 REPT 函数应用示例。

示例一：打开工作表，在 D3 单元格中输入公式“＝REPT("|",B3)& "&B3""，修改字体为“Phosphate”，字体颜色设置为蓝色，其余数据下拉自动填充。一个漂亮的条形图制作完成，如图 2-36 所示。

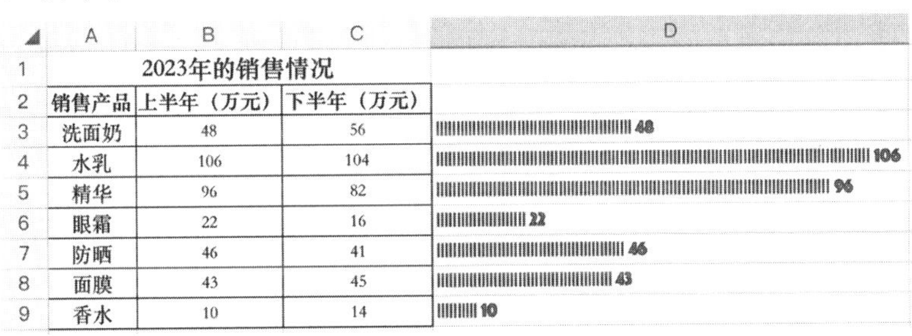

	A	B	C	D
1	2023年的销售情况			
2	销售产品	上半年（万元）	下半年（万元）	
3	洗面奶	48	56	48
4	水乳	106	104	106
5	精华	96	82	96
6	眼霜	22	16	22
7	防晒	46	41	46
8	面膜	43	45	43
9	香水	10	14	10

图 2-36 REPT 函数条形图

示例二：打开工作表，在 K3 单元格中输入公式“＝REPT("★",J3)&REPT("☆",5-J3)”，修改字体颜色为红色，其余数据下拉自动填充。一个漂亮的星级图制作完成，如图 2-37 所示。

地点	等级	评级
A	2	★★☆☆☆
B	3	★★★☆☆
C	5	★★★★★
D	4	★★★★☆
E	3	★★★☆☆

图 2-37 REPT 函数星级图

4.折线图及其衍生图

(1)折线图

折线图(图 2-38)一般用于基于时间维度观察数据量的变化趋势，展示整体走向和单体突出数据。它可以显示随时间而变化的连续数据(根据常用比例设置)，强调数据的时间性和变动率，因此非常适用于显示在相等时间间隔下数据的趋势。例如，销售订单或金额的分日数据显示。在折线图中，类别数据沿水平轴均匀分布，所有的值数据沿垂直轴均匀分布。

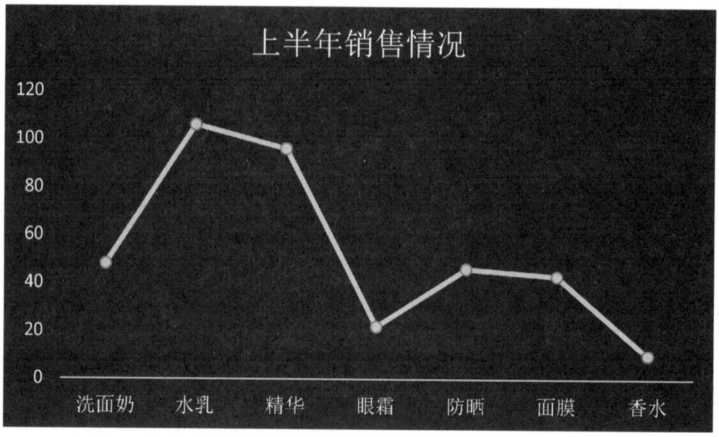

图 2-38 折线图

(2)堆积折线图

在 Excel 中，不常创建堆积折线图，这是因为折线图一般用于显示数据的趋势和变化，而堆积柱形图更适合比较不同类别或组之间的数据。

案例展示：1—8 月份某店销售数量统计，销售品类有电视、手机和平板。

①数据准备：对于堆积折线图，需要先计算每个类别或组在每个数据系列中的累积值。本案例对每个月的销售数量进行了合计计算，如图 2-39 所示。

	A	B	C	D	E
1	1-8月份某店销售数量统计表				
2	时间	电视	手机	平板	合计
3	1月	24	76	91	191
4	2月	73	90	70	233
5	3月	50	47	88	185
6	4月	98	51	70	219
7	5月	52	98	58	208
8	6月	43	46	63	152
9	7月	27	58	59	144
10	8月	81	62	79	222

图 2-39 销售数量统计表

②选中数据：选中包含要绘制折线图的数据，以及相应数据标签和类别，如图 2-40 所示。

1-8月份某店销售数量统计表				
时间	电视	手机	平板	合计
1月	24	76	91	191
2月	73	90	70	233
3月	50	47	88	185
4月	98	51	70	219
5月	52	98	58	208
6月	43	46	63	152
7月	27	58	59	144
8月	81	62	79	222

图 2-40　选中数据

③插入图表：在 Excel 的菜单栏中，选择“插入”选项卡，然后单击“全部图表”图标，选择“堆积折线图”类型，单击“插入”按钮，如图 2-41 所示。

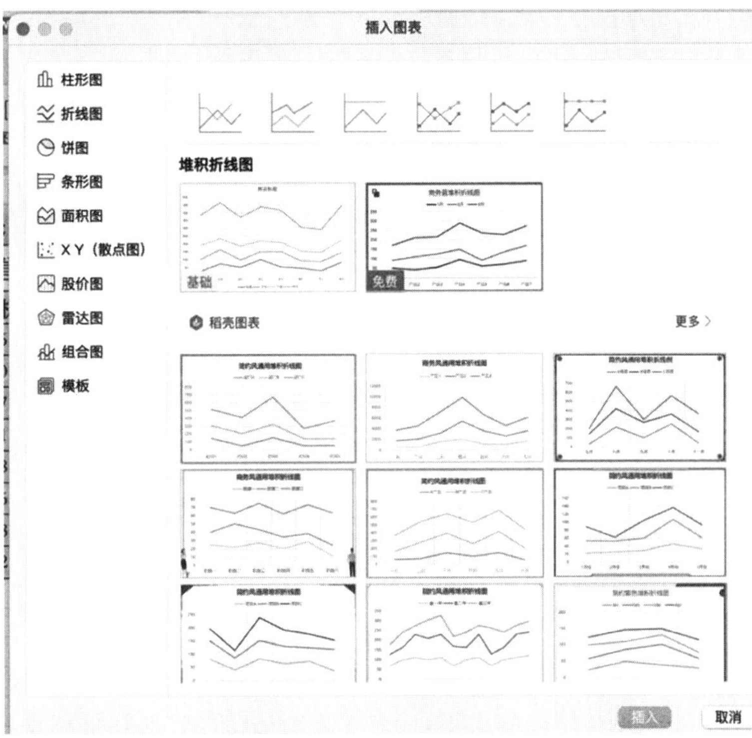

图 2-41　插入堆积折线图

④调整图表样式：Excel 会根据数据自动创建一个基本的折线图，可以选中图表，右击选择“更改图表类型”来更改图表的类型，或者通过“布局”选项卡来调整图表的样式、颜色、字体等属性。选中折线，右击选择“设置数据系列格式”，在“属性”窗格中调整各图表元素的样式，例如“图表选项”的“填充与线条”“效果”“大小与属性”，“系列选项”的“填充与线条”“效果”“系列”“图例选项”的“填充与线条”“效果”“图例”和“文本选项”的“填充与轮廓”“效果”“文本框”等样式。效果如图 2-42 所示。

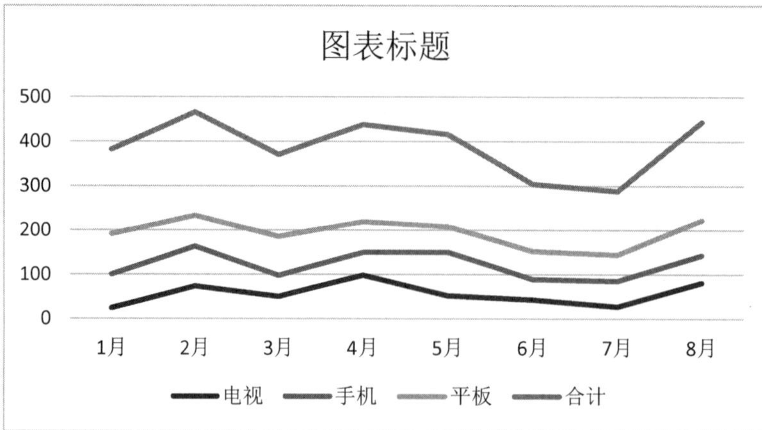

图 2-42　调整样式

⑤增删图表元素:可以根据需要添加或删除轴标题、数据标签、网格线等元素,使图表更清晰易读。本案例单击选中图表标题,输入新的标题“销售数量统计”;右击折线,选择“添加数据标签”,在属性窗格中选择相应“数据标签”,选择“标签”选项卡,可以调整标签的位置,或者双击数据标签,边框出现空心圆圈时移动鼠标,当鼠标指针变为四向箭头时移动标签以调整位置;网格线可通过单击选中,然后按“Delete”键删除。效果如图 2-43 所示。

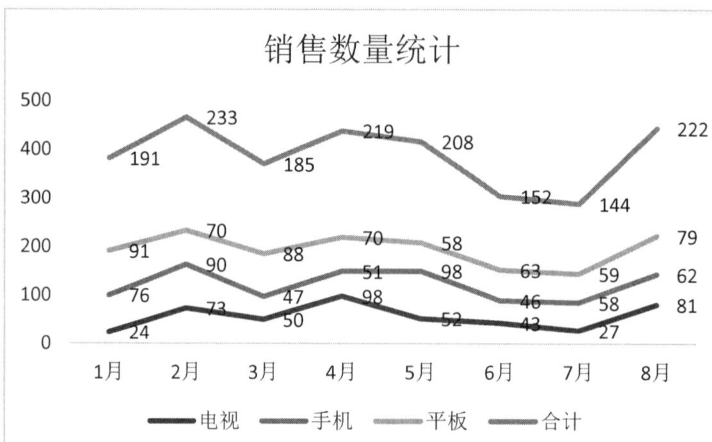

图 2-43　增删图表元素

⑥调整图表布局:可以调整图表的大小和位置,使其更适应文档或演示的布局;还可以通过拖动图表边框来调整图表的大小,或者使用“格式形状”对话框调整图表的高度和宽度。

通过案例图表,可以看出在堆积折线图中,从第 2 个系列开始,每个系列不再只代表本身的销售数量,而是代表前面所有系列与本身销售数量的和,即累计值。

其中,图 2-43 中的 1 月数据,“电视”=电视本身数量 24;“手机”=电视本身数量 24+手机本身数量 76=100;“平板”=电视本身数量 24+手机本身数量 76+平板本身数量 91=191。即“电视”与横坐标轴之间的差值代表电视本身数量 24;“手机”与“电视”之间的差值代表手机本身数量 76;“平板”与“手机”之间的差值代表平板本身数量 91。

因此，堆积折线图不但能展示每个系列的值，还可体现同一时期的合计值。

(3)百分比堆积折线图

在 Excel 中，创建百分比堆积折线图可能会有一些挑战，因为 Excel 的折线图通常用于显示数据的趋势和变化，而不是百分比的堆积情况。例如，由图 2-44 可以看出在百分比堆积折线图中，累计销售数值变成了累计百分比。

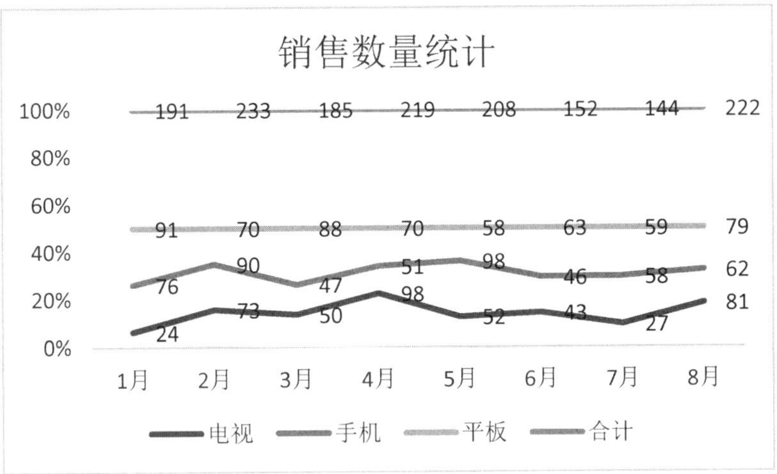

图 2-44　百分比堆积折线图

其中，图 2-44 中的 1 月数据，“电视”＝电视本身数量 24/当月合计 191×100％＝12.57％；“手机”＝(电视本身数量 24＋手机本身数量 76)/当月合计 191×100％＝52.36％；“平板”＝(电视本身数量 24＋手机本身数量 76＋平板本身数量 91)/当月合计 191×100％＝100％。

即“电视”与横坐标轴之间的差值代表电视本身数量 24 占当月合计 191 的百分比＝24/191×100％＝12.57％；“手机”与“电视”之间的差值代表手机本身数量 76 占当月合计 191 的百分比＝76/191×100％＝39.79％；“平板”与“手机”之间的差值代表平板本身数量 91 占当月合计 191 的百分比＝91/191×100％＝47.64％。

因此，百分比堆积折线图不但能展示每个系列的值，还可体现同一时期每个系列的占比。

(4)菱形走势图

菱形走势图是一种数据可视化图表，通常用于显示两个维度之间的关系。与传统的折线图类似，菱形走势图显示了统计指标随时间或其他变量的变化趋势。不同的是，菱形走势图的数据点不是通过连接线相连，而是通过菱形或棱形的方式显示。它的优势在于可以更清晰地显示数据点之间的差异，尤其适用于呈现周期性或波动性较大的数据，帮助观察者更直观地识别趋势、周期性变化以及异常值。

在 Excel 中，建立菱形走势图的步骤如下：

①打开工作表，选中数据，插入折线图，如图 2-45 所示。

②选中折线，在属性窗格中，选择“线条”选项卡，设置线条为“无”线条；选择“标记”选项卡下的“数据标记”选项，勾选“内置”，设置类型为“菱形”，大小为“15”；勾选“纯色填充”，设置颜色设为“深蓝”；线条为“实线”；颜色为“粉色”，宽度为“3 磅”。效果如图 2-46 所示。

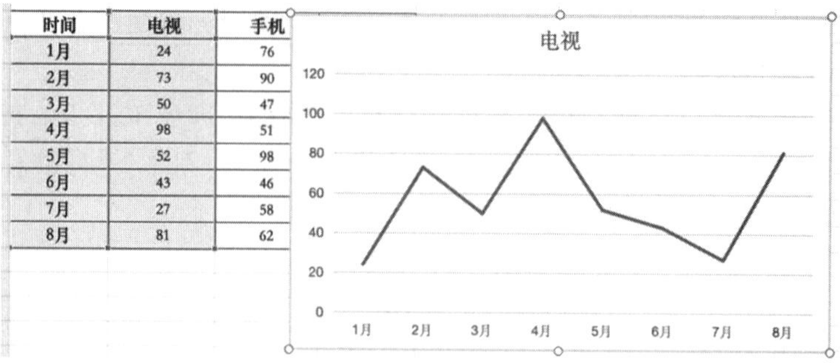

图 2-45 插入折线图

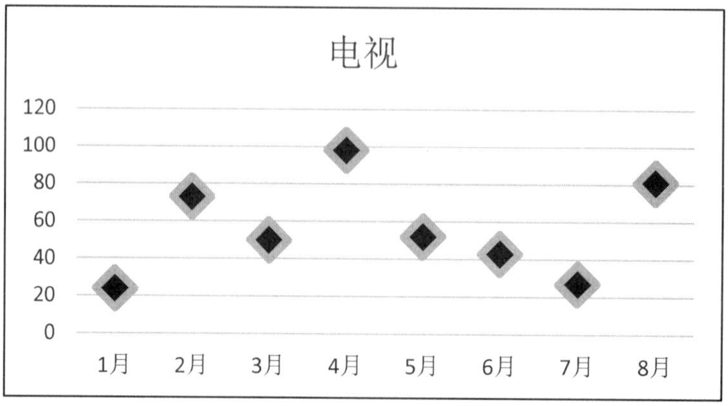

图 2-46 调整折线样式

③单击菜单中的“图表工具”⟶“添加元素”⟶“线条”⟶“垂直线”，在属性窗格中，选择“填充与线条”选项卡，设置线条为“实线”，颜色为“粉色”，宽度为“3 磅”。效果如图 2-47 所示。

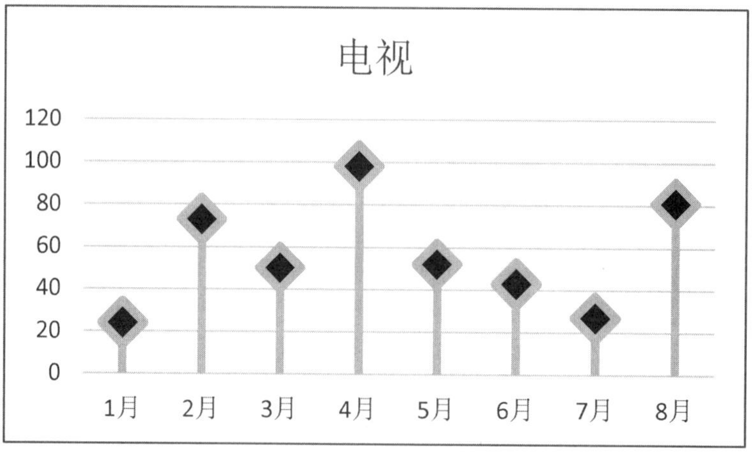

图 2-47 插入线条

④选中垂直(值)坐标，按“Delete”键删除；选中标题，按“Delete”键删除；选中网格线，按“Delete”键删除；选中图表，在属性窗格中，选择“填充与线条”选项卡，勾选“纯色填充”，设置填充颜色为“绿色”，线条为“无线条”；选中菱形数据系列，右击选择“添加数据标签”，在属性窗格中，选择“标签”选项卡，标签位置勾选“靠上”。效果如图 2-48 所示。

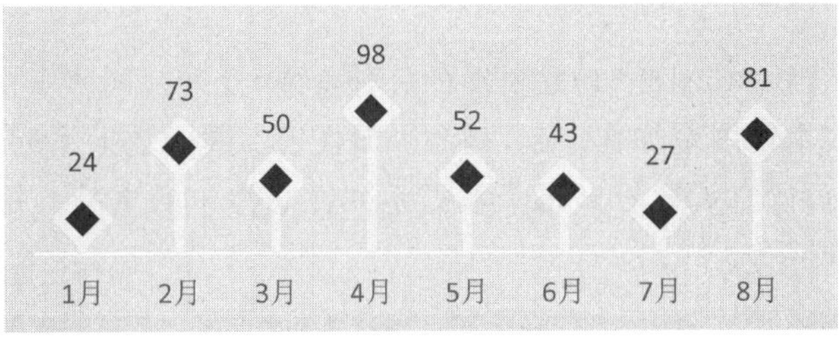

图 2-48　菱形走势图

5.饼图及其衍生图

(1)饼图

饼图(图 2-49)通过不同的扇面大小,图形化地表达了不同类别的比例,即反映了各部分数据在总体中的构成及占比情况。每一个扇区表示一个数据系列,扇区面积越大,表示占比越高。饼图常用于展示产品市场份额、客户组成、满意度比例等数据结构性问题。需要注意的是,使用饼图时选取的数值应没有负值和零值。

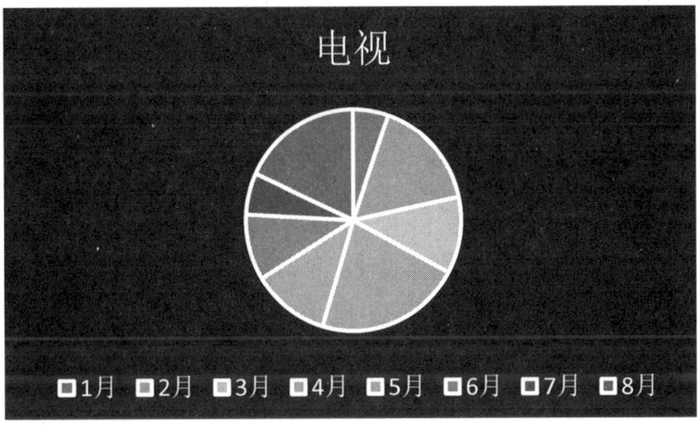

图 2-49　饼图

(2)三维饼图

三维饼图(图 2-50)是 Excel 中的一种图表类型,用于展示可视化数据的分布情况。与传统的二维饼图相比,三维饼图更加具有立体感,通过增加深度和阴影效果来突出各个部分的差异和结构。在三维饼图中,数据被表示为一个圆饼,圆饼被分割成不同大小的扇形,每个扇形代表数据中的一个部分或类别。通过改变扇形的大小和颜色,可以清晰地展示各部分的相对比例。

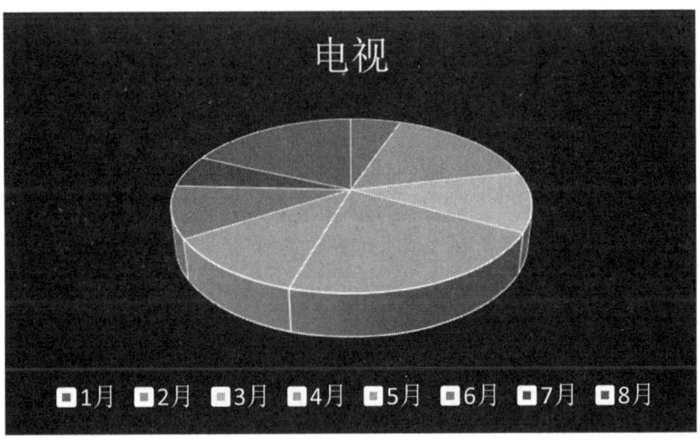

图 2-50　三维饼图

(3)复合饼图

在 Excel 中,复合饼图(图 2-51)是饼图的一种变体,允许在同一个饼图中显示多个数据系列。它类似于将多个饼图叠加在一起,每个饼图代表不同的数据系列,常用于比较多个数据系列的相对比例,可以直观地看到每个数据系列在总体中的贡献。每个数据系列通常用不同的颜色或图案来区分。

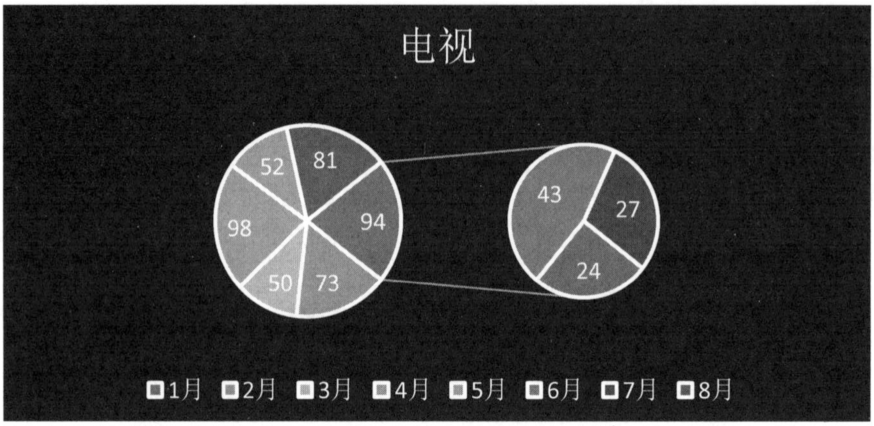

图 2-51 复合饼图

(4)复合条饼图

饼图能够形象生动地展示各种类别数据的占比,但在类别较多的情况下,单一饼图会显得较为凌乱,降低数据的对比效果,此时可以利用复合条饼图让统计结果更直观,数据更清晰。复合条饼图是饼图和条形图的结合,如图 2-52 所示,左侧的饼图为第一绘图区,右侧的条形图为第二绘图区。

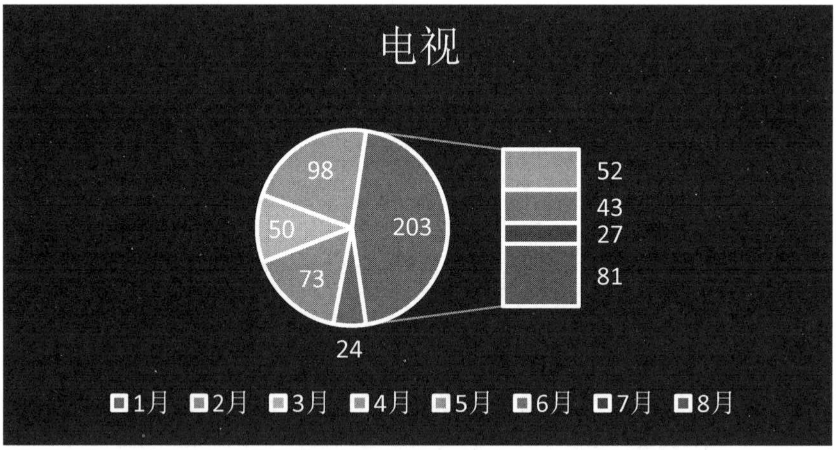

图 2-52 复合条饼图

(5)圆环图

圆环图(图 2-53)是将饼图叠在一起,并挖去中间的部分。每个总体用一个环来表示,总体中的每一部分数据用环中的一段来表示。圆环图可显示多个总体内部各部分所占的比重,常用于对构成进行比较研究。

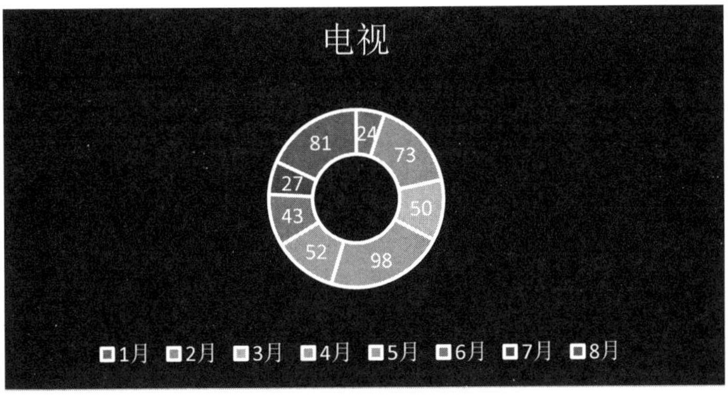

图 2-53 圆环图

(6)玉玦图

在 Excel 中,玉玦图并不是内置的标准图表类型。玉玦是一种中国传统的装饰图案,通常用于陶瓷、织物、建筑等领域,由交叉的曲线组成,呈现出优美的几何形状。玉玦图兼顾对比和构成关系,适合展示分类类别为 3~5 种的数据,数值较大者更为突出。

建立玉玦图的步骤如下:

①打开工作表,选择数据──→“插入”──→“圆环图”。效果如图 2-54 所示。

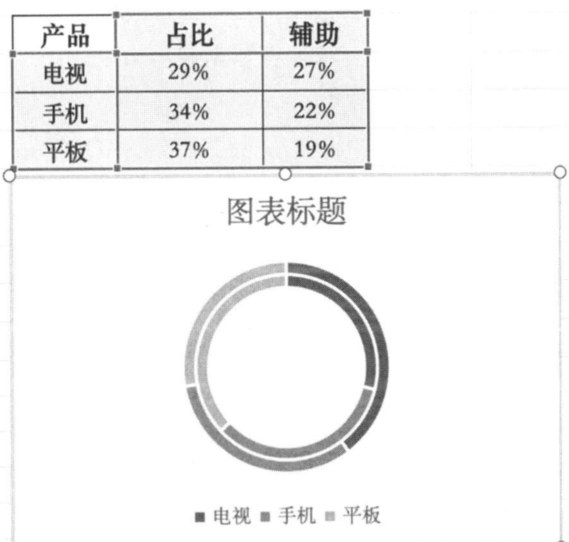

产品	占比	辅助
电视	29%	27%
手机	34%	22%
平板	37%	19%

图 2-54 插入圆环图

②单击选中图表标题,按“Delete”键删除;单击选中图例,按“Delete”键删除;单击选中图表,在属性窗格中,选择“填充与线条”选项卡,设置线条为“无线条”。效果如图 2-55 所示。

③单击选中占比数据系列,在属性窗格中,选择“系列”选项卡,设置圆环图内径大小为“35”,单击菜单“图表工具”,选择“切换行/列”,分别单击选中每一个圆环,在属性窗格中,选择“填充与线条”选项卡,设置线条为“实线”,颜色与图表背景色一致;单击选中电视占比数据系列,在属性窗格中,选择“填充与线条”选项卡,设置勾选“纯色”填充,颜色为“黄色”;单击选中电视辅助数据系列,在属性窗格中,选择“填充与线条”选项卡,勾选“无填充”;单击选中手机占比数据系列,在属性窗格中,选择“填充与线条”选项卡,勾选“纯色填充”,颜色为

“红色”；单击选中手机辅助数据系列，在属性窗格中，选择“填充与线条”选项卡，填充勾选“无填充”；单击选中平板占比数据系列，在属性窗格中，选择“填充与线条”选项卡，勾选“纯色填充”，颜色为“蓝色”；单击选中平板辅助数据系列，在属性窗格中，选择“填充与线条”选项卡，填充勾选“无填充”。效果如图 2-56 所示。

④选中圆环，右击选择“添加数据标签”，单击选中标签，在属性窗格中，选择“标签”选项卡，勾选“系列名称”和“值”，调整标签位置。最终效果如图 2-57 所示。

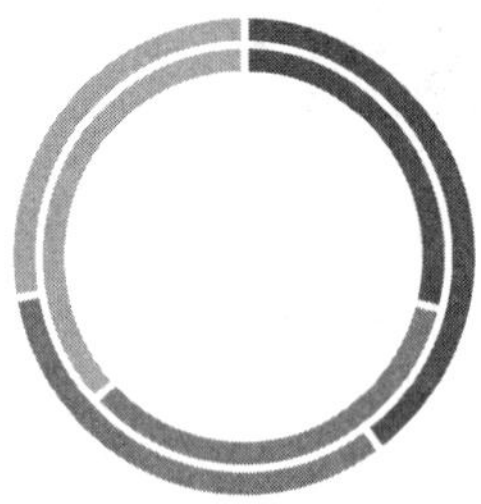

图 2-55 删除元素

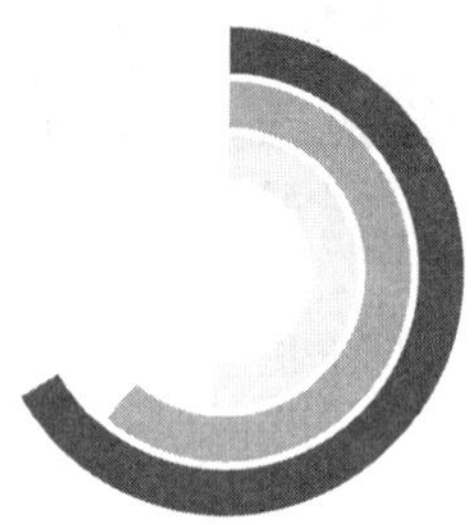

图 2-56 调整圆环图样式

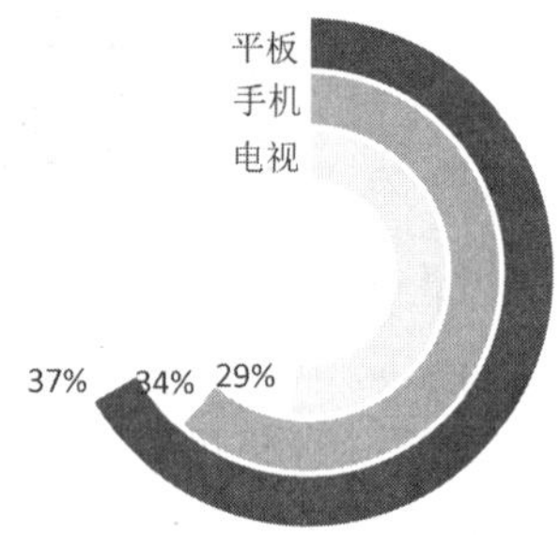

图 2-57 玉玦图

(7)仪表盘图

仪表盘图是一种常见的图表格式，它是模仿汽车速度表的一种图表，常用来展现数据完成率、增长率等比率性指标，可以简单、直观地将数据展示出来。

在 Excel 中，建立仪表盘图的步骤如下：

①准备数据(图 2-58)。

表盘外圈：整个表盘平均分为四部分，每部分占 90°，但只显示三部分，最下面的部分不显示。

辅助值：有数据的部分占一个 360°的 3/4，即 270°，根据刻度值将 270°分为 10 等份，每份 27°；没数据的部分占 360°的 1/4，即 90°。

刻度值：按照仪表盘的刻度设定。

指针：值是 80，宽度是 1，最大值是 300。

辅助值	表盘外圈	刻度值	指针值	指针宽度	最大值
0	90	0	80	1	300
27	90				
0	90	30			
27	90				
0		60			
27					
0		90			
27					
0		120			
27					
0		150			
27					
0		180			
27					
0		210			
27					
0		240			
27					
0		270			
27					
0		300			
90					

图 2-58 Excel 仪表盘图数据源

②选择数据——→“插入”——→“饼图”——→“圆环图”，单击选中图表标题，按“Delete”键删除。效果如图 2-59 所示。

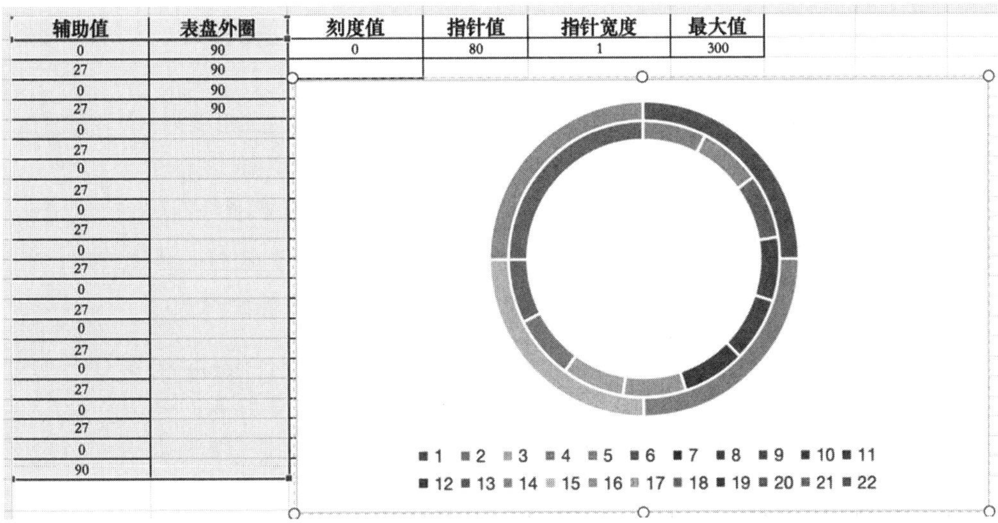

图 2-59 插入圆环图

③右击图表，选择“选择数据”，单击轴标签（分类）右侧的“编辑”按钮；轴标签区域通过拖动鼠标选择刻度值数据设置，单击“确定”按钮；选中图表，右上角勾选“数据标签”，选择“更多选项”，勾选“类别名称”，去掉“值”；选中刻度圆环，在属性窗格中，选择“系列”选项卡，第一扇区起始角度设置为 225°；选择“填充与线条”选项卡，填充勾选“无填充”，线条勾选“无线条”；单击选中图例，按“Delete”键删除；将外部圆环左边填充“绿色”，右边填充“红色”，下边“无填充”，上边选择“渐变填充”，红色、绿色区域可以自行微调。效果如图 2-60 所示。

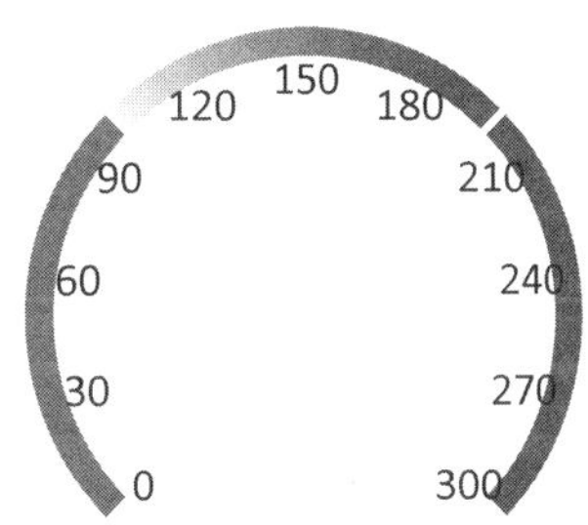

图 2-60 仪表盘大致形状

④制作指针：右击图表，选择“选择数据”，单击“＋”按钮，系列名称选择“单元格指针”，系列值通过拖动选择指针的三个数据设置；右击图表，选择“更改图表类型”，选择“组合图”，按照图 2-61 设置图表类型。

⑤将指针宽度调到 3，右击饼图，将大的扇区调整为“无填充”，将指针位置填充为“红色”；插入文本框，选中文本框后，在编辑栏直接输入公式“＝＄D＄2”，将文本框拖至表盘下方空白处。效果如图 2-62 所示。

6.面积图及其衍生图

（1）面积图

面积图（图 2-63）是一种随时间变化范围的图表，主要强调数量与时间的关系，还可以通过显示数据的面积来分析部分与整体的关系。例如，用某企业每个月销售额绘制面积图，从年度层面分析，其面积图所占据的范围累计就是该企业的年效益。面积图能够将累计的数据直观地呈现出来。

图 2-61 圆环图

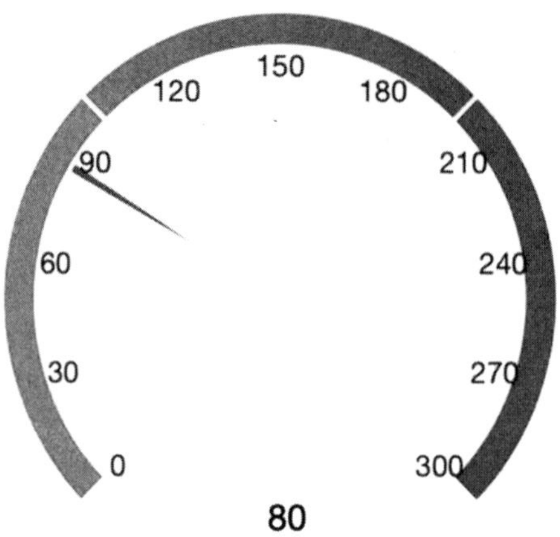

图 2-62 仪表盘

(2)堆积面积图

堆积面积图(图 2-64)将多个数据系列的数据叠加显示,每个系列的数据呈现为堆积在一起的面积,用于展示总体趋势和各个部分之间的相对贡献。

(3)百分比堆积面积图

百分比堆积面积图(图 2-65)是堆积面积图的一种变体,它显示的是每个数据系列在总和中的百分比而不是原始值。这种图表类型非常适合比较不同类别的数据在整体中的相对占比,而不是单纯比较数值大小。在 Excel 中创建百分比堆积面积图,需要先将数据转换为百分比,并确保每个数据系列的值总和为 100%。

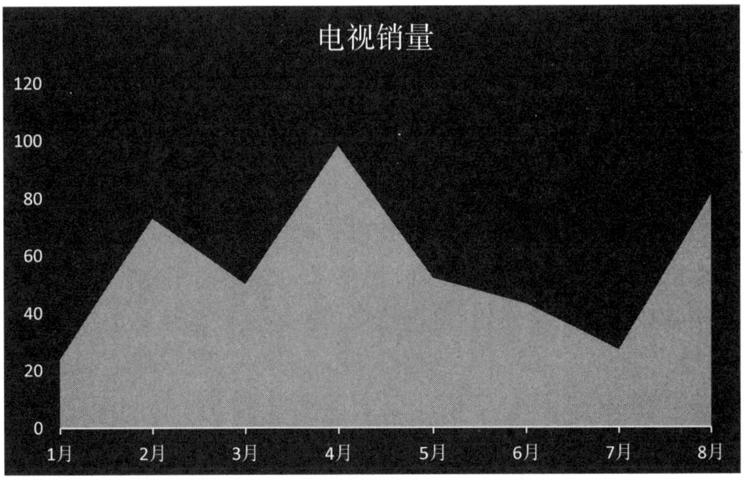

图 2-63　面积图

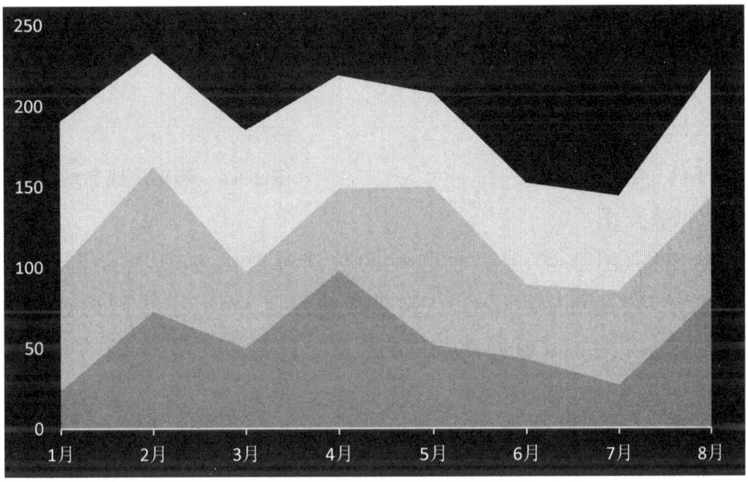

图 2-64　堆积面积图

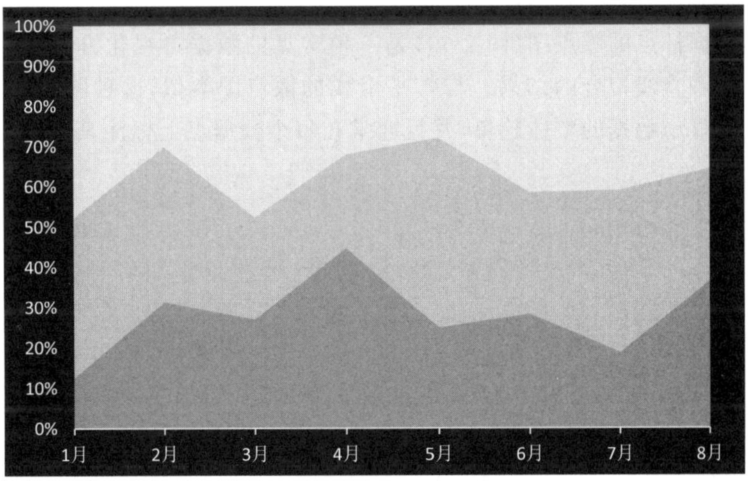

图 2-65　百分比堆积面积图

7.散点图及其衍生图

(1)散点图

散点图(图 2-66)通常用于反应成对数据之间的相关性和分布特性。例如,散点图可以展示某企业在不同产品上投入的广告费以及收益情况等。

(2)带平滑线和数据标点的散点图

带平滑线和数据标点的散点图(图 2-67)用于展示数据点的分布趋势和可能的关联关系。这种图表是散点图和平滑曲线的结合,提供了一种同时展示原始数据和趋势的方式。它通常在统计分析和数据探索中使用,可以帮助观察者更好地理解数据集的特征。

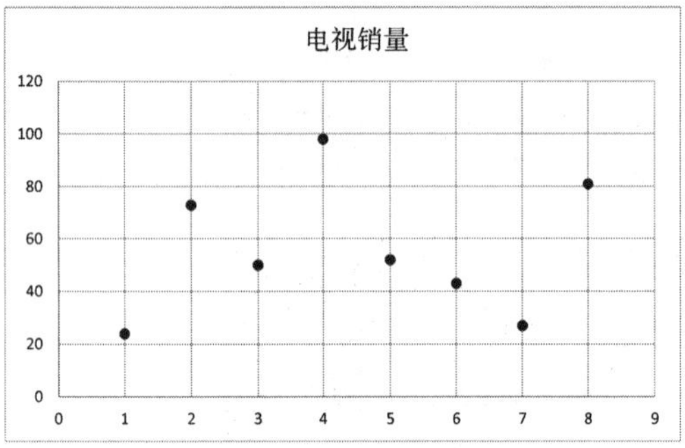

图 2-66 散点图

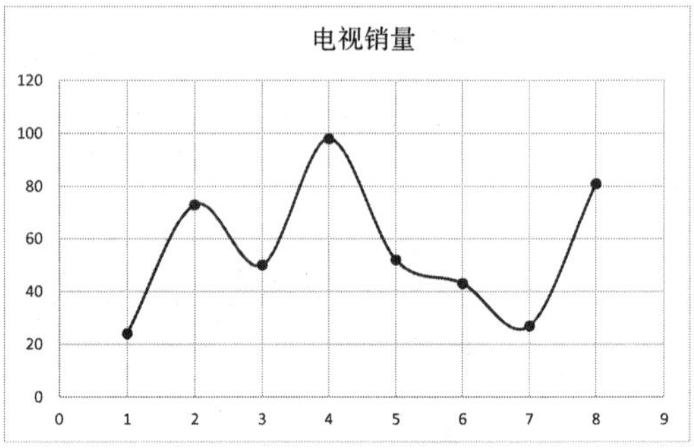

图 2-67 带平滑线和数据标点的散点图

(3)带平滑线的散点图

带平滑线的散点图(图 2-68)是一种常见的数据可视化方式,用于同时展示数据点的分布情况和趋势。通常,散点图显示了每个数据点的位置,而平滑线则通过某种拟合方法(如线性回归、多项式拟合或局部加权回归)在数据点之间绘制一条平滑的曲线,以显示数据的整体趋势。这种图表通常用于探索数据集中的关系,例如是否存在线性或非线性的趋势,以及数据点的分布是否遵循某种规律。通过将散点和平滑线结合在一起,观察者更直观地理解数据的整体走势,而不仅仅是依靠散点来判断。

(4)带直线和数据标点的散点图

带直线和数据标点的散点图(图 2-69)是一种常见的数据可视化方式,用于同时展示数据点的分布情况和直线拟合的结果。与带平滑线的散点图类似,这种图表通过在散点图中添加一条直线来显示数据的整体趋势,并且通常在每个数据点上标注其具体数值,以提供更多信息。

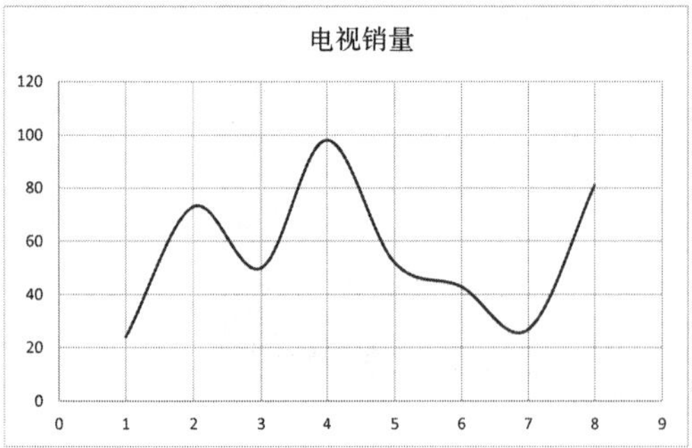

图 2-68 带平滑线的散点图

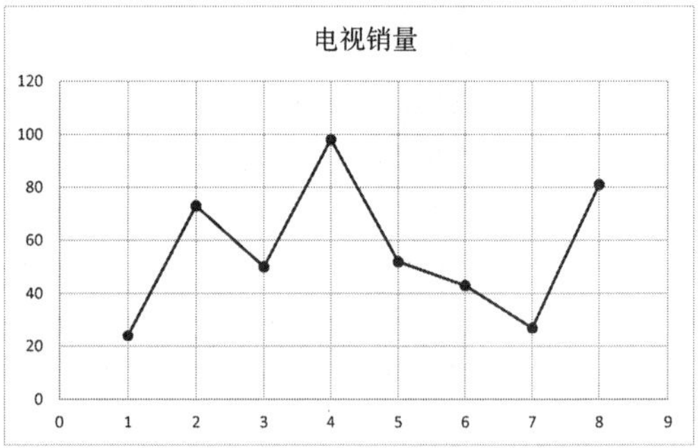

图 2-69 带直线和数据标点的散点图

(5)带直线的散点图

带直线的散点图(图 2-70)是一种数据可视化方法,它结合了散点图和线图的元素。在这种图表中,数据通常以散点的形式展示在二维平面上,同时还会有一条直线(或曲线)通过这些散点,用来表示数据之间的趋势或关系。通常情况下,这种图表用于展示两个变量之间的关系,其中一个变量作为自变量(X 轴),另一个变量作为因变量(Y 轴)。散点图展示了每个数据点的具体位置,而直线则代表了这些数据点的整体趋势。带直线的散点图常用于回归分析,其中,直线通常是通过最小二乘法拟合得到的,用来表示自变量和因变量之间的线性关系。这种图表可以帮助观察数据的整体趋势,并且可以基于给定的自变量预测因变量。

(6)气泡图

气泡图(图 2-71)是一种数据可视化图表,通常用于展示三个变量之间的关系。它类似于散点图,但是在气泡图中,除了横轴和纵轴上的变量之外,还通过气泡的大小来表示第三个变量的值。具体来说,气泡图通常将数据点表示为散点,每个散点的横坐标和纵坐标代表两个变量的值,而气泡的大小则代表第三个变量的值。这样,气泡图可以同时展示三个变量之间的关系,如它们之间的相关性以及数据的分布情况。气泡图通常用于在多个变量之间进行比较和分析。通过观察气泡的大小和位置,可以直观地了解到数据之间的关系,并发现可能存在的趋势和模式。这种图表在可视化复杂数据集时特别有用,因为它可以在一个图表中同时展示多个变量之间的关系,从而帮助分析者更好地理解数据。

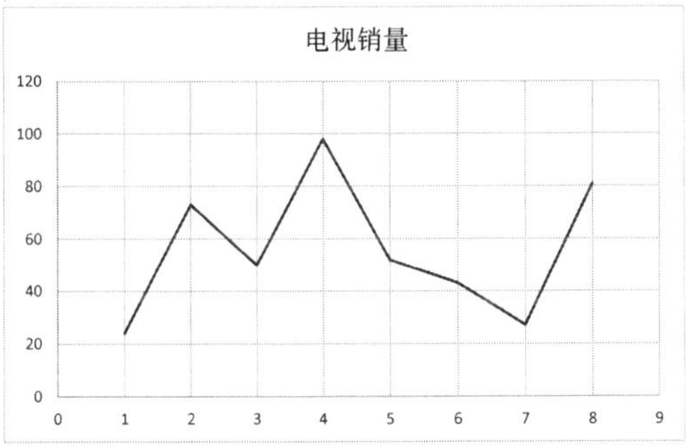

图 2-70 带直线的散点图

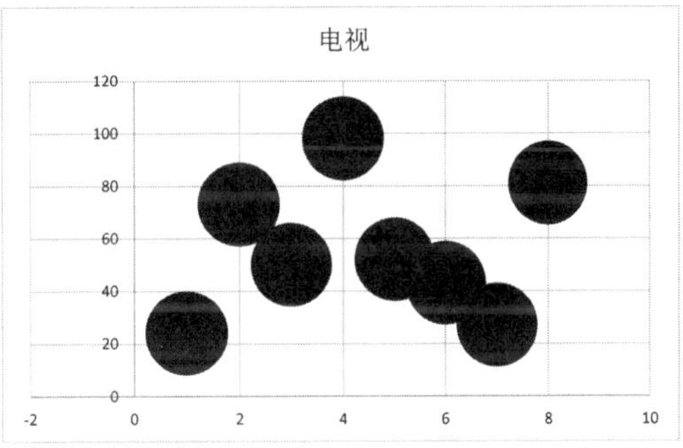

图 2-71 气泡图

8.股价图

股价图(图 2-72)通常是指在 Excel 中创建的股票价格图表,用于显示股票价格随时间变化的情况。股价图通常是折线图,横轴代表时间(通常是日期),纵轴代表股票价格,特别适用于小规模数据集和简单的分析任务。

9.雷达图及其衍生图

(1)雷达图

雷达图(图 2-73)也称为极坐标图,用于显示多个变量之间的相对关系,并突出显示每个变量的相对大小。雷达图通常由一个中心点开始,然后从中心点向外辐射出多个等距离的轴线,每个轴线代表一个变量。变量的数量通常在三个以上,但不宜过多,以免图表过于复杂。每个变量的值通过相应的轴线的长度来表示,值越大对应的线段越长。在雷达图中,每个变量通常由一个线条或者是一个多边形区域表示。当多个数据集需要对比时,每个数据集可以用不同的颜色或样式表示,并且这些线条或多边形区域可以在同一个雷达图中进行比较。

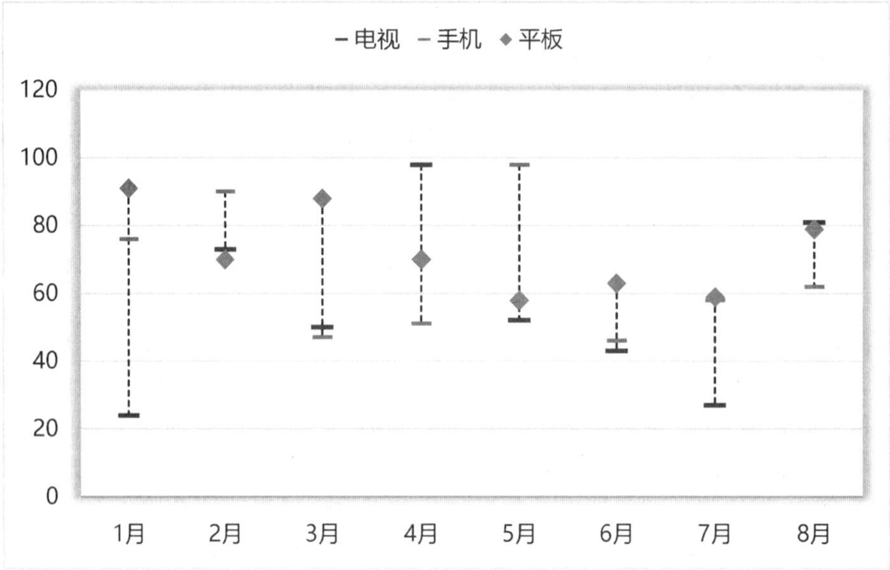

图 2-72　股价图

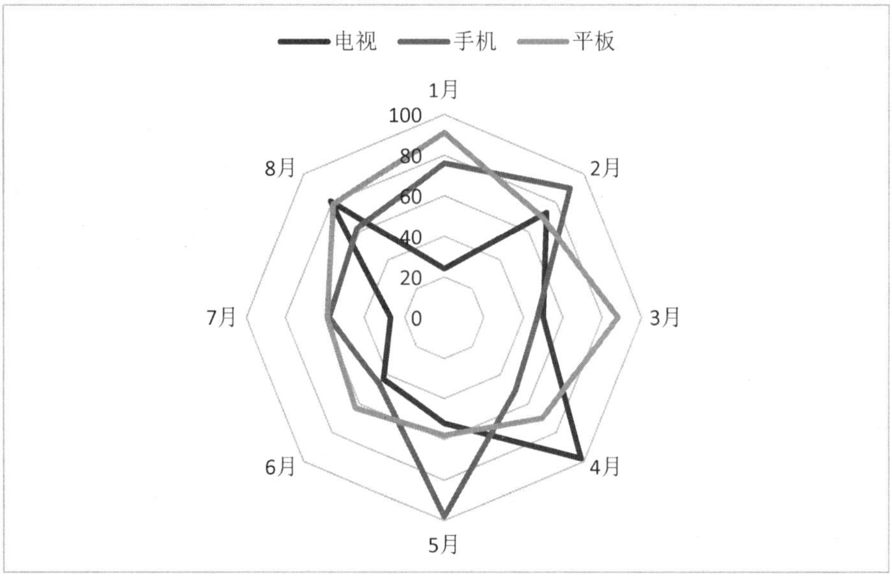

图 2-73　雷达图

(2)带数据标记的雷达图

带数据标记的雷达图(图 2-74)是一种在雷达图上添加数据点标记的方式。在标准的雷达图中,数据通常通过连接线或填充区域表示,而带有数据标记的雷达图则在雷达图的每个数据点上添加了标记,通常是小圆点或其他符号,以突出显示每个数据点的具体位置。带数据标记的雷达图通过在每个数据点上添加标记,使观察者更容易识别每个数据点的位置和数值。这种图表通常用于显示较少的数据点,并且这些数据点是重要的、需要突出显示的。

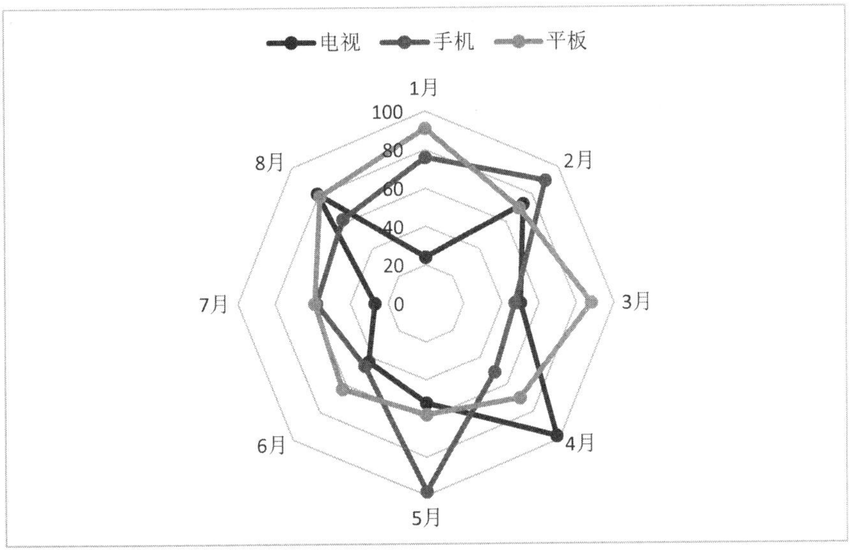

图 2-74　带数据标记的雷达图

(3)填充雷达图

填充雷达图(图 7-75)是一种在雷达图上填充数据区域以突出显示数据范围的方法。在标准的雷达图中,数据通常是通过连接线或者数据点之间的直线段表示的,而填充雷达图则是在这些线条之间添加填充颜色或填充图案,以将数据区域更清晰地展示出来。填充雷达图的优点之一是能够直观地展示每个数据点所代表的范围或区域,使得不同数据点之间的大小或趋势更加直观和容易理解。这种图表通常用于展示多个变量的相对大小或者数据集之间的差异。

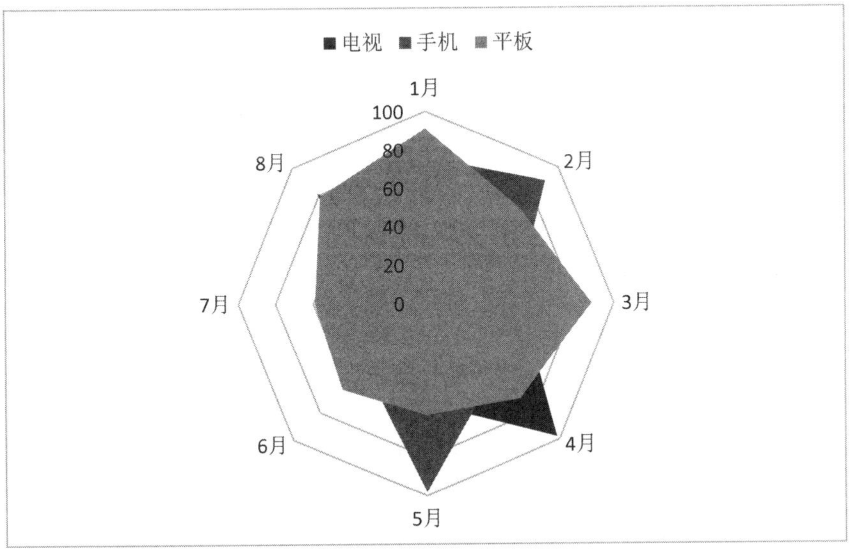

图 2-75　填充雷达图

10.组合图

(1)对比折线图

对比折线图(图 2-76)是一种组合图表,结合了折线图和柱形图的特点,通常用于同时展示两种不同类型的数据趋势或值并进行比较,例如,比较两种不同类型的数据、强调两组数据之间的相关性和显示不同的数据趋势等。在这种图表中,柱形图表示一组数据,而折线图表示另一组数据,它们共享相同的水平轴。

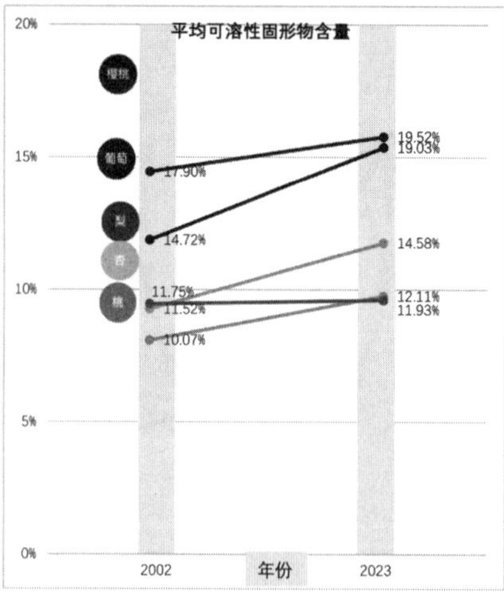

图 2-76 对比折线图

(2)子弹图

子弹图(图 2-77)无修饰的线性表达方式能够在狭小的空间中表达丰富的数据信息,可以在同一分类下对比,也可以横向对比。

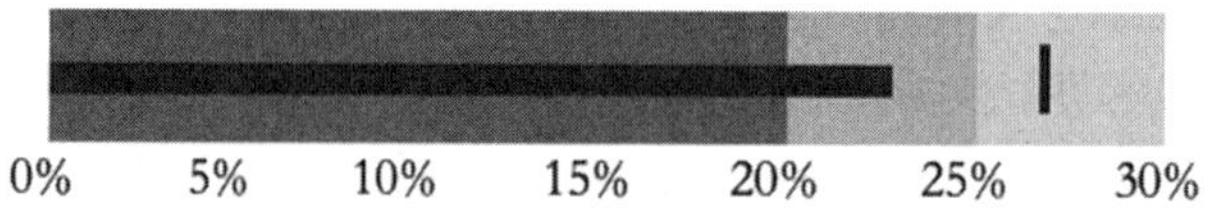

图 2-77 子弹图

(3)滑珠图

滑珠图(图 2-78)是一种小型的数据可视化图表,它通常嵌入单元格内,用于在狭小的空间内显示数据的趋势或模式。滑珠图可以帮助用户快速了解数据的变化情况,特别适用于大量数据的快速浏览和比较。滑珠图通常是简化的线图或柱状图,它显示了一组数据的趋势,但不包括详细的轴标签或其他注释。这使得滑珠图能够提供一种简洁而直观的方式来观察数据的变化,而无须占用大量的空间。

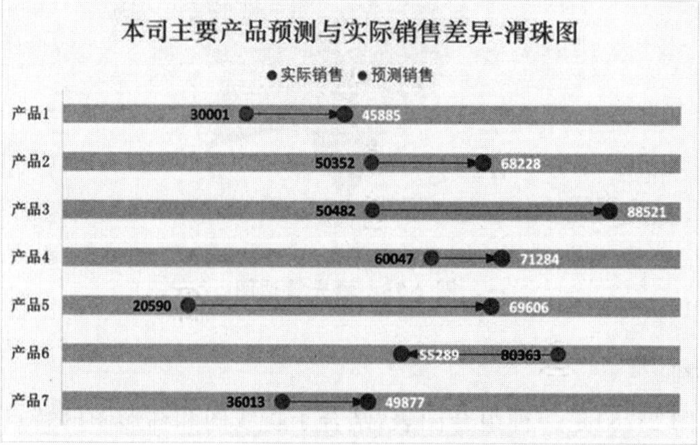

图 2-78 滑珠图

延伸阅读

创新者的思考，非凡的商业价值

一份优质的可视化报表，既能满足功能的需要，又有一定质感，还可以面向需求场景产生商业或工作价值。

在 Excel 中，创建出更具有说服力和效果的可视化报表需要具备七个思维意识。

(1)业务思维：有助于面向场景和价值洞察有意义的需求，保障成果的商用价值。

(2)管理思维：有助于端到端地构建框架、流程和结构，保障可视化报表能够为企业、团队及客户带去经营管理上的帮助。

(3)产品思维：有助于设计需求画像和定义需求价值，进而保障可视化报表能够有具体"载体"进行需求澄清和对齐。

(4)设计思维：有助于进行可视化报表全局、细节等方面设计，主要包括版式、颜色、字体、大小、深浅，使整个可视化报表元素能够合理搭配，提升可视化报表的整体质感。

(5)技术思维：有助于评估实现可视化报表相关需求功能是否具备可行性，这是最终实现可视化报表的保障。

(6)创新思维：有助于跳脱同质化思维、路径依赖的束缚，用全新的思维或方法创造可视化报表，为应用场景带去创造性的价值。

(7)系统思维：有助于聚合多种场景和功能，构建一体化或综合性可视化报表，可低投入、短周期地达到类似软件系统的效果。

做好 Excel 数据可视化，可以创造的商业或工作价值包括：

(1)在内外部商业环境中，可视化的信息输出，可以吸引受众注意力，提高受众对品牌、产品等感知度，为后续的商业活动创造机会。

(2)在商业汇总活动中，通过可视化的数据信息呈现，可以缩短读者理解数据的时间，体现企业的前沿管理理念和方法(数字化＋可视化)，增强各方对企业、团队的信心和认可度。

(3)在商业分析和决策方面，通过可视化的关键指标、分析、结果等数据信息，可以保障企业高效进行经营活动决策与规划，提高商业活动的成功率。

(4)在企业经营运作中，可视化的预测、结果呈现等，可以帮助企业优化"人财物"配置，提高企业的经营和管理质量，达到降本增效的目的。

(5)在企业拓展新业务、新市场等方面，可视化的数据监测和分析，可以合理增加投资，及时规避风险，真正发挥数字引领商业发展的价值和优势。

(6)在企业沟通、协作方面，可视化的数据信息呈现，可以帮助团队或个人高效传递信息、对齐信息、吸纳信息，避免沟通和管理内耗，让企业实现透明化管理。

(7)在企业数字化转型或运作方面，数据可视化让企业数据不再作为沉默资源，可以激活数据价值反哺商业和经营，构建商业活动与数据的正向循环，为"永续经营"奠定坚实的基础和条件。

Excel 可视化图表的知识结构如图 2-79 所示。

知识结构						
筑基	数据表设计		函数应用		图表制作	
	报表定义	字段定义	数学函数	查找函数	柱形图	折线图
	配置定义	选择定义	逻辑函数	统计函数	条形图	饼图
	格式定义		日期函数	文本函数	面积图	雷达图
			组合函数		组合图	
构型	结构设计		精益流程			
	展示层	分析层	需求洞察	→	手稿设计	↘
	数据层	配置层	↙	设计制作	←	画像定义
	表间逻辑		成品输出	→	价值应用	
成相	可视化实践		质感标准			
	全局版式	维度呈现	字体	大小	色彩	线条
	数据分析	内容加载				

图 2-79 Excel 可视化图表的知识结构

任务实施

按照本学习情境所涉及的知识点,本任务为将 Excel 数据可视化。

1.销售数据

某公司 2023 年的销售情况如图 2-80 所示,主要销售产品有洗面奶、水乳、精华等。任务要求:将该销售数据可视化,并分析 2023 年的哪一款产品销售最多?根据下半年与上半年的数据差异分析下一步主推产品是什么。

A	B	C
2023年的销售情况		
销售产品	上半年(万元)	下半年(万元)
洗面奶	48	56
水乳	106	104
精华	96	82
眼霜	22	16
防晒	46	41
面膜	43	45
香水	10	14

图 2-80 销售情况初始表

(1)数据准备:打开工作表,输入数据 D3 占比公式为"=(B3+C3)/SUM($B$3:$C$9)",E3 销售收入变动公式为"=C3-B3",其余数据自动填充,如图 2-81 所示。

(2)选中数据:选择要绘制的数据,包括数据标签和类别,如图 2-82 所示。

	A	B	C	D	E
1	2023年的销售情况				
2	销售产品	上半年(万元)	下半年(万元)	占比	销售收入变动(万元)
3	洗面奶	48	56	14%	8
4	水乳	106	104	29%	-2
5	精华	96	82	24%	-14
6	眼霜	22	16	5%	-6
7	防晒	46	41	12%	-5
8	面膜	43	45	12%	2
9	香水	10	14	3%	4

图 2-81 销售情况数据表

2023年的销售情况				
销售产品	上半年（万元）	下半年（万元）	占比	销售收入变动（万元）
洗面奶	48	56	14%	8
水乳	106	104	29%	-2
精华	96	82	24%	-14
眼霜	22	16	5%	-6
防晒	46	41	12%	-5
面膜	43	45	12%	2
香水	10	14	3%	4

图 2-82 选中数据

(3)插入图表:在 Excel 的菜单栏中,选择“插入”选项卡,然后单击“柱形图”图标,选择适合数据的柱形图类型,如图 2-83 所示。

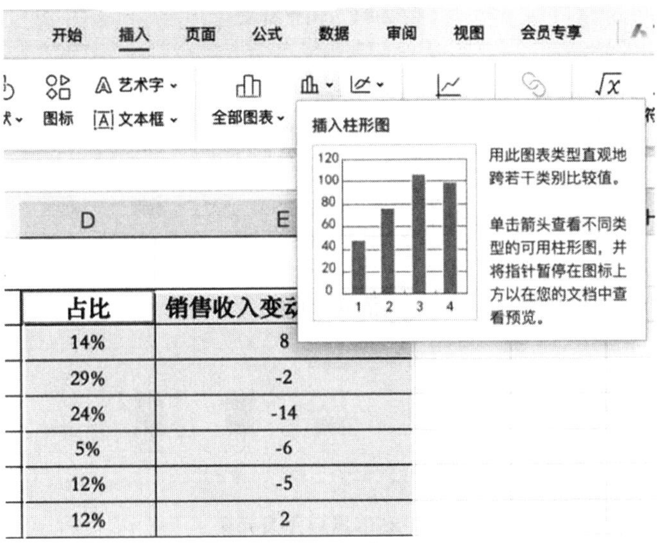

图 2-83 插入柱形图

(4)调整图表样式:Excel 会根据数据自动创建一个基本的柱形图,右击图表,选择“更改图表类型”来更改图表的类型,或者通过“布局”选项卡来调整图表的样式、颜色、字体等属性。选中柱体,右击“设置数据系列格式”,在“属性”窗格中对各图表元素进行样式调整。对于本任务,选中销售收入变动柱体,在属性窗格的“图表选项”的“填充与线条”选项卡下,调整柱体颜色为绿色,勾选“以互补色代表负值”,调整颜色为黄色;在属性窗格的“图表选项”下拉菜单中,选择“系列占比”⟶“系列”,勾选系列绘制在“次坐标轴”;在属性窗格中“图表选项”下拉菜单中,选择“垂直(值)轴”⟶“坐标轴”,调整边界最小值为“－25”;在属性窗格的“图表选项”下拉菜单中,选择“次要垂直(值)轴”⟶“坐标轴”,调整边界最大值为“0.9”效果如图 2-84 所示。

(5)增删图表元素:根据个人需求,可以添加或删除轴标题、数据标签、风格线等元素,以使图表更清晰易读。对于本任务,单击选中图表标题,输入新的标题“销售情况”;选中柱体,右击选择“添加数据标签”,在属性窗格中,选择相应“数据标签”⟶“标签”,调整标签的位置。若网格线多余,可直接单击选中,然后按“Delete”键删除。效果如图 2-85 所示。

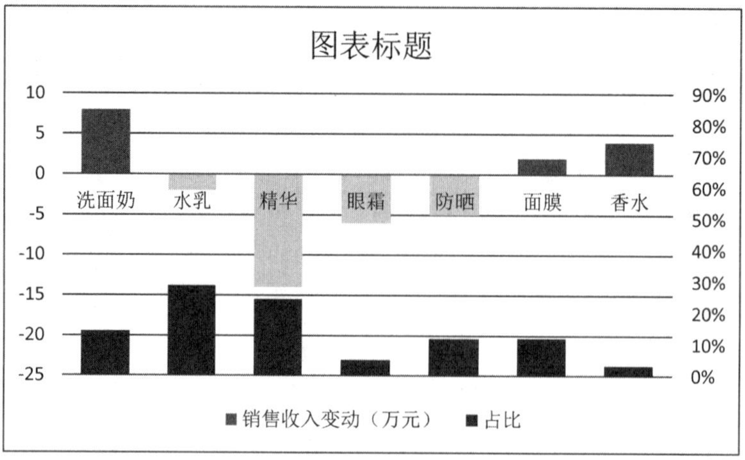

图 2-84 调整样式

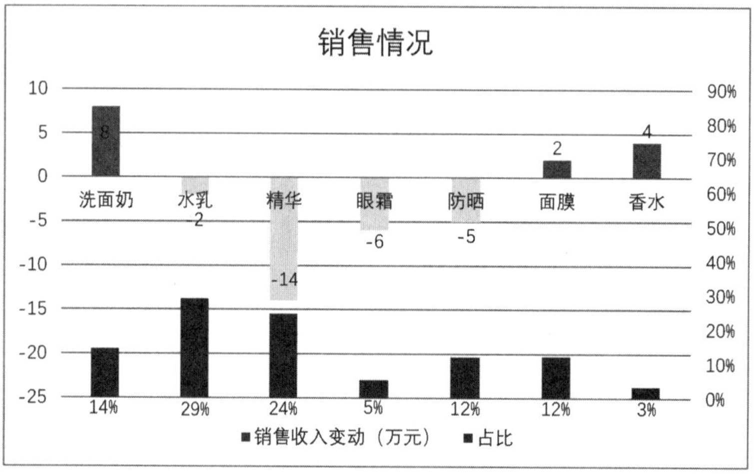

图 2-85 增删图表元素

(6)调整图表布局:可以调整图表的大小和位置,使其更适应文档或演示的布局;还可以拖动图表边框来调整图表的大小,或者使用“格式形状”对话框调整图表的高度和宽度。

通过本任务的图表,可以明显看出 2023 年的营业收入主要来自水乳和精华,这两部分的营业收入超过所有收入的一半,而香水和眼霜的营业收入占比最低;对比上半年和下半年的营业收入来看,下半年比上半年的营业收入减少了 13 万元,其中增加的营业收入主要来自洗面奶,降低的营业收入主要来自精华,且下半年的水乳、眼霜和防晒的销售业绩较上半年都有所下降;可以推测精华和眼霜在上半年的需求量更大,可以在上半年主推精华和眼霜类产品,而洗面奶在下半年销售更好,水乳又是主要的营业收入来源,故可在下半年主推洗面奶和水乳类产品。

2.统计数据

任务要求:将国家统计局 2024 年 3 月 9 日发布的 2024 年 2 月份居民消费价格同比环比涨跌幅数据可视化。

(1)数据准备:本任务数据源如图 2-86 所示。

（2）选中数据：选中要绘制的数据，包括数据标签和类别，如图 2-87 所示。

	A	B	C
1	2024年2月份居民消费价格涨跌幅		
2	时间	同比（%）	环比（%）
3	2023年2月	1.0	-0.5
4	2023年3月	0.7	-0.3
5	2023年4月	0.1	-0.1
6	2023年5月	0.2	-0.2
7	2023年6月	0.0	-0.2
8	2023年7月	-0.3	0.2
9	2023年8月	0.1	0.3
10	2023年9月	0.0	0.2
11	2023年10月	-0.2	-0.1
12	2023年11月	-0.5	-0.5
13	2023年12月	-0.3	0.1
14	2024年1月	-0.8	0.3
15	2024年2月	0.7	1.0

图 2-86　居民消费价格涨跌幅表

2024年2月份居民消费价格涨跌幅		
时间	同比（%）	环比（%）
2023年2月	1.0	-0.5
2023年3月	0.7	-0.3
2023年4月	0.1	-0.1
2023年5月	0.2	-0.2
2023年6月	0.0	-0.2
2023年7月	-0.3	0.2
2023年8月	0.1	0.3
2023年9月	0.0	0.2
2023年10月	-0.2	-0.1
2023年11月	-0.5	-0.5
2023年12月	-0.3	0.1
2024年1月	-0.8	0.3
2024年2月	0.7	1.0

图 2-87　选中数据

（3）插入图表：在 Excel 的菜单栏中，选择“插入”→“折线图”，选择适合数据的折线图类型，如图 2-88 所示。

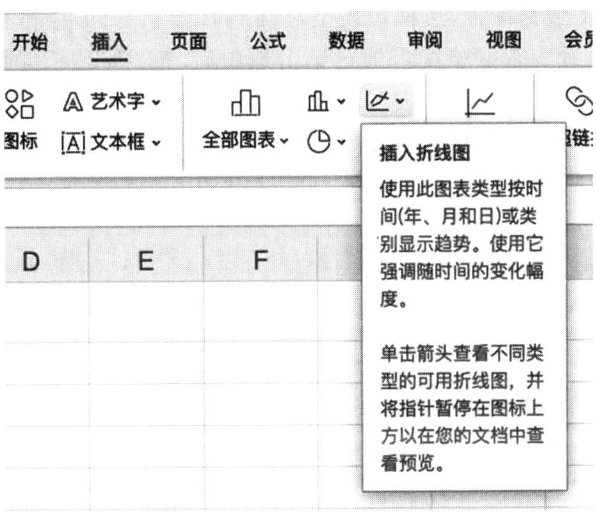

图 2-88　插入折线图

（4）调整图表样式：Excel 会根据数据自动创建一个基本的折线图，可以右击图表，选择“更改图表类型”来更改图表的类型，或者通过“布局”选项卡来调整图表的样式、颜色、字体等属性。选中折线，右击选择“设置数据系列格式”，在“属性”窗格中对各图表元素进行样式调整。

对于本任务，单击选中同比折线，在属性窗格的“图表选项”下拉菜单中选择“系列同比（%）”，选择“标记”选项卡，勾选“内置”，调整“类型”和“大小”；在属性窗格中“图表选项”下拉菜单中选择“系列环比（%）”，选择“标记”选项卡，勾选“内置”，调整“类型”和“大小”；在属性窗格中“图表选项”下拉菜单中选择“垂直（值）轴”，选择“坐标轴”选项卡，调整单位主要为“0.5”；选中时间标签，在属性窗格中“图表选项”下拉菜单中选择“水平（类别）轴”，选择“大小与属性”选项卡，调整文字方向为“横排”，选择“坐标轴”选项卡，调整标签间隔，指定间隔单位为“1”，调整标签位置“低”。效果如图 2-89 所示。

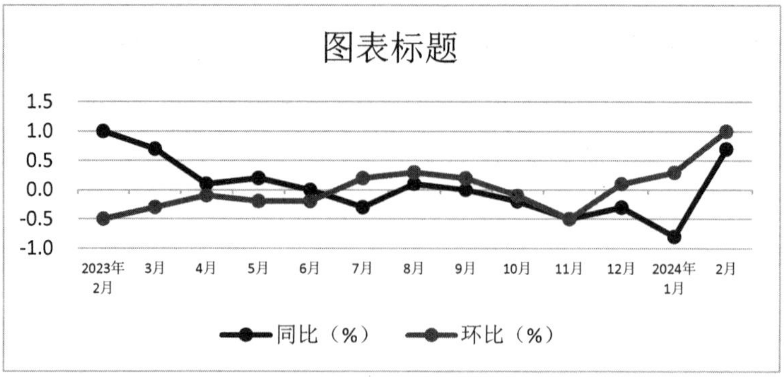

图 2-89 调整样式

(5)增删图表元素：根据个人需求，可以添加或删除轴标题、数据标签、网格线等元素，以使图表更清晰易读。

对于本任务，单击选中图表标题，输入新的标题“2024 年 2 月份居民消费价格涨跌幅”；选中折线，右击“添加数据标签”，在属性窗格中选择相应“数据标签”→“标签”，调整标签的位置；或者双击数据标签，边框出现空心圆圈时移动鼠标，当鼠标指针变成四向箭头时移动标签以调整位置。若网格线可通过单击选中后，按“Delete”键删除。效果如图 2-90 所示。

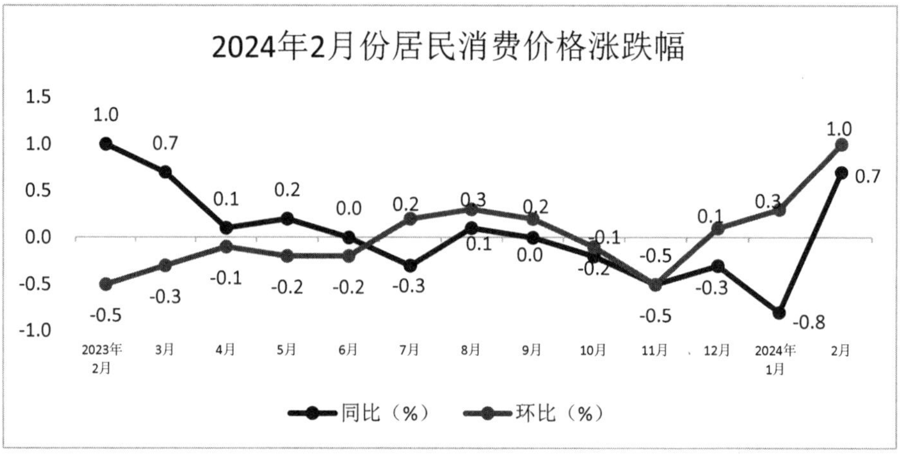

图 2-90 增删图表元素结果

(6)调整图表布局：调整图表的大小和位置，使其更适应文档或演示的布局；拖动图表边框以调整图表的大小，或者使用“格式形状”对话框调整图表的高度和宽度。

通过本任务的图表，可以明显看出 2024 年 2 月份，全国居民消费价格同比上涨 0.7%，全国居民消费价格环比上涨 1.0%。

检 查

各自完成学习情境的任务并展示结果，介绍任务的完成情况。作品展示前应准备阐述材料，并完成自查。自查单见表 2-4。

表 2-4 自查单

学习情境 2.1	设计与构思 Excel 图表		
检查项目	检查标准	分值	得分
信息检索	能够使用网络工具准确检索 Excel 图表相关信息	20	
归纳整理	能够根据不同的 Excel 数据选择合适的图表类型	20	
比较分析	能够综合分析各图表类型的优缺点	20	
工作结果	能够根据实际需求选择最优图表进行数据可视化	40	
合计		100	

学生展示过程中，以个人为单位，对任务结果进行互查。互查单见表 2-5。

表 2-5 互查单

学习情境 2.1		设计与构思 Excel 图表							
评价项目	分值	等级				评价对象			
		优 (100%)	良 (80%)	中 (60%)	差 (40%)	1	2	3	4
计划合理	10								
方案准确	10								
工作质量	20								
工作效率	20								
工作完整	10								
工作规范	10								
成果展示	20								
合计	100								

评 价

教师对学生的工作过程和工作结果进行综合评价，填写综合评价表，见表 2-6。

表 2-6 综合评价表

学习情境 2.1		设计与构思 Excel 图表		
评价项目		评价标准	分值	得分
考勤(20%)		无迟到、早退、旷课现象	20	
工作过程 (40%)	方案制作	能制订有效工作方案	10	
	工具运用	能有效使用相关工具	10	
	工作态度	态度端正、工作认真、积极向上	10	
	职业素养	一丝不苟、精益求精	10	
工作结果 (40%)	工作完整	能按时完成任务	10	
	工作质量	能按计划完成任务	10	
	材料准备	能准备成果展示所需要的材料	10	
	成果展示	能准确表达、汇报工作成果	10	

拓展思考

1.设计与构思 Excel 图表的一般过程是什么?
2.不同类型的 Excel 图表各有哪些优缺点?

学习情境 2.2 设计与构思 Excel 动态图表

学习情境描述

在数据可视化领域,动态图表扮演着重要的角色。它是一种交互式的数据展示形式,可以通过动画、实时更新或者用户交互的方式展示数据变化。这种图表类型有效地传达了数据的趋势、变化和关联,为用户提供了更深入、更生动的数据理解体验。

今年,张老师被分配到五年级教授英语课程,她想通过图表的形式来展现学生之前的英语成绩变化。本情境的数据源如图 2-91 所示。

姓名	英语1	英语2	英语3
A1	73	78	90
A2	66	80	87
A3	71	56	67
A4	59	87	80

图 2-91 Excel 数据源

学习目标

➢ 知识目标

(1)理解并掌握动态图表的创作方法。
(2)能够根据数据内容设计相应的动态图表。

➢ 能力目标

(1)能够运用 Excel 动态图表展示数据之间的图形关系。
(2)能够运用动态图形关系发现事物的本质及变化规律。

➢ 素质目标

(1)培养处理信息的能力。
(2)培养解决实际问题的能力。
(3)培养良好的思维习惯。

学习任务

1.完成 Excel 动态图表的选择、设计与创建。
2.通过制作 Excel 动态图表解决生活中的实际问题。

资　讯

引导问题：

1.在市场研究和预测中，当想了解不同产品销售量的变化趋势时，静态图表可以满足需求吗？

2.什么是 Excel 动态图表？

3.如何设计与构思 Excel 动态图表？

计　划

1.制订工作方案(表 2-7)。

表 2-7　工作方案

步骤	工作内容
1	
2	
3	
4	
5	
6	
7	
8	

2.写出制作 Excel 动态图表的关键步骤。

3.列出工具清单(表 2-8)。

表 2-8　　工具清单

序号	工具名称	工具版本	备注

4.列出技术清单(表 2-9)。

表 2-9　　技术清单

序号	技术名称	技术版本	备注

决　策

1.阐述自己的工作方案。

2.对其他方案提出不同的看法。

3.教师根据完成情况进行点评,并选出最佳方案。

知识准备

1.动态图表的定义和作用

动态图表是一种以动画、实时更新或用户交互方式显示数据的图表形式。它们可以展示数据随时间、事件或其他因素变化的趋势和模式。通过动态效果,用户可以更直观地理解数据的演变过程,并发现数据背后的规律,以便更好地进行分析和做出决策。

动态图表是数据可视化的一种关键形式,在数据分析、决策制订和信息传递方面起到重要作用。选择适合自己需求的制作工具,并充分发挥动态图表的特性,可以更生动、更清晰地展示数据,为企业决策提供更可靠的支持。

2.动态图表使用场景

动态可视化数据图表作为一种新兴的展示方式,不仅仅是静态图表的延伸,更是一种能够生动展现数据变化趋势的高效工具。当需要展示数据的动态性、增强用户交互和探索性、突出数据关联和趋势,以及提升用户体验时,使用动态图表是一个不错的选择。

Excel 除了具备基本的数据处理和图表制作功能外,还支持制作动态图表。在下列场景中,需要考虑使用动态图表:

(1)当数据系列非常多时,如果全部都绘制到一张表上,会导致图表过于拥挤,难以清晰阅读。

(2)当不想直接修改数据时,例如,在制作项目进度甘特图时,若想通过拖动操作来自动修改数据的进度,通常需要对函数有比较深刻的理解,vlookup、offset、match、index 等函数能够帮助实现数据的动态链接与更新。

(3)当基础图表无法满足需求时,例如,当需要同时展示多个数据系列时,饼图、圆环图等不能满足需求。

使用 Excel 动态图表功能时,注意:数据范围需要设置为动态范围,以实现自动更新;动态效果需要适度使用,以避免影响数据展示效果;动态时间轴需要设置时间范围和滑块控制方式,以实现预期效果。

3.动态图表的基础原理

由于 Excel 没有时间轴,所以无法描述运动轨迹,只能表达图表的最终形态。简单来说,动态图表就是作图数据源发生了变化。在 Excel 中的常见的动态图表由选择器、抽数引擎和图表组合而成,如图 2-92 所示。

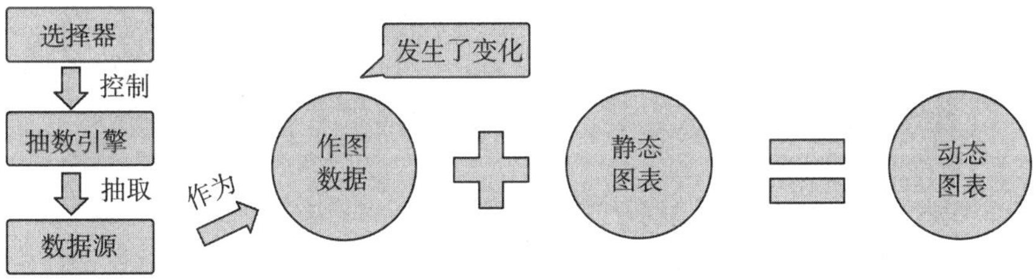

图 2-92 动态图表构成要素

动态图表制作的原理是先确定缩减的数据维度,是展示行还是列,亦或是一次性展示某个区间的数据;再根据拆分的结构,配合抽数引擎构建“作图数据”和“单元格链接”;最后根据作图的数据绘制静态图表,并且插入选择器,二者结合在一起即可创建出动态图表。

常见的选择器有:Excel 控件、下拉菜单、单选框、复选框、调节数值器、切片器、日程表等。

常见的抽数引擎有:透视表、常见的链接、引用函数(如 vlookup、offset、index、match)等。

4.动态图表的制作方法

(1)明确目标和数据需求

明确希望用动态图表传达的信息的定义,确定所需显示的数据类型和范围。

(2)收集和整理数据

确保拥有充足的数据以支持动态图表，将数据整理到 Excel 中，并确保其满足制作图表的格式要求。

(3)选择图表类型

根据数据的特点选择相应的图表形式，如折线图、柱形图、散点图、饼图等。

(4)添加动态元素

为了满足动态图表的需求，可以增加动画效果、实时更新数据以及加入用户交互元素，还可以调整动画速度、延迟时间和其他参数。

(5)定制样式和格式

为了确保图表的清晰易懂，需要对颜色、字体、标签等样式进行调整，并根据需要添加图例、标题等元素。

(6)设置交互性

如果使用工具允许，可以增加一些用户交互元素，如过滤器、参数控制等。

(7)预览和调整

预览动态图表以确保所有元素和效果都与预期一致。根据实际需要对其进行进一步调整和优化。

5.常见动态图表

(1)动态柱形图

Excel 中的动态柱形图(图 2-93)是指具有交互功能的柱形图，这意味着用户可以通过操作图表或者相关的控件来实时更新图表的内容或者视图，从而实现动态效果。这种功能通常通过 Excel 中的数据透视表、表格联动、宏等技术实现。

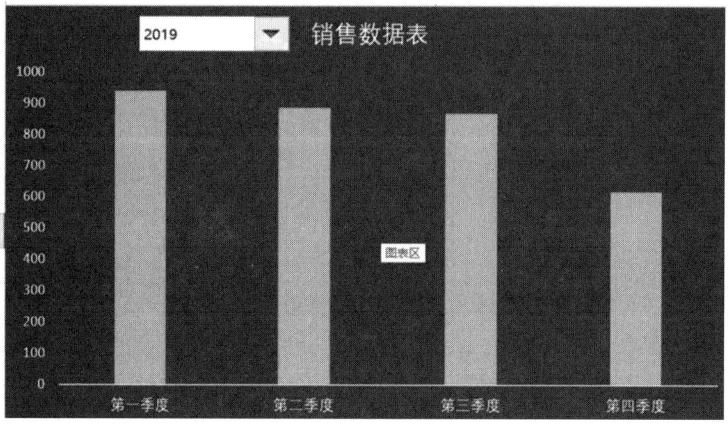

图 2-93 动态柱形图

(2)动态数据验证

在 Excel 中将数据验证与动态图表结合起来，以创建交互性强、数据准确性高的报表或仪表板，如图 2-94 所示，特别是在需要用户输入数据并且实时可视化这些数据的情况下。使用数据验证可以确保用户输入的数据符合特定的规则。同时，当用户输入不符合规则的数据时，可以提示错误信息。将这些数据与动态图表结合，可以让用户实时了解输入的数据是否符合预期，并且看到图表中错误数据的影响。

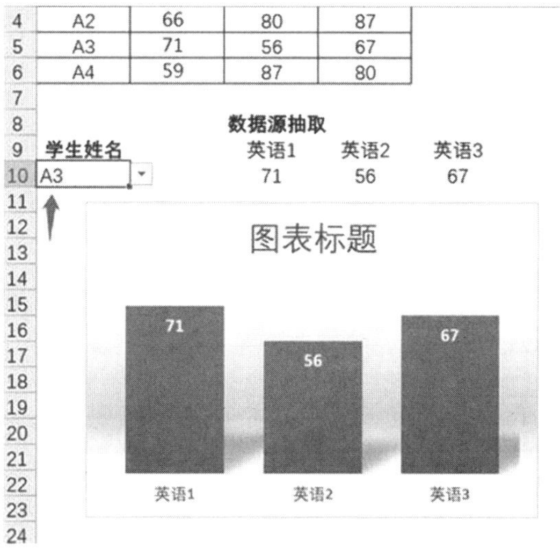

图 2-94 数据验证图表

(3)动态南丁格尔玫瑰图

动态南丁格尔玫瑰图(图 2-95)是一种能够根据数据变化实时更新的南丁格尔玫瑰图。在 Excel 中,创建动态南丁格尔玫瑰图需要一些技巧,主要涉及 Excel 的数据透视表和图表联动功能。

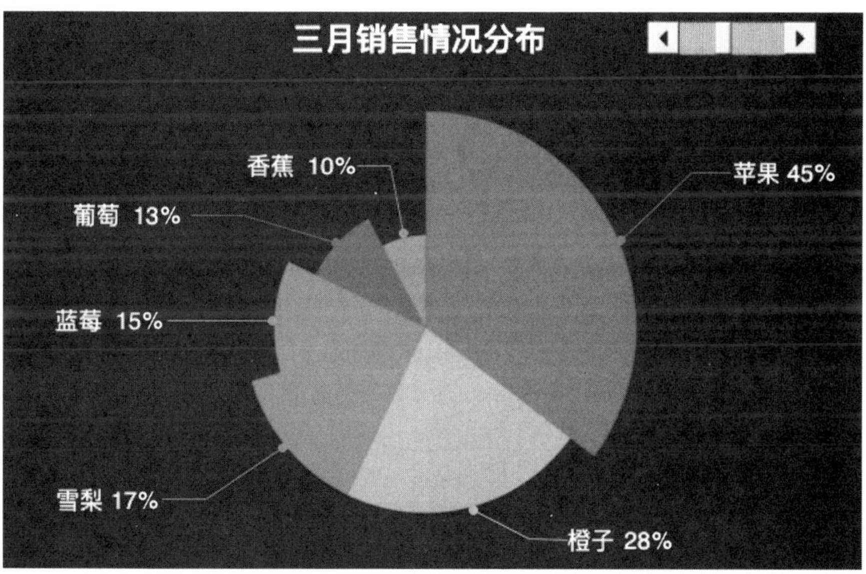

图 2-95 动态南丁格尔玫瑰图

(4)复选框柱形折线图

复选框柱形折线图将柱形图和折线图结合在一起,并通过复选框控件让用户可以选择显示柱形图、折线图二者之一或同时显示。在这种图表中,通常横轴表示类别或时间,纵轴表示数据的数值。柱形图用于显示某些类别或时间段的数据,折线图则用于显示另一组数据(通常是同一类别或时间段的不同指标),而复选框柱形折线图则可以让用户更灵活地查看数据,以进行比较和分析。

假设有一组销售数据,想要同时显示销售额和销售量的趋势,可以使用柱形图显示销售额,使用折线图显示销售量,并且通过复选框控件让用户可以选择性地显示或隐藏柱形图、折线图,或二者同时显示,如图 2-96 所示。

	1月	2月	3月	4月	5月	6月	
A地区	94	85	70	49	37	38	FALSE
B地区	76	43	48	98	54	77	TRUE
C地区	89	58	72	98	42	63	TRUE
D地区	77	73	59	30	84	62	FALSE
E地区	72	84	75	83	43	73	FALSE
F地区	35	38	44	83	33	89	FALSE

	1月	2月	3月	4月	5月	6月
A地区	*N/A	*N/A	*N/A	*N/A	*N/A	*N/A
B地区	76	43	48	98	54	77
C地区	89	58	72	98	42	63
D地区	*N/A	*N/A	*N/A	*N/A	*N/A	*N/A
E地区	*N/A	*N/A	*N/A	*N/A	*N/A	*N/A
F地区	*N/A	*N/A	*N/A	*N/A	*N/A	*N/A

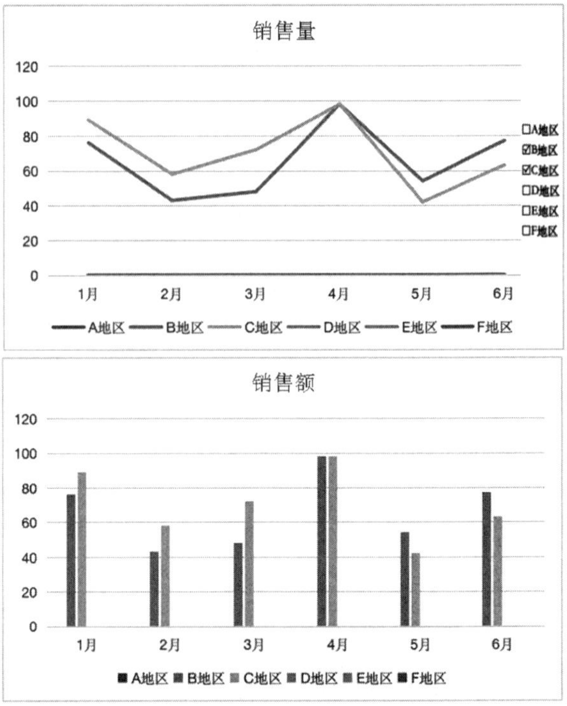

图 2-96 复选框柱形折线图

(5)带切片器动态渐变柱形图

带切片器动态渐变柱形图(图 2-97)是一种数据可视化方法,是结合了切片器和渐变色彩的柱形图。切片器允许用户通过选择不同的参数或过滤条件来交互式地探索数据,而渐变色彩的柱形图则通过色彩的变化来显示数据的不同值或趋势。

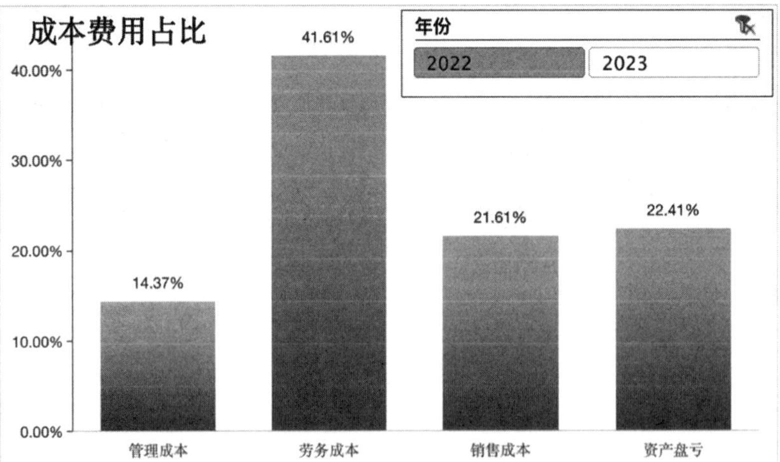

图 2-97 带切片器动态渐变柱形图

(6)同一图表动态维度切换

在日常的可视化展示中,通常需要在一个图表中的组件上绑定多个动态的维度和度量,这样可以在展示数据时,根据需要切换不同的维度/度量,来查看不同的数据组合情况。要在同一图表中实现动态维度切换,可以使用 Excel 的数据透视表和切片器功能,如图 2-98 所示。

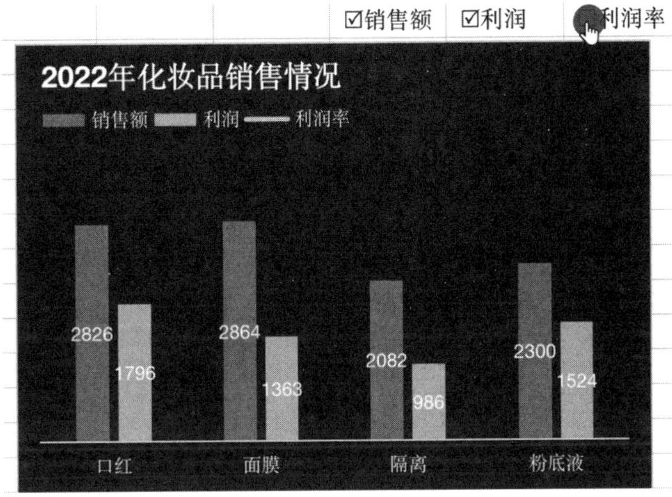

图 2-98　同一图表动态维度切换

6.动态图表的应用领域

动态图表在许多领域都有广泛应用,尤其是在需要实时更新和交互式分析的情境下。例如,在金融领域,动态图表可以用来实时跟踪股票价格、交易量、市场指数等数据,并进行趋势分析、技术分析和风险管理;在销售和营销分析领域,动态图表可以用来实时监测销售数据、市场份额、客户反馈等信息,帮助企业了解市场动态,优化营销策略和销售活动;在项目管理和决策支持方面,动态图表可以用来实时监控项目进度、资源分配、风险管理等信息,帮助团队及时识别和解决问题,提高项目成功率。

延伸阅读

图表界的头把交椅——柱形图

柱形图和条形图在以前统称柱形图,后来 Excel 把二者区分开,竖向的称为柱形图,横向的称为条形图。柱形图早在 18 世纪就由英国人威廉・普莱费尔(William Playfair)发明出来,如图 2-99 所示。

柱形图的发明给人们带来了一种直观的数据表述方式,更容易感知数字的大小。自其发明之后便不断被使用,并稳稳占据图表界的头把交椅,"使用最多、最受欢迎"的头衔当之无愧。

计算机的问世是柱形图真正大兴的开始。办公软件的普及,使得图表频繁出现在各种报告当中,逐渐地,如果一份报告中没有图表可能会被认为缺少分析能力。

很多人第一次看到的柱形图类似图 2-100。随着软件的升级,柱形图演变为如图 2-101 所示的形式。

无论是什么样的外观样式,柱形图始终是所有图表类型中,最容易理解、最直观的图形,在图表界占有举足轻重的地位。

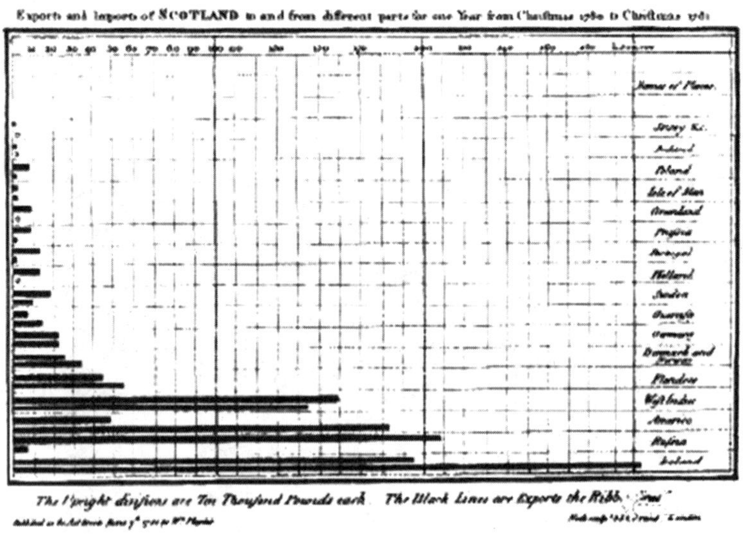

图 2-99　最早的柱形图

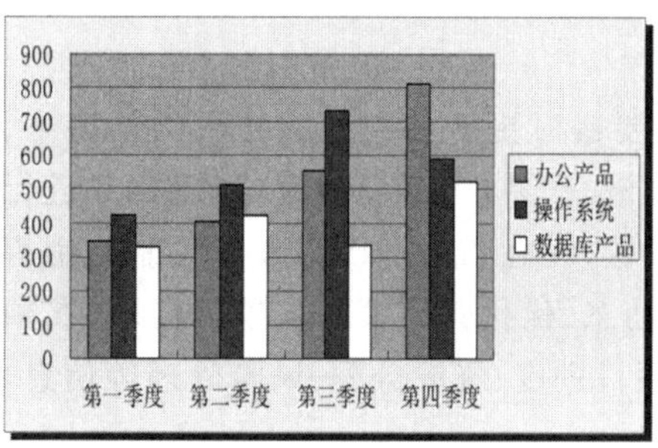

图 2-100　柱形图 1

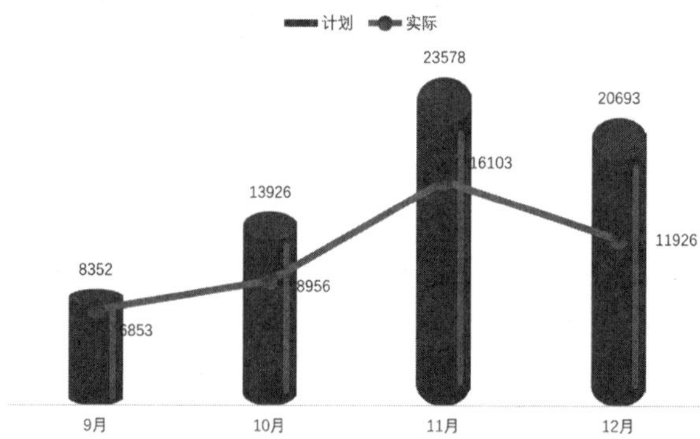

图 2-101　柱形图 2

任务实施

本任务为制作 Excel 动态图表。

(1)打开工作表，在“学生姓名”下一个单元格中创建一个姓名的下拉菜单，以便选择不同的学生进行查看其成绩。单击单元格，在菜单栏的“数据”下，单击“数据验证”。效果如图 2-102 所示。

(2)对话框打开后，在“允许”一栏，选择“序列”，“来源”选择姓名所在单元格，最后单击“确定”按钮，如图 2-103 所示。

(3)选取不同学生对应的成绩，这里可以利用 vlookup 函数，在“英语 1”下的单元格输入“=VLOOKUP($A$10,$A$3:$D$6,COLUMN(B1),0)”获取其成绩，然后向右填充，如图 2-104 所示。也可以利用 index 函数结合 match 函数来获取数据。

(4)选择已抽取数据的区域，选择菜单栏的“插入”→“图表”，选择合适的图表插入。效果如图 2-105 所示。

图 2-102　添加数据验证

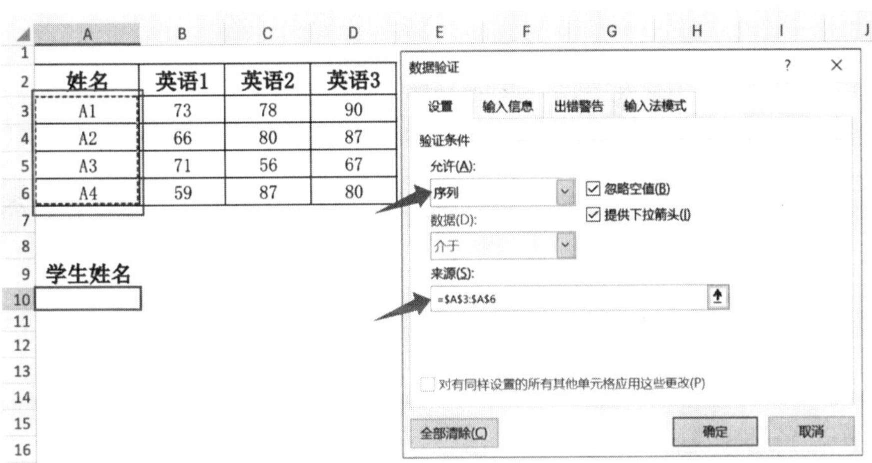

图 2-103　数据验证来源

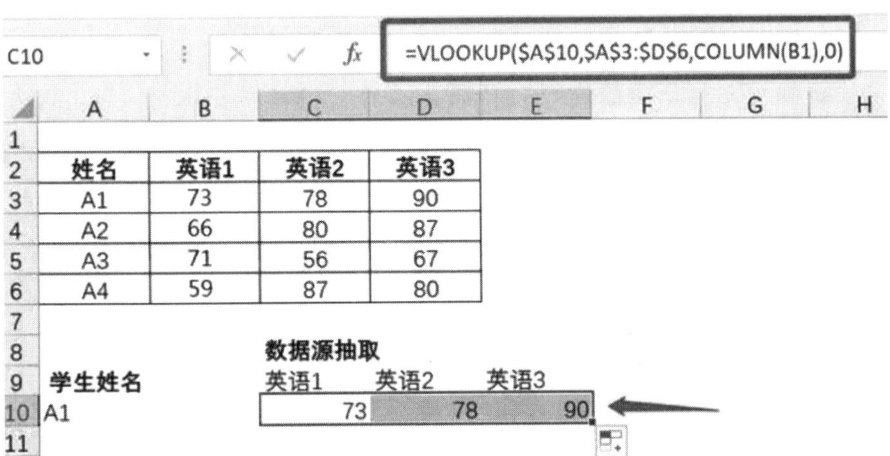

图 2-104　获取数据

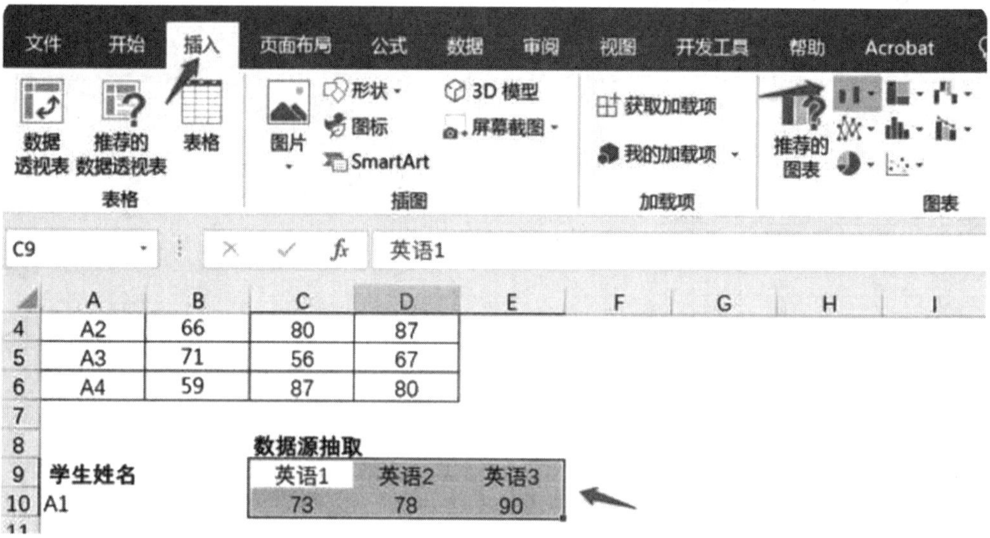

图 2-105 插入图表

(5)如果要对图表进行美化，可以通过改变图表样式实现。效果如图 2-106 所示。

(6)回到“学生姓名”下拉菜单，选择不同的学生，图表会相应变化，如图 2-107 所示。

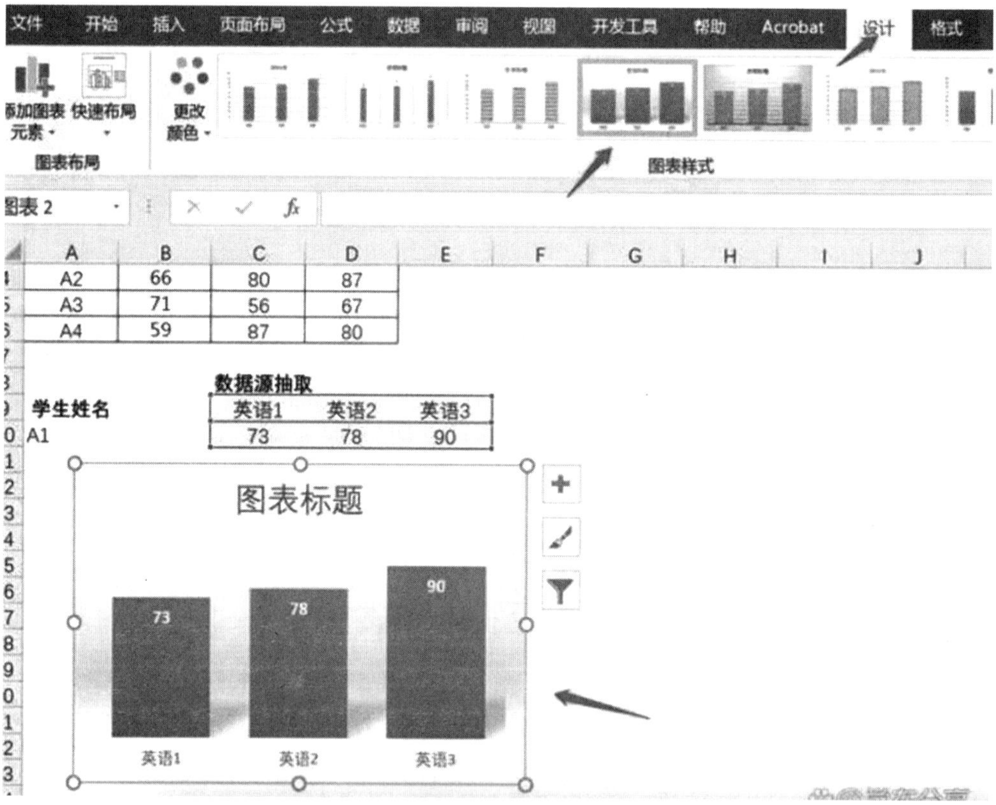

图 2-106 美化图表

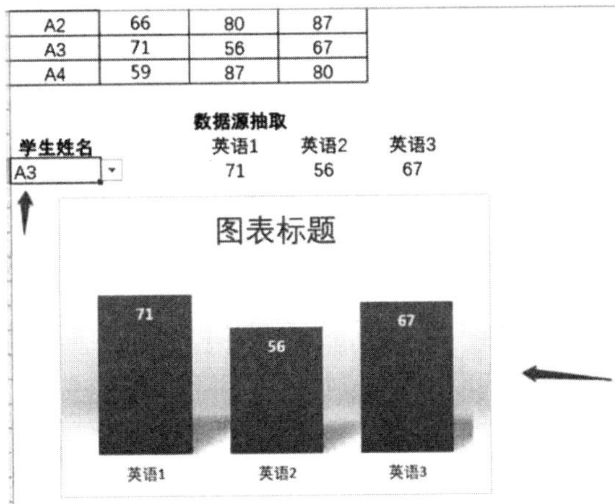

图 2-107　数据验证图表

检　查

完成学习情境的任务并展示结果，介绍任务的完成情况。作品展示前应准备阐述材料，并完成自查。自查单见表 2-10。

表 2-10　自查单

学习情境 2.2	设计与构思 Excel 动态图表		
检查项目	检查标准	分值	得分
信息检索	能够使用网络工具准确检索动态图表相关信息	20	
归纳整理	能够对不同的 Excel 数据选择合适的动态图表	20	
比较分析	能够综合分析各动态图表类型的优缺点	20	
工作结果	能够根据实际需求选择最优的动态图表展示	40	
合计		100	

学生展示过程中，以个人为单位，对任务结果进行互查。互查单见表 2-11。

表 2-11　互查单

学习情境 2.2		设计与构思 Excel 动态图表							
评价项目	分值	等级				评价对象			
		优(100%)	良(80%)	中(60%)	差(40%)	1	2	3	4
计划合理	10								
方案准确	10								
工作质量	20								
工作效率	20								
工作完整	10								
工作规范	10								
成果展示	20								
合计	100								

评 价

教师对学生的工作过程和工作结果进行综合评价,填写综合评价表,见表 2-12。

表 2-12 综合评价表

学习情境 2.2		设计与构思 Excel 动态图表		
评价项目		评价标准	分值	得分
考勤(20%)		无迟到、早退、旷课现象	20	
工作过程(40%)	方案制作	能制订有效工作方案	10	
	工具运用	能有效使用相关工具	10	
	工作态度	态度端正、工作认真、积极向上	10	
	职业素养	一丝不苟、精益求精	10	
工作结果(40%)	工作完整	能按时完成任务	10	
	工作质量	能按计划完成任务	10	
	材料准备	能准备成果展示所需要的材料	10	
	成果展示	能准确表达、汇报工作成果	10	

拓展思考

1.设计与构思 Excel 动态图表的一般过程是什么?

2.Excel 动态图表的常见类型有哪些? 如何制作?

学习情境 2.3 设计与构思 Excel 数据大屏

学习情境描述

大屏数据可视化可以将大量数据以图形化的方式展示在屏幕上,从而帮助用户更好地分析和理解数据。大屏数据可视化通常用于展示实时数据或仪表盘,以帮助管理人员更好地掌握和管理生产过程、业务运营等方面的情况。

领导将统计好的年度销售数据交给小王,让他设计一个可视化看板,要求能在看板上清晰地看到年度的总利润及销售额、月度销售数据、主要城市销售数据、TOP 榜单等内容。

学习目标

➢ 知识目标

(1)理解用数据大屏来表现信息的意义。

(2)理解并掌握数据大屏的创建方法。

➢ 能力目标

(1)能够运用 Excel 数据大屏展示数据之间的图形关系。

(2)能够运用数据大屏展示的信息发现事物的本质及变化规律。

➢ 素质目标

(1)培养处理信息的能力。

(2)培养解决实际问题的能力。

(3)培养良好的思维习惯。

学习任务

1.完成 Excel 数据大屏的选择、创建与设计。

2.通过制作 Excel 数据大屏解决生活中的实际问题。

资　讯

引导问题:

1.在制造业中,如何监控生产线上的实时运行状态?

2.什么是 Excel 数据大屏?

3.如何设计与构思 Excel 数据大屏?

计　划

1.制订工作方案(表 2-13)。

表 2-13　工作方案

步骤	工作内容
1	
2	
3	
4	
5	
6	
7	
8	

2.写出创建、优化 Excel 数据大屏的关键步骤。

3.列出工具清单(表 2-14)。

表 2-14 工具清单

序号	工具名称	工具版本	备注

4.列出技术清单(表 2-15)。

表 2-15 技术清单

序号	技术名称	技术版本	备注

决 策

1.阐述自己设计的工作方案。

2.对其他方案提出不同看法。

3.教师根据完成情况进行点评,并选出最佳方案。

知识准备

1.Excel 数据大屏概述

Excel 数据大屏(图 2-108)是一种利用 Excel 创建并展示数据可视化内容的方法,通常用于展示大量数据或实时数据的监控和分析。

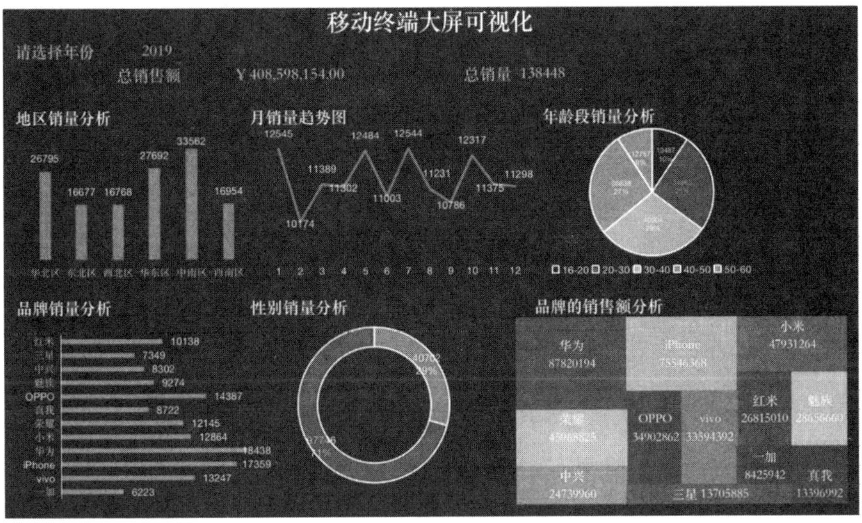

图 2-108 Excel 数据大屏

使用 Excel 数据大屏是为了更好地分析数据,因此设计数据分析大屏的关键是分析逻辑。在分析过程中应遵循以下三个原则。

(1)重点聚焦

适当的排版布局,可以将用户的注意力集中到数据结果中最重要的区域,从而将重要的数据信息凸显出来,提升用户解读信息的效率。一个优秀的数据大屏,必须能让观察者一眼看出最重要的主题,不能不分主次。

(2)画面平均

整个页面空间有限,要合理利用有限的空间,按照逻辑展现数据分析结果。在确保重要信息位于视觉中心的情况下,保证整个页面的不同图表在空间位置上处于平衡,也就是上下、左右的重心一致提升设计美感。Excel 提供多种数据大屏布局参考,如图 2-109 所示。

(3)简约大方

在可视化整体布局中,应当以数据的呈现为重点,避免过于复杂,影响数据读取。在图表中,尽量选择最基础的柱、线、饼,过于复杂的图形不利于观察者理解。

数据大屏主要的功能有:

(1)数据采集:通过传感器、监控设备等采集实时数据。

(2)数据处理:对采集到的数据进行处理和分析,提取关键指标。

(3)数据展示:将处理后的数据通过可视化方式展示在大屏上,方便管理人员实时监测生产状态。

(4)数据分析:观察者可对展现的数据进行分析,发现问题并提升生产效率。

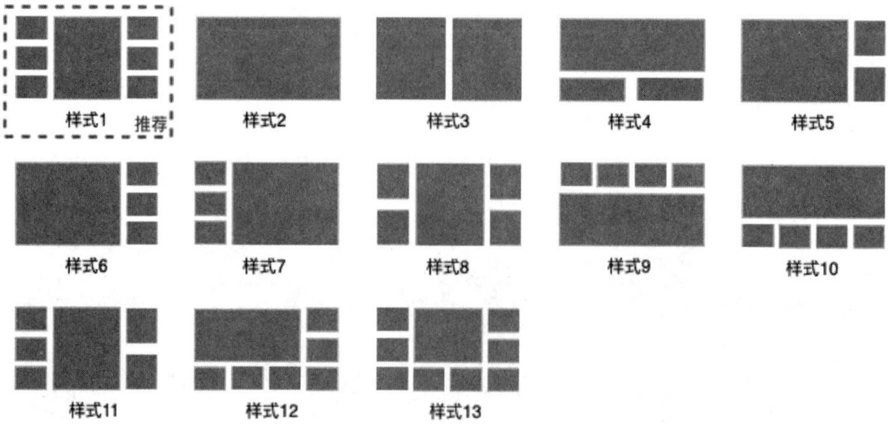

图 2-109 Excel 数据大屏布局参考

2.Excel 数据大屏的制作

制作 Excel 数据大屏的步骤包括准备数据、创建数据连接、设计大屏、设置刷新、调整布局和样式,以及导出或展示数据。

(1)数据准备与整理

要搭建一个有效的数据大屏,首先需要准备好所需数据。这可能涉及从各种来源获取的数据,包括数据库、电子表格、API 等。数据通常需要经过整理、清洗和格式化,以便在 Excel 中进行处理和可视化。数据的准备与整理工作主要包括:

①数据收集:收集所需的数据,可以是企业内部的数据库数据、实时数据流、第三方数据源等。确保数据的准确性和完整性是非常重要的。

②数据清洗:对收集到的原始数据进行清洗和处理,包括数据去重、缺失值处理、异常值处理等。清洗后的数据更有利于后续的分析和可视化展示。

③数据整合:将不同来源的数据整合在一起,建立数据仓库或数据集,以便后续的分析和查询。数据整合可以使用 ETL 工具、编程语言等方式。

④数据存储:根据数据量和查询需求选择适合的数据存储方式,如关系型数据库、非关系型数据库、数据仓库等。

(2)创建数据连接

Excel 提供了各种数据连接的方式,可以通过内置的功能或插件连接到不同的数据源。这可以是静态数据,也可以是动态数据,如从数据库实时获取的数据。通过数据连接,Excel 可以动态地更新数据,并反映到数据大屏上。

(3)设计 Excel 数据大屏

在 Excel 中,可以使用各种功能和工具,如图表、图形、数据条、表格、条件格式化等功能,来设计数据大屏,将数据以直观、易懂的方式展示出来。

设计和制作数据大屏是展示数据的核心环节。在进行数据大屏设计之前,需要明确数据大屏的目的和受众群体,确定要展示的内容和指标。数据大屏设计的包含如下关键点:

①设计原则:数据大屏设计应该符合可视化设计原则,注重简洁性、一致性、易读性。选择合适的颜色、字体、图表类型等,确保信息的清晰数据传达和用户的良好体验。

②信息架构:根据展示的内容和指标,设计数据大屏的信息架构。将相关指标和图表进

行分组和布局，形成一个整体的逻辑结构。

③图表选择：根据不同的数据类型和要表达的含义，选择合适的图表类型，如柱形图、折线图、饼图、地图等。不同的图表类型有不同的优势和适用场景，选择合适的图表能更好地展示数据。可以考虑使用一些数据可视化的技巧，如使用不同的颜色来区分不同的数据，或者使用动态图表来展示数据的变化趋势等。

④交互设计：大屏的交互设计是提升用户体验的重要因素。可以设计交互式的图表、筛选器、切换按钮等，促使用户主动探索和操作数据，深入了解数据背后的信息，如鼠标光标悬浮显示数据的详细信息，或者点击图表跳转到具体的数据页面等。

总之，在设计和制作数据大屏时，需要根据需求和目标选择合适的图表、配色方案、字体等。同时，还需要考虑到数据的可读性和易懂性，尽可能地让用户一目了然。

(4)设置数据刷新

如果数据是实时更新的，可能需要设置自动刷新功能，以确保数据大屏中的数据保持最新。Excel 提供了数据刷新的功能，可以定期更新数据，并更新数据大屏中的内容。

(5)调整布局和样式

在设计数据大屏时，需要调整布局和样式，以确保信息清晰明了，并且吸引用户的注意力。这可能涉及选择合适的颜色、字体、图标，以及调整元素的大小和位置等。

(6)导出展示和维护

完成数据大屏的设计后，可以选择将其导出为静态文件，(如图片或 PDF)，或者直接在 Excel 中展示。如果想要在屏幕上实时展示数据大屏，可以将 Excel 连接到显示屏，并设置自动刷新功能，以确保数据保持最新。

当数据大屏制作完成后，需要进行展示和维护。数据大屏可以通过电视、投影仪等设备展示，同时还需要定期进行维护和更新，确保数据的及时性和准确性，同时还要保证数据的安全性和保密性。在这个阶段，需要考虑一些实际的问题，主要包括：

①数据更新：确定数据更新的频率和方式。如果需要实时展示数据，可以使用实时数据流或定时任务来更新数据。

②数据安全：确保数据的安全性和隐私性。根据实际情况，设置数据的访问权限和加密机制，保护数据不被未经授权的人员访问。

③响应式设计：考虑到不同屏幕尺寸和设备的适配需求，进行响应式设计，使数据大屏在不同的设备上都能够正常显示和操作。

④故障恢复和监控：建立故障恢复和监控机制，及时发现和处理数据异常和系统故障，确保数据大屏的稳定运行。

数据大屏可视化展示是一项综合性的工作，需要考虑到数据的来源、目标、需求、设计、展示和维护等方面。通过合理的制作和展示，数据可以更加直观、易于理解，为企业决策提供有力支持。

延伸阅读

数据的传递，需要图形语言的切合

“读图时代”的到来，改变了人们的信息交流方式，信息可视化设计已经深度融入日常生活，人们的交流和沟通也变得更加紧密和频繁。信息资讯的迅猛增长及其便捷的传播方式使得人们对各种新事物的了解更加便利与全面。其中,图形语言发挥着极其重要的作用,它使得信息数据能够在这个分秒必争的大环境中高速传达,让人们快速接收和掌握。随着新一代通信技术的发展,“5G+”时代已到来,数据信息与图形语言的关系密不可分,我们要不断思考怎样使“图形”语言发展越来越有助于数据信息传递,也符合5G时代的审美要求。

1.大屏交互界面信息可视化图形的表现特征

(1)大屏界面图形呈科技化

大屏信息可视化是用视觉设计手法,运用不同的图形符号和合理设计,构成具有一定美感的画面。市场上的大屏可视化设计方案尽管主色调不相同,但背景颜色多采用深色,衬托出科技感。大屏数据信息视觉化过程中,可根据应用场景运用不同的颜色表现科技感,橙色、红色、蓝色、紫色和绿色都是大屏信息可视化设计中常用来表现科技感的颜色,例如,在智慧健康、智慧医疗领域常用绿色;在工业、物联网领域常用蓝色;运动领域常用紫色(蓝紫)。大屏可视化设计中,常常将黑色作为数据的背景颜色,黑色能让信息视觉化时更突出科技感。

(2)大屏界面图形呈扁平化

在大屏终端界面信息可视化设计中,既要考虑到用户体验,也要充分考虑设计布局的合理性以及层次性,能够让用户轻松操作及快速浏览信息,因此大屏终端界面的图形设计几乎都是以扁平化的形态展示。通常采用圆环、柱体、不等边梯形等扁平的几何图形表示每个区域的数据变化,每个图形都是呈扁平的形态,让数据非常清晰,容易读取,并让整个界面看起来简洁,具有艺术感。

(3)大屏界面图形多采用点、线、面几何图形

绚丽是大多受众者对大屏的印象,但数据清晰、传达有效才是大屏设计的重点。现在的大屏多数是采用点、线、面几何图形进行数据可视化展示。在设计大屏数据时,需要合理运用点、线、面图形进行构图,设计过程中要有中心点,分清主要信息和次要信息,明确信息层级关系和信息流向,使观察者在获取清晰的信息的同时也能获得视觉平衡感。

2.大屏界面信息可视化图形设计创新探索

(1)大屏界面信息图形设计风格趋向多元化

在未来,大屏展示将会在浅色、暗黑、星云、科技蓝等常见风格上变化出更多的风格。

(2)大屏界面信息图形设计趋向动态化

对大屏界面图形进行合理的动态效果设计,可以将单调乏味的静态图形变成具有较强交流能力的动态图形,使整个大屏效果焕然一新,充满科技感。动感设计更能满足5G发展时代人们的感官需求。现处于“5G+”人工智能大数据时代,3D效果也将是数据可视化的发展趋势,逐渐广泛应用于数据可视化领域。

(3)大屏界面信息图形设计承载文化传承与发展

文化是设计之精神所在,将我国人文精神进行创新,呈现出国际当代美学也是身为当代设计师的职责所在。当今处于信息爆炸的时代,面对现代化发展的快速与多元化,设计师肩负着将中华优秀传统文化进行传承与发展的责任。

(4)大屏界面信息图形设计跨界融合发展

现今，数字科学技术的普遍应用使得人工智能交互领域涌现出越来越多的艺术家，从平面设计到移动端 App 的 UI 设计、大屏界面信息设计和机器视觉，这一切使得艺术创作与技术之间跨过界线走向互通融合。数字科技为图形的动态发展提供了强有力的技术支持，动态图形设计在互联网海洋里的视觉表现形式也被革新，图形艺术不再是单独的艺术分支。世界各民族、国家都倾向于开放性的文化观与艺术观，让艺术成为国与国，民族与民族之间的文化交流渠道。相对于传统图形设计，数字视觉化中的图形具有了时间性和交互性的特点。数字视觉化技术使得图形艺术保持了现代主义艺术的特点，也与当代数字技术进行融合发展成新的艺术形态。现在的图形艺术在视觉形式上，一方面以数字化手段进行展示，另一方面在数字技术手段的加持下呈现出创新性。

(5)大屏界面信息图形设计趋向交互性

信息图形化设计可以为人们提供更直观的交互体验。将接收到的信息进行图形化呈现，数据的实时反映和更新更为直观，能为人们提供下一步操作提供准备提示，由本能反应转化为直接行动。信息的图形化设计使得不同设备之间、人与设备之间的交互操作体验感更强，更加便捷和高效。信息可视化设计自从诞生以来，就已不再属于单一的设计艺术学科或者单一的计算机学科了。未来，信息图形化设计的应用范围将更加广泛，将被更深入地应用到生活的方方面面。

大屏应用的场景非常广泛，智能医疗、智能工业、智能家居、安防监控、环境监测等物联网都与大屏展示密切相关。大屏数据信息交互的方法多种多样，如触摸交互、语音交互、单向信息传递等，受到众多企业的青睐。大屏显示是城市现代化和信息化社会发展进程中出现的产物，信息图形化是科技与艺术共同发展的结果，具有特定的特征。

任务实施

本任务为设计与制作 Excel 数据大屏。

1.数据准备

根据领导要求提取展示指标。

(1)年度总计：总利润、销售额、年度达成。

(2)月度销售数据及达成情况。

(3)主要城市销售数据及达成情况。

(4)TOP 榜单：销售员、单品、品牌、渠道。

根据想要展示的数据，处理并分析数据，得到相应的数据表，如图 2-110 所示。

2.搭建框架

(1)配色

配色具有协调性，整体才不会显得突兀；科技风配色的主要色调是三种，以深蓝色和暗绿色为主基调，橙色为点缀，如图 2-111 所示。

(2)版式

为了让整体更具备立体感，需要添加一些版式，突出重点，如图 2-112 所示。

最受欢迎子品牌TOP榜			
TOP5	子品牌	销售额	称号
1	品牌1	184336	最佳品牌
2	品牌2	139467	
3	品牌3	81168	
4	品牌5	70024	
5	品牌4	55483	

最佳销售渠道TOP榜			
TOP5	渠道	销售额	称号
1	经销商1	184336	最佳渠道商
2	经销商2	139467	
3	经销商3	81168	
4	经销商5	70024	
5	经销商4	55483	

年度实际总销售额	年度总销售利润
859265	856553

年度销售达成率
71.61%

畅销单品TOP榜			
TOP3	商品	本年度销量	较去年增减
1	商品2	53	-5.36%
2	商品15	50	21.95%
3	商品3	44	0.00%

每月销售额及达成率情况				
月份	实际销售额	达成率	销售利润	目标销售额
1	119923	119.92%	119526	100000
2	76381	76.38%	76206	100000
3	45781	45.78%	45544	100000
4	85763	85.76%	85446	100000
5	52869	52.87%	52626	100000
6	20337	20.34%	20214	100000
7	33614	33.61%	33492	100000
8	123012	123.01%	122753	100000
9	80972	80.97%	80765	100000
10	37369	37.37%	37259	100000
11	63981	63.98%	63743	100000
12	119263	119.26%	118979	100000

主要地区销售额及达成率情况			
地区	实际销售额	达成率	目标销售额
北京	83710	83.71%	100000
上海	92698	92.70%	100000
广州	84746	84.75%	100000
深圳	56513	56.51%	100000
重庆	46335	46.34%	100000
成都	43338	43.34%	100000
天津	85603	85.60%	100000
南京	66525	66.53%	100000
武汉	101299	101.30%	100000
长沙	65108	65.11%	100000
南昌	77686	77.69%	100000
港澳台	55704	55.70%	100000

销售员TOP榜				
TOP10	姓名	业绩	所属业务部	称号
1	销售7	87653	2部	销冠
2	销售6	85940	1部	亚军
3	销售8	78848	3部	季军
4	销售9	73723	4部	
5	销售10	69294	5部	
6	销售2	68920	2部	
7	销售1	62552	1部	
8	销售3	51156	3部	
9	销售5	47178	5部	
10	销售4	45381	4部	

图 2-110 相关数据表

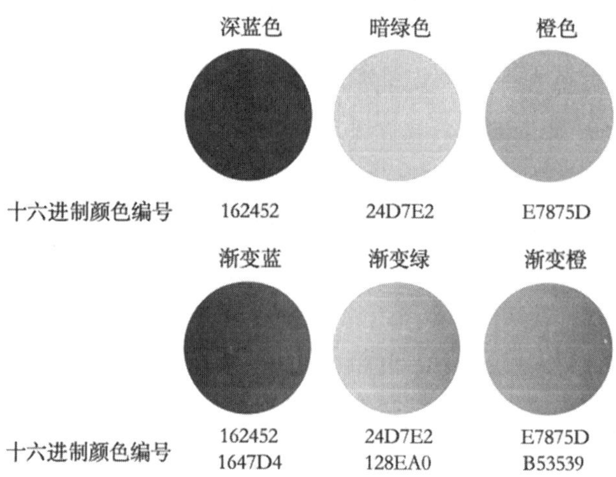

图 2-111 配色

图 2-112 版式

(3)布局

将数据表进行合理布局,固定每个区域的内容,保持排版高度一致,左、右两边宽度调整一致,这样整体视觉会更加直观、明了,如图 2-113 所示。

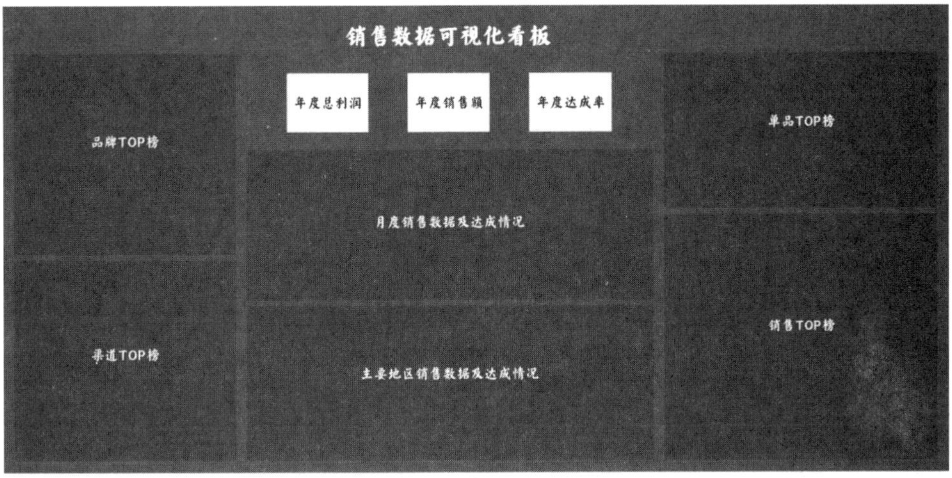

图 2-113 布局

配色、版式和布局完成后，可视化模板便初具雏形，如图 2-114 所示。

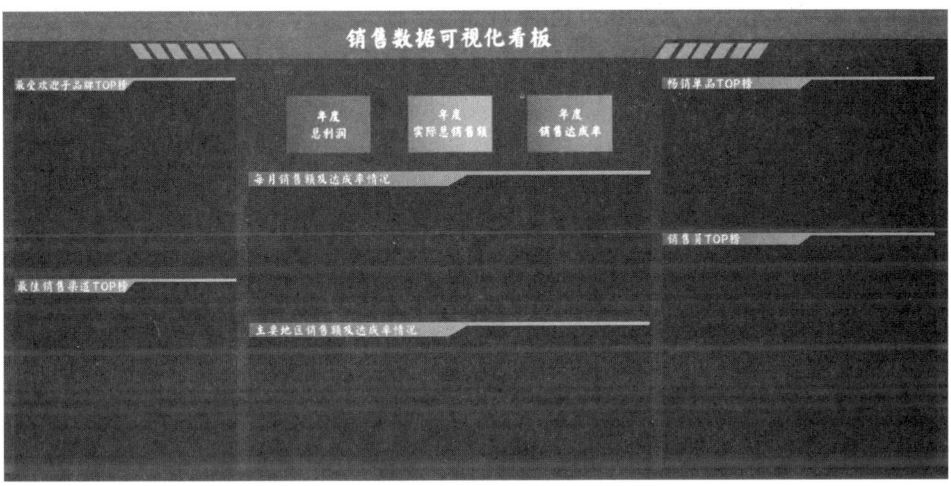

图 2-114 初始模板

3.数据/图表嵌入

将步骤 1 准备的数据，调整为统一格式的表格和图表。

(1)字体统一：楷体。

(2)字体颜色：白色。

(3)图表：采用条形图、面积图、柱形和折线组合图。图表背景调整为无填充，图表面积、条形为渐变填充，去除图表边框及网格线。

(4)格式大小统一，调整到框架设定的尺寸大小，如图 2-115 所示。

将数据放入框架中，一个科技风的可视化数据看板就制作完成了，如图 2-116 所示。

本任务采用数据大屏的形式对 Excel 数据内容进行了展示，直观、明了地突出重点信息。

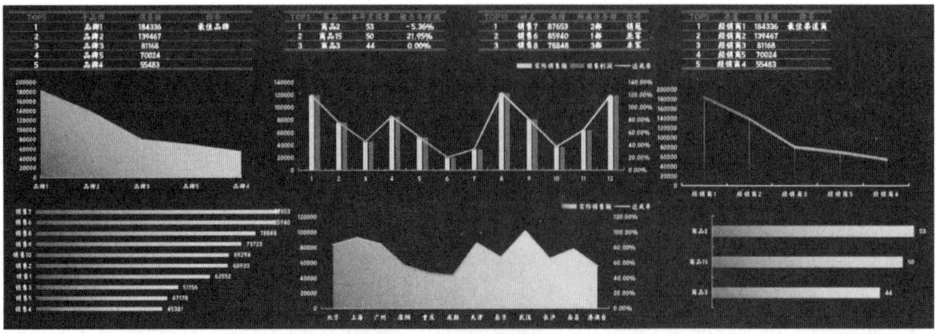

图 2-115 调整看板样式

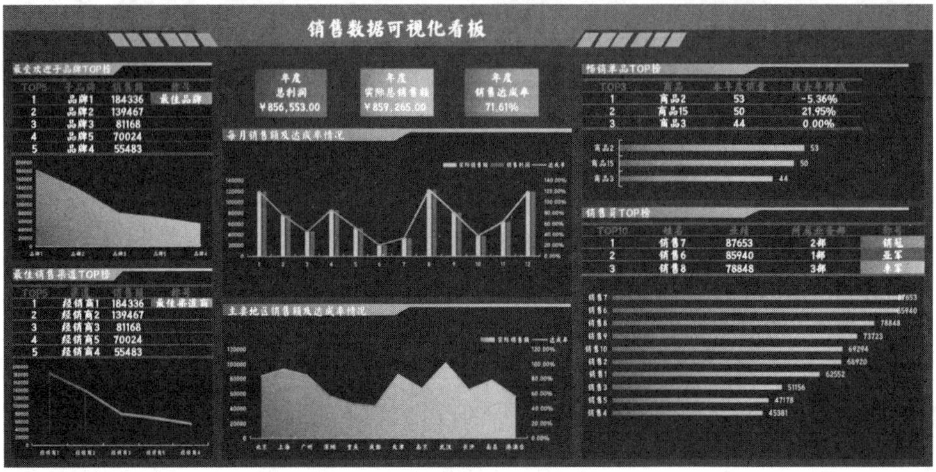

图 2-116 科技风数据看板

检 查

各自完成学习情境的任务并展示结果,介绍任务的完成情况。作品展示前应准备阐述材料,并完成自查。自查单见表 2-16。

表 2-16 自查单

学习情境 2.3	设计与构思 Excel 数据大屏		
检查项目	检查标准	分值	得分
信息检索	能够使用网络工具准确检索 Excel 数据大屏相关信息	20	
归纳整理	能够对不同的 Excel 数据选择合适的数据大屏模板	20	
比较分析	能够综合分析各种数据大屏的优缺点	20	
工作结果	能够根据实际需求选择最优数据大屏	40	
合计		100	

学生展示过程中，以个人为单位，对任务结果进行互查。互查单见表 2-17。

表 2-17 **互查单**

学习情境 2.3		设计与构思 Excel 数据大屏							
评价项目	分值	等级				评价对象			
		优 (100%)	良 (80%)	中 (60%)	差 (40%)	1	2	3	4
计划合理	10								
方案准确	10								
工作质量	20								
工作效率	20								
工作完整	10								
工作规范	10								
成果展示	20								
合计	100								

评 价

教师对学生的工作过程和工作结果进行综合评价，填写综合评价表，见表 2-18。

表 2-18 **综合评价表**

学习情境 2.3		设计与构思 Excel 数据大屏		
评价项目		评价标准	分值	得分
考勤(20%)		无迟到、早退、旷课现象	20	
工作过程 (40%)	方案制作	能制订有效工作方案	10	
	工具运用	能有效使用相关工具	10	
	工作态度	态度端正、工作认真、积极向上	10	
	职业素养	一丝不苟、精益求精	10	
工作结果 (40%)	工作完整	能按时完成任务	10	
	工作质量	能按计划完成任务	10	
	材料准备	能准备成果展示所需要的材料	10	
	成果展示	能准确表达、汇报工作成果	10	

拓展思考

1.设计与构思 Excel 数据大屏的一般过程是什么？

2.如何布局 Excel 数据大屏？

模块三　使用 Power BI 实现数据可视化

学习情境 3.1　Power BI 软件安装

学习情境描述

年底了，人力资源部的小王要对某一年终业绩数据进行分析并可视化，主要针对各店铺不同产品、商品折扣、各店铺月度业绩以及年度销售龙虎榜进行分析。公司要求小王在二十分钟内完成可视化并形成报告上交。小王觉得使用 Excel 进行数据可视化需要自己使用函数和透视表，数据量较大，打开和数据处理过程比较浪费时间，因此他想寻找一种更简单的，可以直接通过拖动操作来实现可视化的工具。经过同事介绍，小王最终决定使用 Power BI 工具完成可视化工作。

学习目标

➢ 知识目标

(1)掌握 Power BI 安装方法。

(2)了解 Power BI 视图。

(3)了解 Power BI 窗格。

➢ 能力目标

(1)能够顺利安装 Power BI。

(2)能够熟练操作 Power BI 界面。

(3)能够熟练操作 Power BI 视图和窗格。

➢ 素质目标

(1)培养自学的能力。

(2)培养信息获取的能力。

(3)培养英文阅读能力。

学习任务

1.完成 Power BI 安装。
2.认识 Power BI 界面、视图。
3.认识 Power BI 窗格。

资　讯

引导问题：
1.常见的数据可视化技术有哪些？

2.常见的数据可视化工具有哪些？

3.除了绘制图表，数据可视化还与有哪些知识相关？

计　划

1.制订工作方案(表 3-1)。

表 3-1　　工作方案

步骤	工作内容
1	
2	
3	
4	
5	
6	
7	
8	

2.简述安装及使用 Power BI 的步骤。

3.列出工具清单(表 3-2)。

表 3-2 工具清单

序号	工具名称	工具版本	备注
1	dotNetFx35setup	3.5	
2	PBIDesktopSetup		

4.列出技术清单(表 3-3)。

表 3-3 技术清单

序号	技术名称	技术版本	备注

决　策

1.阐述自己的工作方案。

2.对其他工作方案提出不同看法。

3.教师根据完成情况进行点评,并选出最佳方案。

知识准备

1.Power BI 概述

(1)BI 与 Power BI 的发展历程

百度给出的定义:商业智能(Business Intelligence,BI),又称商业智慧或商务智能,用现代数据仓库技术、线上分析处理技术、数据挖掘和数据展现技术进行数据分析以实现商业价值。从以上定义可以看出,BI 是实现数据处理,数据分析,数据展示的工具,它针对的是专业级 IT 人员。

Power BI 是软件服务、应用和连接器的集合,它们协同工作以将相关数据来源转换为连贯的、视觉逼真的交互式见解。无论用户的数据是简单的 Excel 电子表格，还是基于云和本地混合数据仓库的集合，Power BI 都可让用户轻松地链接到数据源，直观看到（或发现）重要内容，并与任何人共享。

Power BI 简单且快速，能够从 Excel 电子表格或本地数据库创建快速链接。同时 Power BI 也可以进行丰富的建模、实时分析和及自定义开发。因此，它既是用户的个人报表和可视化工具，还可用作组项目、部门或整个企业背后的分析和决策引擎。

(2)Power BI 软件用途

Power BI 是一套商业分析工具，可链接数百个数据源、简化数据准备并提供即时分析，生成报表并进行发布，供组织在 Web 和移动设备上使用。用户可以创建个性化仪表板，获取针对其业务的全方位独特见解。Power BI 内置管理和安全性，还可在企业内实现扩展。

Power BI 是基于云的商业数据分析和共享工具，它能把复杂的数据转化成简洁的视图。通过它，可以创建可视化交互式报告，即使在外也能用移动端 App 随时查看。

(3)使用场景

场景一：在财务管理中使用 Power BI 找到关键数据。

Power BI 可以帮用户获取外部和本地的各种财务数据，还可以利用拖放可视化工具完善客户对财务状况的分析。

场景二：帮助市场营销活动管理数据。

借助 Power BI，用户可以监控并分析当前的市场状况，从而把营销资源投入到更有效率的渠道。

场景三：在销售活动中预测市场机会，达成业绩目标，提高利润。

Power BI 可以帮用户管理公司的各种销售渠道的数据，从而可以帮助用户分析销售情况，预测市场机制，提高利润。

场景四：掌握人力资源的相关信息。

Power BI 能帮用户收集和监测所有重要数据。仪表板还能帮用户追踪合规性、人员编制和其他信息，保护公司和员工数据。

场景五：在 IT 领域提高工作效率。

通过 Power BI，用户可以创建各类仪表板，从而监测并分析从 Active Directory 到 Zendesk 等各种服务。如果需要企业级别的商业智能解决方案，那么还可以将它与 SSAS 服务包无缝集成。

场景六：在运维工作中以数据为向导。

Power BI 能够监测包括 Excel、本地数据库和云服务等所有来源的数据，并对用户的产品、商场绩效、申报额等进行分析，从而发现新的可能。

延伸阅读

HR-BI 如何帮助企业走出人力资源数字化困境？

随着企业各种信息化系统的不断应用，产生了海量的数据，但这些数据都分散在不同的系统中，形成大面积的“数据孤岛”，所以系统数据整合处理对企业是一个很大的挑战。例如，人力资源管理的数据只能反映人力资源相关的问题，不能与业务数据有效连接形成数据闭环系统，那如何解决这个人力资源数字化困境呢？

HR-BI 能够完美解决这个困境。HR-BI 是将 BI 应用到人力资源领域，深度激活企业的人力资源数据价值，基于企业的人力资源系统和数据基础，利用可视化图表对人力资源数据进行整合分析，形成战略洞察的数据分析工具。传统的人力资源模式主要是以事为中心，数字化的人力资源管理则是以人为中心，将人才的基础数据、评价数据和绩效数据进行整合，利用 BI 的数据分析和数据可视化技术形成人才管理的看板，帮助管理者做出科学的决策。

那么，企业满足什么条件才能够实现 HR-BI 系统？首先，要有数据基础，其次，明确希望通过 HR-BI 系统解决什么问题。这样，才知道要分析哪些数据，哪些数据可以进行关联分析。例如，如果希望呈现人才的宫格落位就需要绩效数据和评价数据（能力评价或者潜力评价），如果需要分析人效和钱效就需要有人的营收、利润、投入与产出等。满足这两个条件，就可以利用 HR-BI 技术，实现人才数据的可视化，实现对人才与组织的看见、洞见、预见。

任务实施

1.安装 Power BI

（1）在浏览器中打开 Power BI 页面（网址：https://www.microsoft.com/zh-cn/power-platform/products/power-bi），如图 3-1 所示。

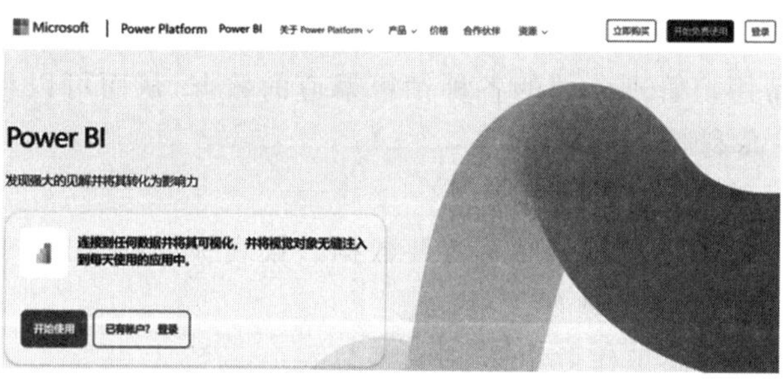

图 3-1 Power BI 首页

（2）在产品列表选择“Power BI”→“Desktop”，在刷新页面选择“立即下载”，如图 3-2 所示。

图 3-2 Power BI 下载页面

(3)Power BI 安装

打开安装文件,根据指示安装,如图 3-3～图 3-9 所示。

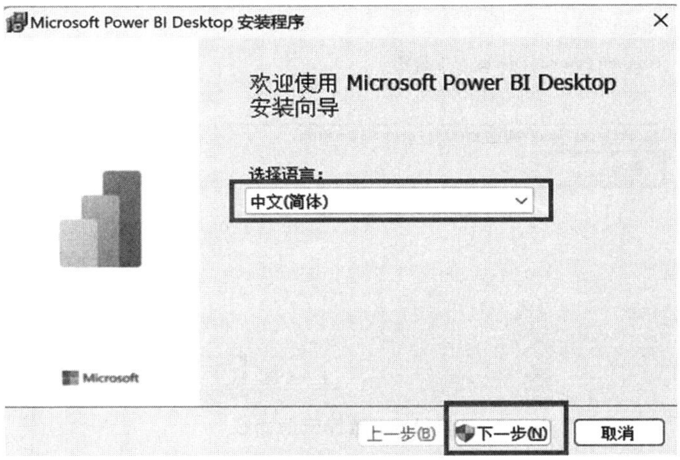

图 3-3　选择下载语言

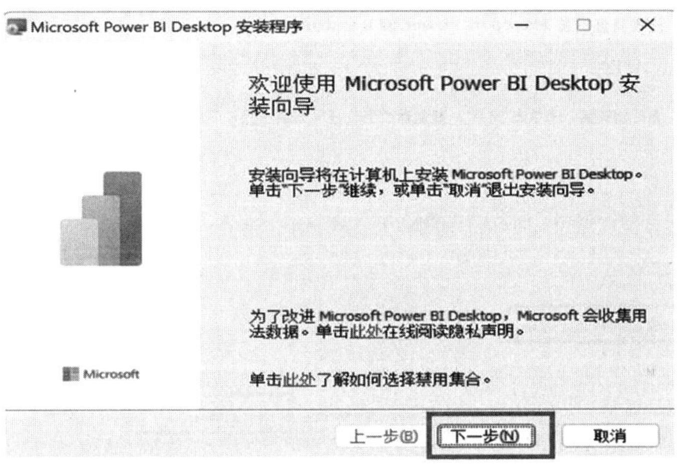

图 3-4　下一步启动安装

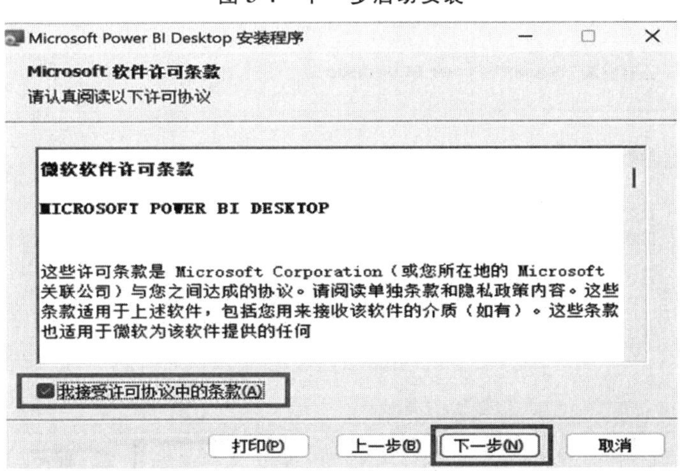

图 3-5　接受许可

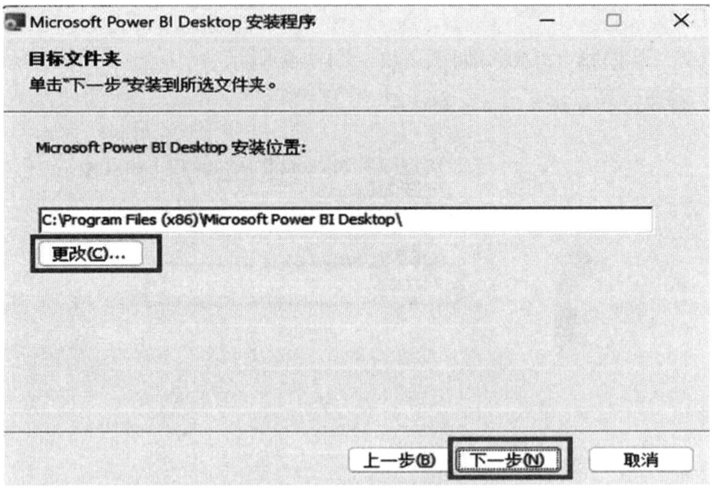

图 3-6 选择安装路径

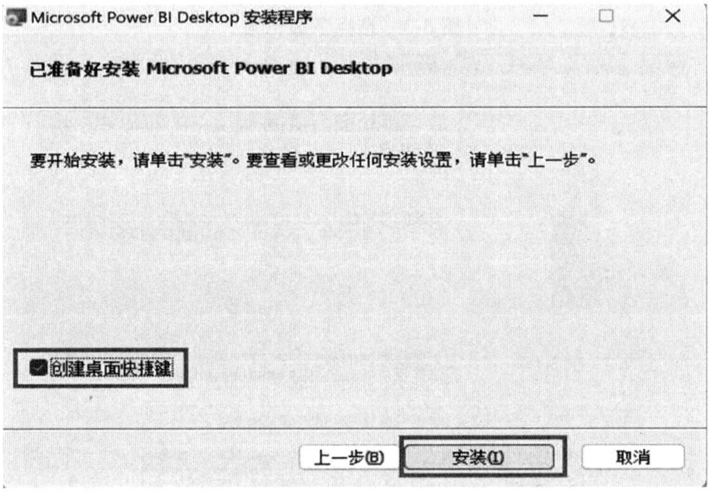

图 3-7 开始安装

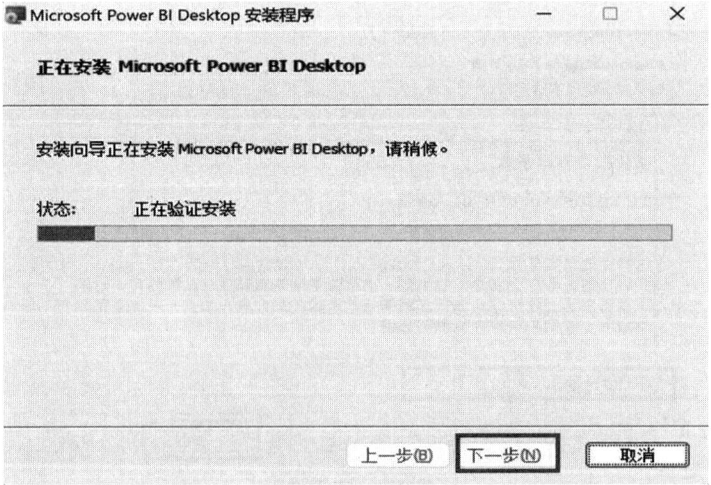

图 3-8 验证安装

图 3-9　完成安装

安装完成后，双击打开程序，可关闭弹窗提示，点击"开始使用"按钮直接进入 Power BI 界面进行使用。如图 3-10 所示。

图 3-10　开始使用

2.了解 Power BI 视图

Power BI 提供了三种视图模式，包括报表视图、数据视图和关系视图。可以通过单击左侧导航栏中的图标进行视图切换，如图 3-11 所示。

(1)报表视图

在报表视图中，可以由获取到的数据创建具有可视化内容的报表页，可视化内容可以复制、导出，也可以显示成表格。

打开 Power BI 后，在显示页会有四种向报表中添加数据的方法，用户也可以选择其他数据采集途径，如图 3-12 所示。

导入示例图标库的数据，选择"条形图"，将"Date"(季度)字段拖到 Y 轴，"Sale Price"字段拖到 X 轴，完成的条形图如图 3-13 所示。

若想将条形图换成柱形图，只需在"可视化"窗格选择柱形图即可，如图 3-14 所示。

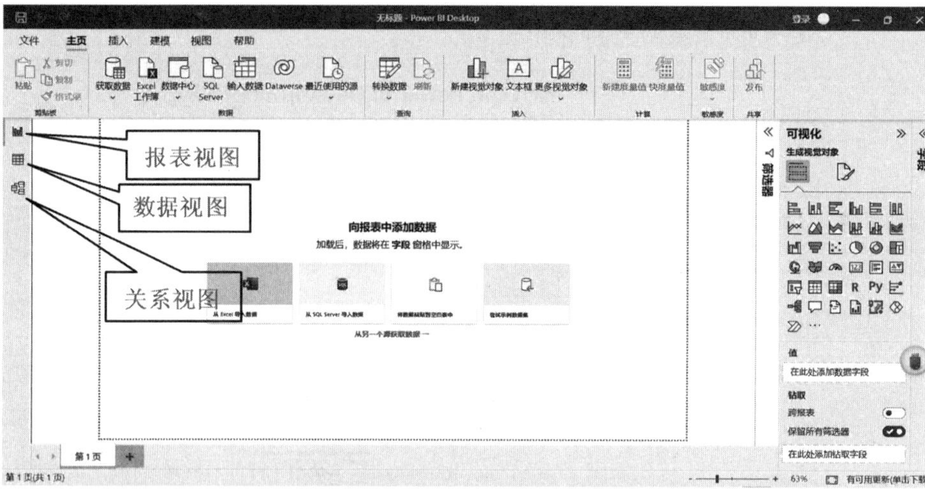

图 3-11　Power BI Desktop 视图

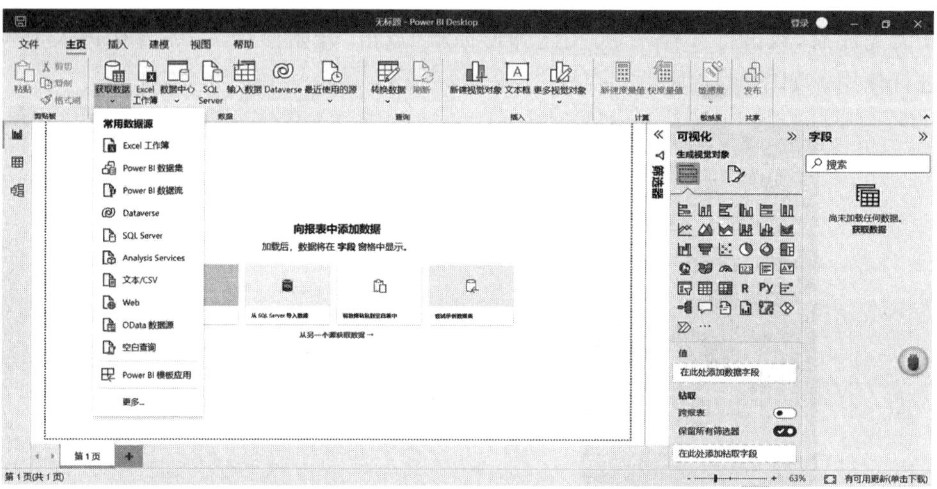

图 3-12　获取报表数据

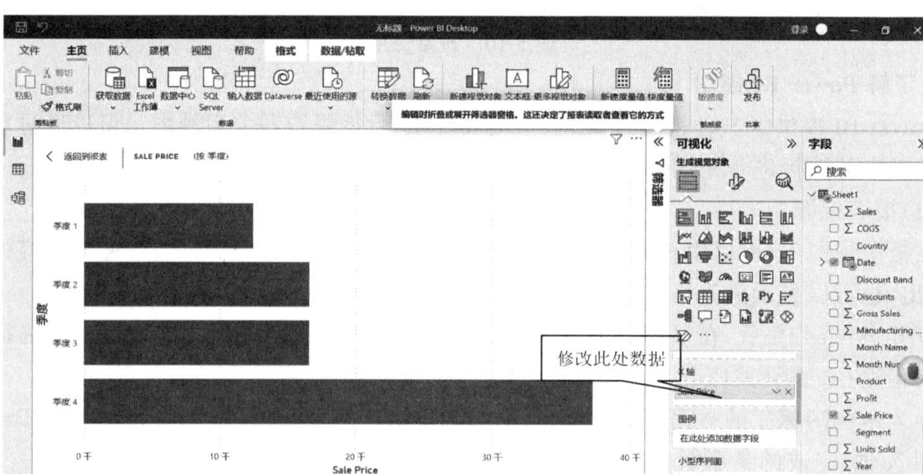

图 3-13　绘制条形图

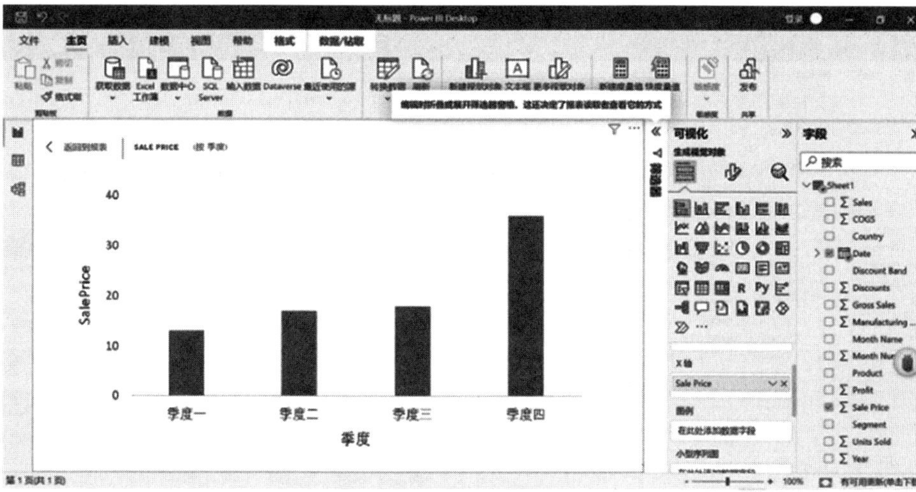

图 3-14　柱形图

单击报表页的“+”按钮，可以新增报表页。右击已经建立的报表，可以对报表页进行复制、删除、重命名和隐藏，如图 3-15 所示。

图 3-15　右击已有报表

(2)数据视图

数据视图中显示已加载到 Power BI 中的数据，以便查看、检查和查询数据，如图 3-16 所示。在数据视图中，可以在最右栏查看所有数据字段，也可以进行新建度量值、快速查找度量值、新建列和新建表等操作。

(3)关系视图

关系视图主要用来显示表与表之间的关系，尤其适用包含表比较多且关系较复杂的模型。

3.了解 Power BI 界面

(1)可视化窗格

在可视化窗格中可以选择可视化的图形以及图形元素的设置，如图 3-17 所示。

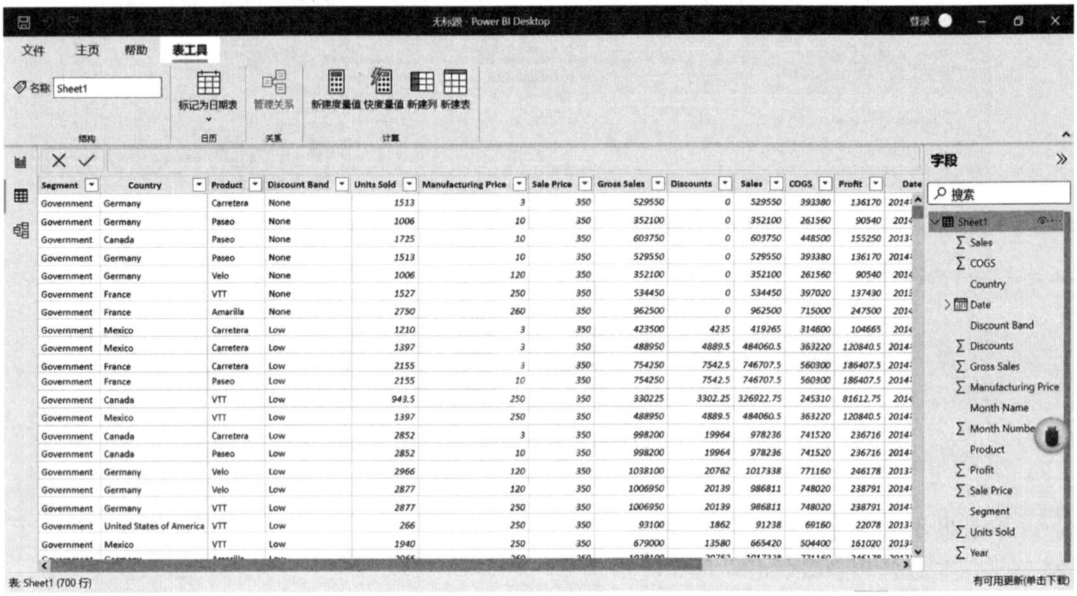

图 3-16 数据透视

图 3-17 可视化窗格

可视化窗格提供了常用的可视化图形，如果需要的图形不在其中，也可以通过点击“获取更多视觉对象”来导入其他图形。

可视化窗格的下方会显示加载数据中的所有表名以及所有“字段”列表，可视化就是通过拖拽这些字段到相应的可视化窗格中，进而对可视化对象进行设置形成报表。

(2)筛选器窗格

筛选器窗格主要用于查看、设置和修改数据,不同的可视化效果,其具体的功能也会有所差异。例如选择柱形图,其对应的筛选器选项如图 3-18 所示。

图 3-18 筛选器选项

检 查

各自完成学习情境的任务并展示结果,介绍任务的完成情况。作品展示前应准备阐述材料,并完成自查。自查单见表 3-4。

表 3-4 自查单

学习情境 3.1	Power BI 软件安装		
检查项目	检查标准	分值	得分
信息检索	认识 Power BI,搜索 Power BI 的优缺点	20	
动手实操	正确安装 Power BI	20	
知识掌握	能够认识 Power BI 视图和窗格	20	
工作结果	能够使用模板数据找到可视化窗格	40	
合计		100	

学生展示过程中,以个人为单位,对任务结果进行互查。互查单见表 3-5。

表 3-5　　互查单

学习情境 3.1		Power BI 软件安装							
评价项目	分值	等级				评价对象			
		优 (100%)	良 (80%)	中 (60%)	差 (40%)	1	2	3	4
计划合理	10								
方案准确	10								
工作质量	20								
工作效率	20								
工作完整	10								
工作规范	10								
成果展示	20								
合计	100								

评　价

教师对学生的工作过程和工作结果进行综合评价，填写综合评价表，见表 3-6。

表 3-6　　综合评价表

学习情境 3.1		Power BI 软件安装		
评价项目		评价标准	分值	得分
考勤(20%)		无迟到、早退、旷课现象	20	
工作过程 (40%)	方案制作	能制订有效工作方案	10	
	工具运用	能有效使用相关工具	10	
	工作态度	态度端正、工作认真、积极向上	10	
	职业素养	一丝不苟、精益求精	10	
工作结果 (40%)	工作完整	能按时完成任务	10	
	工作质量	能按计划完成任务	10	
	材料准备	能准备成果展示所需要的材料	10	
	成果展示	能准确表达、汇报工作成果	10	

拓展思考

1.人工智能可视化有哪些优缺点？

2.Power BI 可以实现哪些功能？

学习情境 3.2　使用 Power BI 绘制对比分析图

学习情境描述

前期小王完成了软件的环境搭建后，就要开始工作任务了。本学习情境为，对员工流失情况进行分析并可视化，主要识别导致员工离职的因素，分析不同年龄组、婚姻状况、工作年数与离职率之间的关系。

学习目标

➢ 知识目标

(1)掌握使用 Power BI 对比分析的方法。

(2)掌握 Power BI 对比图的设置方法。

➢ 能力目标

(1)能够绘制条形图、柱形图和漏斗图。

(2)能够熟练地对条形图、柱形图和漏斗图进行设置。

➢ 素质目标

(1)培养勤于动手的能力。

(2)培养独立思考的能力。

学习任务

1.使用 Power BI 完成柱形图的绘制。

2.使用 Power BI 完成条形图的绘制。

3.使用 Power BI 完成漏斗图的绘制。

资　讯

引导问题：

1.如何快速生成柱形图？

____

____

2.如何使数据标签显示在图形内部顶端位置？

____

____

计 划

1.制订工作方案(表 3-7)。

表 3-7 工作方案

步骤	工作内容
1	
2	
3	
4	
5	
6	
7	
8	

2.写出下载、安装及使用 Power BI 的关键步骤。

3.列出工具清单(表 3-8)。

表 3-8 工具清单

序号	工具名称	工具版本	备注

4.列出技术清单(表 3-9)。

表 3-9 技术清单

序号	技术名称	技术版本	备注

决　策

1.阐述自己的工作方案。

2.对其他工作方案提出不同看法。

3.教师根据完成情况进行点评,并选出最佳方案。

知识准备

1.对比分析法定义及分类

对比分析是一种分析方法,主要将两个或多个数据集、实体、条件或时间段进行比较,以便识别它们之间的相似之处、差异、模式、趋势或关系。这种分析方法广泛应用于商业、经济、社会科学、医学研究等各种领域,常用于评估绩效、监控变化、诊断问题以及做出基于数据的决策。

对比分析主要有以下四种形式:

(1)横向对比:比较同一时间点的不同实体或数据集。例如,比较不同公司的财务报表、不同国家的经济增长和个人收入水平、或者不同产品的市场份额。

(2)纵向对比:比较同一实体或数据集在不同时间点的表现。例如,跟踪一家公司在过去几年的收入增长,或者分析一个国家的人口变化趋势。

(3)内部对比:在一个组织或数据集中比较不同的部门、产品线、服务或策略。例如,比较公司内部的销售团队业绩或不同营销活动的效果。

(4)外部对比:将一个组织或实体的表现与其竞争对手或行业标准进行比较。例如,比较一家公司的市场份额与主要竞争对手的市场份额。

在进行对比分析时,需要关注以下四个方面的问题:

(1)数值差异:比较数据集之间的绝对值差异。

(2)百分比变化:计算从一个时间点到另一个时间的百分比变化,以评估增长的空间或下降的速度。

(3)平均值和分布:分析数据集的中心趋势和分散度,了解数据的集中程度和离散情况。

(4)相关性和因果关系:探索不同变量之间的关系,确定是否存在相关性或因果关系。

对比分析的结果通常通过图表、表格和叙述性文本呈现,以便理解和沟通。这种分析方法是数据驱动型决策过程的核心,帮助个人和组织更好地理解复杂的数据集,并从中提取有价值的见解。

2.如何进行对比分析

对比分析主要包括以下八个步骤:

(1)确定对比目标：需要明确想通过对比分析达到什么目的。例如，为了比较不同时间段的数据变化，或者比较不同群体、地区或产品的表现等。

(2)选择对比指标：根据对比分析目标，选择合适的指标。这些指标应该是能够量化对比分析目标的关键性能指标(Key Performance Indicators，KPIs)。

(3)收集和整理数据：确保有足够的数据来进行对比分析。同时，数据应该准确无误，并且以适当的格式整理好，便于分析。

(4)执行对比分析：使用统计软件或数据分析工具(如 Excel、R、Python、Tableau 等)来执行实际的对比分析。这可能包括计算差异、比例、增长率和趋势等。

(5)可视化数据：利用图表、图形和其他可视化工具来展示对比结果。这有助于更直观地理解数据之间的差异和联系。常见的可视化形式包括柱形图、折线图、饼图、散点图等。

(6)分析结果：仔细分析对比结果，识别出显著的模式和趋势。还需考虑可能影响结果的外部因素，如季节性变化、市场波动等。

(7)得出结论：基于分析结果，得出有意义的结论。这些结论应该对应对比分析目标，并为决策提供支持。

(8)报告和分享：将分析结果整理成报告，与相关人员分享。报告中应包含关键发现、图表和建议行动。

例如，如果想对比分析两个不同产品线的销售额，可以按照以下步骤进行：

(1)确定目标：比较产品线 A 和产品线 B 的销售额。

(2)选择指标：选择销售额作为对比指标。

(3)收集数据：获取产品线 A 和产品线 B 在过去一年的每月销售额数据。

(4)执行分析：计算每月的销售额差异和年度总销售额。

(5)可视化：创建柱形图或折线图来显示两个产品线的销售额变化。

(6)分析结果：观察哪个产品线表现更好，是否存在季节性销售高峰。

(7)得出结论：基于销售额数据和趋势，得出哪个产品线更具市场潜力的结论。

(8)报告分享：撰写报告，包括图表、关键发现和建议，与管理层分享。

对比分析是数据分析中的一个基本工具，它可以帮助我们从数据中提取有价值的信息，支持更有效的决策制定。

延伸阅读

人力资源数据分析在现代企业的人力资源管理中扮演着重要角色。通过对大量的人力资源数据进行收集、整理和分析，企业可以更准确地了解员工的情况，为决策提供依据，优化人力资源管理流程，提高工作效率。在招聘与人才管理、绩效管理与奖惩机制、培训与发展等方面，人力资源数据分析都能够发挥重要作用，为企业的发展提供有力支持。其重要性主要体现在：

(1)提供决策依据：人力资源数据分析可以帮助企业管理层了解员工的离职率、招聘效果、绩效评估等关键指标。通过对这些数据的分析，管理层可以更准确地评估企业的人力资源状况，为决策提供依据。例如，当企业发现某个部门的离职率较高时，可以根据数据分析结果来制订相应的留人策略，以减少人员流失。

（2）绩效管理与奖惩机制：人力资源数据分析可以帮助企业评估绩效管理的效果，调整绩效考核标准和奖惩机制。通过对绩效数据的分析，企业可以了解到不同岗位的绩效水平、绩效差异以及绩效与薪酬的关系等指标，为企业制订公平合理的绩效考核和奖惩机制提供依据。

（3）培训与发展：人力资源数据分析可以帮助企业评估培训计划的效果，调整培训策略和方向。通过对培训数据的分析，企业可以了解到不同培训项目的参与率、满意度和培训效果等指标，为企业制订符合员工需求和企业发展需要的培训计划提供依据。

任务实施

本任务为使用 Power BI 分析不同年龄组、婚姻状况、工作年数与离职率之间的关系。

1.完成不同年龄组离职人数统计分析

（1）采集源数据 HR_Analytics.csv，数据视图如图 3-19 所示。

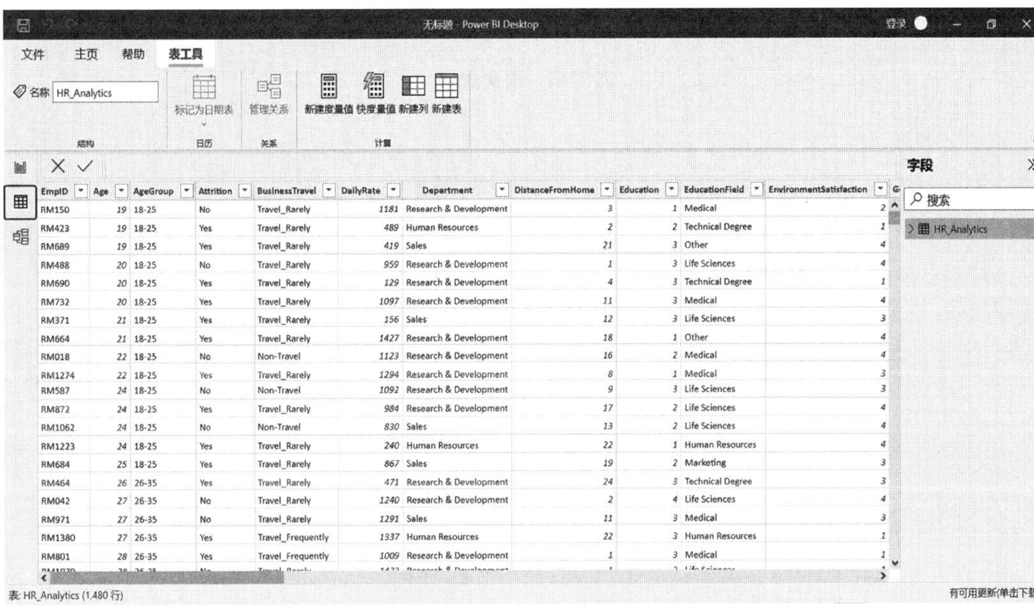

图 3-19　采集源数据

（2）单击报表窗格，选择“柱形图”，将“AgeGroup”（年龄组）字段拖拽到 X 轴，将“Attrition”是否离职字段拖拽到 Y 轴，做计数聚合，将“Attrition”字段拖拽至图例，柱形图如图 3-20 所示。

（3）打开筛选器，将在 Attrition 选项下勾选“Yes”，如图 3-21 所示。

（4）调整柱形图，在格式列表中进行如图 3-22 所示的操作。

①选择设置视觉对象格式。

②将 X 轴、Y 轴的值字号均设置为“17”，图例的文本字号设置为“12”，其他参数采用默认值。

③自定义数据颜色，将数据颜色改为“主题颜色 3　20% 较浅”，效果如图 3-23 所示。

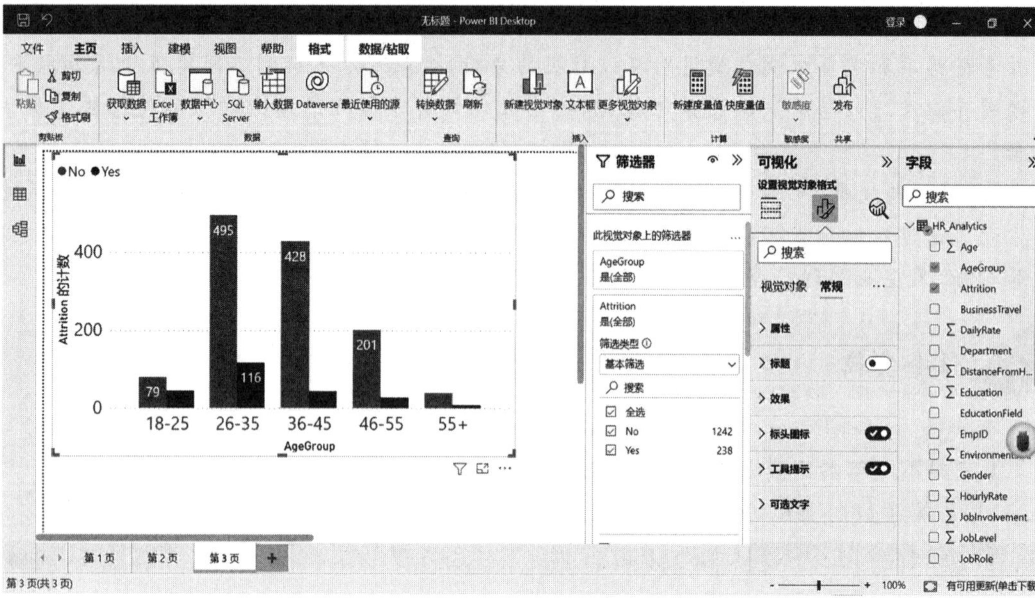

图 3-20 报表窗格

图 3-21 打开筛选器

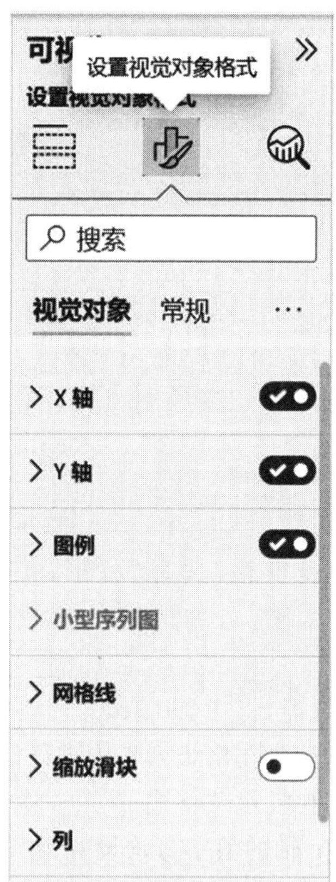

图 3-22 调整柱形图

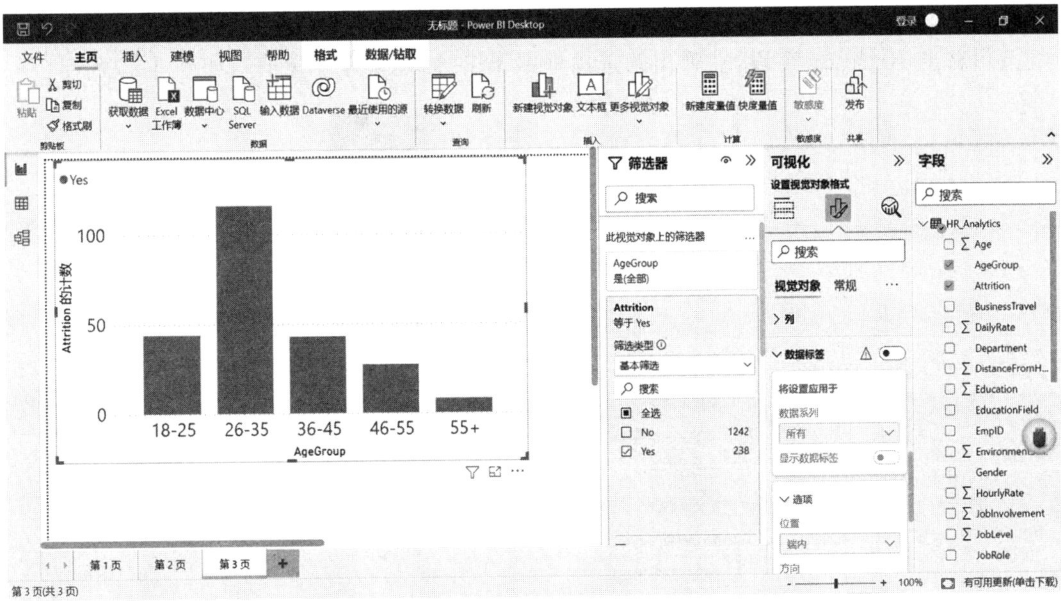

图 3-23　数据颜色设置

④将数据标签设置为“打开”，字体大小设置为“14”，其他采用默认值。

⑤选择常规中标题，将标题设置为“不同年龄段离职人数分析”，字体颜色设置为“白色”，背景颜色设置为“主题颜色 3　25% 较深”，字号设置为“14”。

⑥图例标题设置为“关闭”，其他参数采用默认参数，设置完成的柱形图如图 3-24 所示。

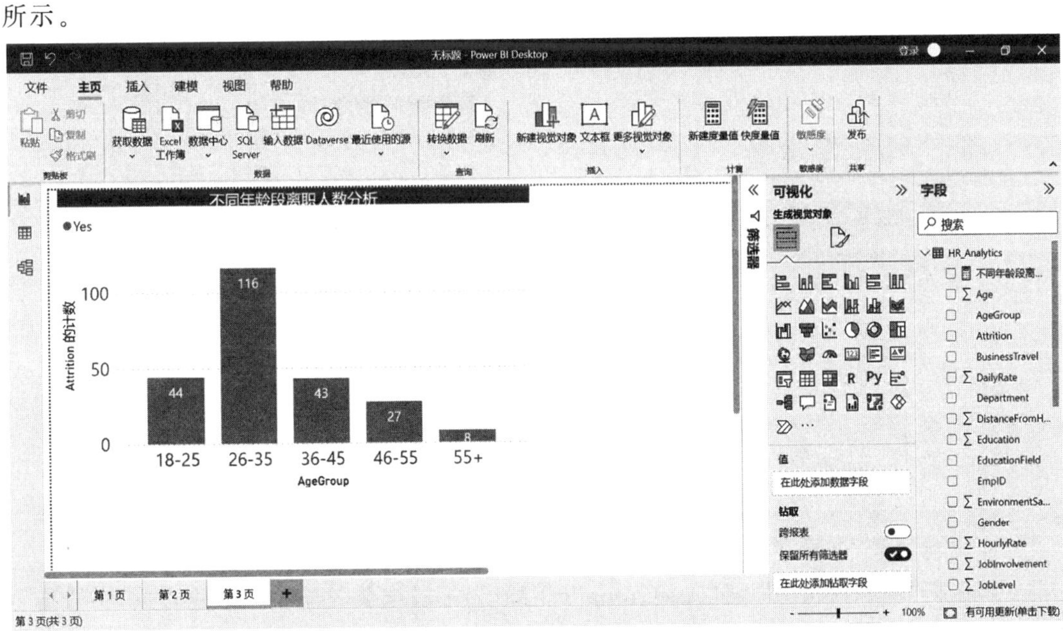

图 3-24　不同年龄段离职人数分析

由图 3-24 可知，该公司人员有五个年龄段，其中 26～35 岁年龄段的人员流失较多，为 116 人；其次是 18～25 岁，流失 44 人；36～45 岁，流失 43 人；而 55 岁以上的人员流失数最低，有 8 人。

2.完成不同年龄组婚姻状况的离职人数分析

（1）右击 Attrition 字段，在弹出的选项框中单击“新建快速度量值”，如图 3-25 所示。

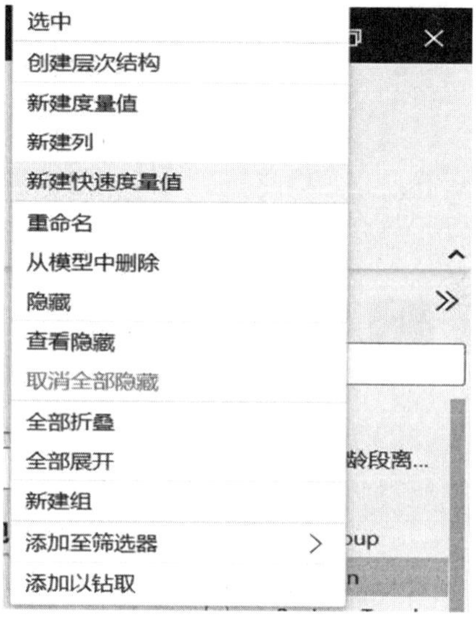

图 3-25 新建快速度量值

（2）计算选择已筛选的值，将右边表中的 Attrition 字段拖至左边基值位置，将筛选值改为“Yes”，选择“确定”按钮，如图 3-26 所示。

图 3-26 快速度量值设置

（3）刷新列表，查看字段，此时会多出一个新建字段，单击该字段，修改为“离职人数”。

（4）选择“堆积柱状图”，将“AgeGroup”（年龄组）字段拖至 X 轴，将“离职人数”字段拖至 Y 轴，将“MaritalStatus”（婚姻状态）字段拖至图例，如图 3-27 所示。

（5）调整柱形图，在格式列表中进行如下操作：

①将 X 轴、Y 轴的值字号均设置为“17”，图例的文本字号设置为“12”。

②将数据标签设置为“打开”，位置设置为“端内”，值字号设置为“14”。

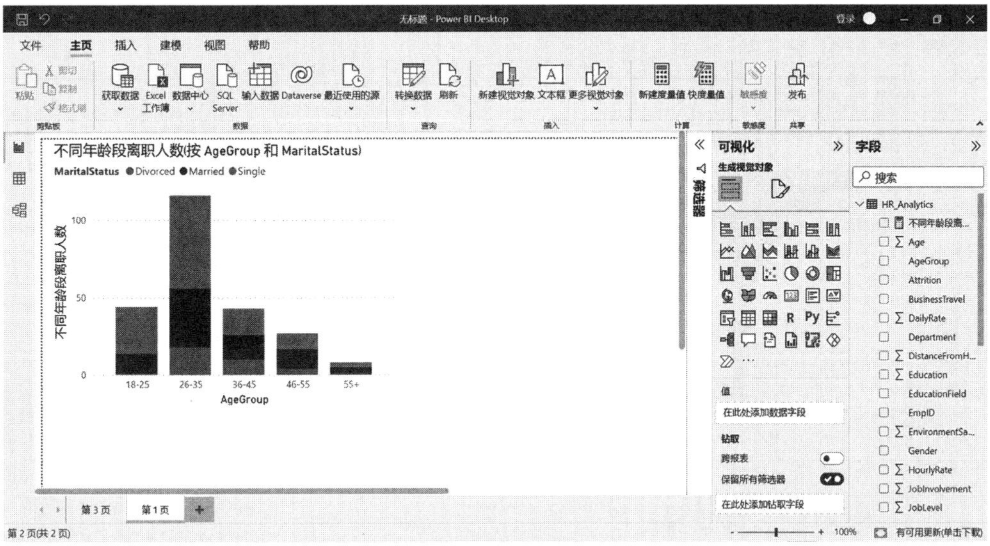

图 3-27　设置图例

③将标题设置为“不同年龄段不同婚姻状况离职人数分析”,标题设置“标题 3”,字号“14”。

④将数据标签设置为“打开”,位置设置为“端内”,字体字号设置为“9”。

⑤将图例标题设置为“关闭”,其他采用默认参数,设置完成后的效果如图 3-28 所示。

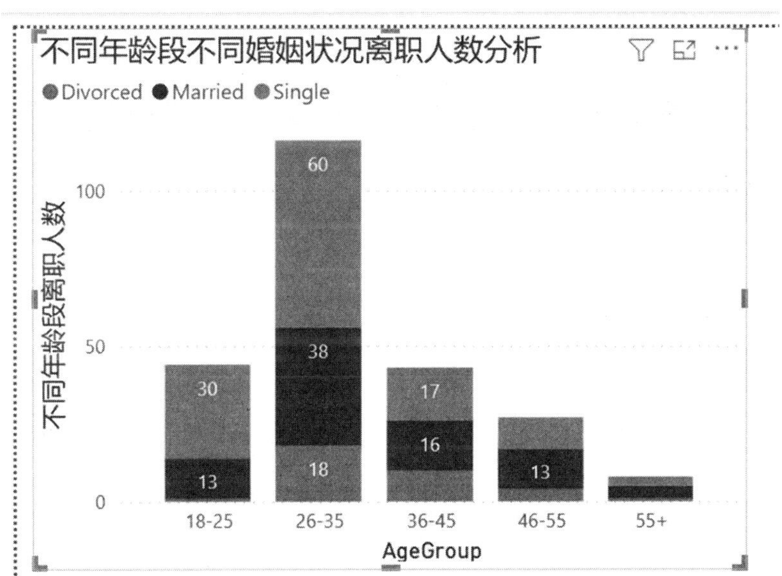

图 3-28　参数设置效果

由图 3-28 可知,在 26～35 岁之间的离职人数最多,其中单身的离职人数最多,为 60 人,其次是已婚人员,为 38 人;然后 18～25 岁之间的人员,也是单身的离职人数最多。这说明,18～35 岁之间的单身人员,在该公司的稳定性不高。

3.完成不同工作年数的离职人数分析

(1)新建页,选择“漏斗图”,将“TotalWorkingYears”(总工作年数)字段拖至类别,将“离职人数”字段拖至值,如图 3-29 所示。

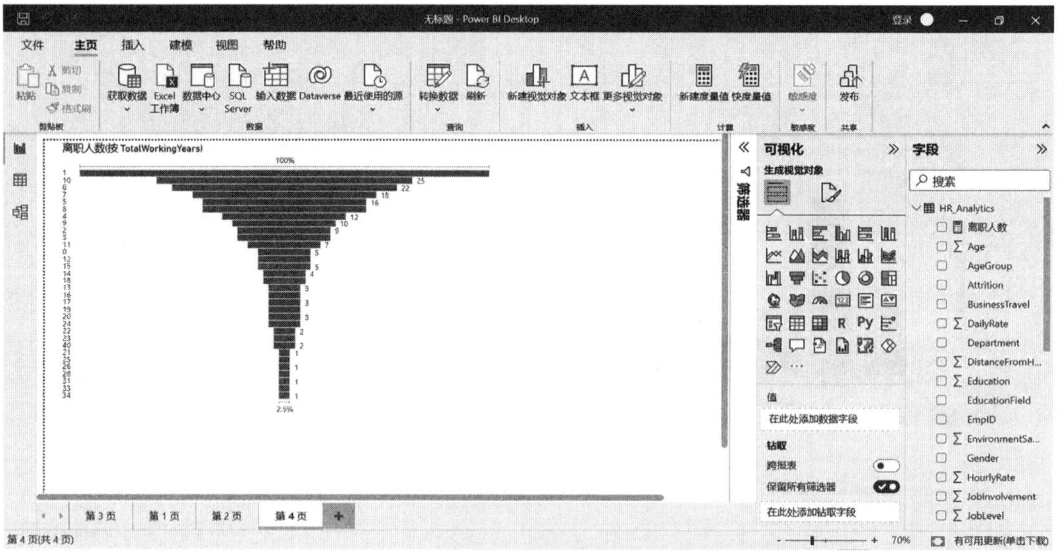

图 3-29 绘制漏斗图

(2) 调整柱状图图形,在格式列表中进行如下操作:

①将颜色调整为“主题颜色 3 20% 较浅”。

②将标题设为“不同工作年限离职人数分析”,标题设置为“标题 3”,字号“14”,居中对齐。

③其他参数均使用默认值,设置完成后的效果如图 3-30 所示。

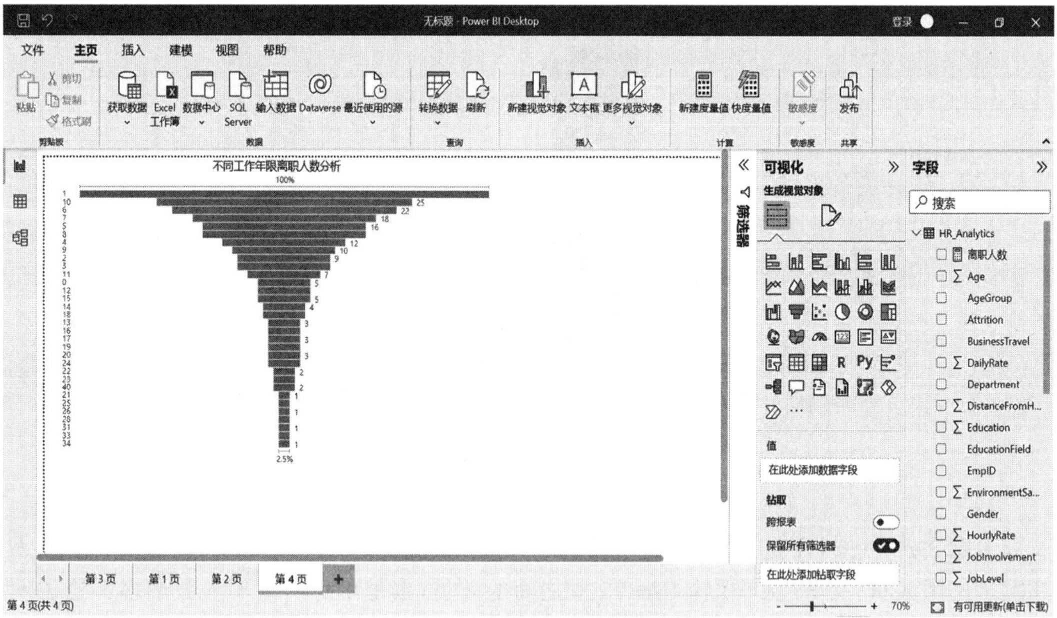

图 3-30 漏斗图格式设置效果

由图 3-30 可知,工作仅一年的离职人数最多,有 40 人。工作 10 年的离职人数次之,极有可能其工作已经到了瓶颈期,所以选择离职。工作 30 年左右的离职人数是最少的,很可能现在已经到了快退休的年纪,所以考虑更多的是稳定。

检 查

各自完成学习情境的任务并展示结果，介绍任务的完成情况。作品展示前应准备阐述材料，并完成自查。自查单见表 3-10。

表 3-10 **自查单**

学习情境 3.2	**使用 Power BI 绘制对比分析图**		
检查项目	**检查标准**	**分值**	**得分**
柱形图	能够完成对不同年龄段离职人数分析	20	
堆积柱状图	能够完成对不同年龄段不同婚姻状况离职人数分析	20	
漏斗图	能够完成对不同工作年限离职人数分析	20	
工作结果	将离职因素综合为一个看板	40	
合计		100	

学生展示过程中，以个人为单位，对任务结果进行互查。互查单见表 3-11。

表 3-11 **互查单**

学习情境 3.2		**使用 Power BI 绘制对比分析图**							
评价项目	**分值**	**等级**				**评价对象**			
		优（100%）	**良（80%）**	**中（60%）**	**差（40%）**	**1**	**2**	**3**	**4**
计划合理	10								
方案准确	10								
工作质量	20								
工作效率	20								
工作完整	10								
工作规范	10								
成果展示	20								
合计	100								

评 价

教师对学生的工作过程和工作结果进行综合评价，填写综合评价表，见表 3-12。

表 3-12 综合评价表

学习情境 3.2		使用 Power BI 绘制对比分析图		
评价项目		评价标准	分值	得分
考勤(20%)		无迟到、早退、旷课现象	20	
工作过程(40%)	方案制作	能制订有效工作方案	10	
	工具运用	能有效使用相关工具	10	
	工作态度	态度端正、工作认真、积极向上	10	
	职业素养	一丝不苟、精益求精	10	
工作结果(40%)	工作完整	能按时完成任务	10	
	工作质量	能按计划完成任务	10	
	材料准备	能准备成果展示所需要的材料	10	
	成果展示	能准确表达、汇报工作成果	10	

拓展思考

1.Power BI 的对比分析图还有哪些类型?

2.尝试使用不同的对比分析图做员工离职因素分析。

学习情境 3.3 使用 Power BI 绘制结构分析图

学习情境描述

小王完成了导致员工离职的因素分析后,公司又想了解不同部门学历对工资的影响,以及教育等级在各部门的占比情况,并要求小王最终以报表的形式提交。

学习目标

➢ 知识目标

(1)掌握 Power BI 的结构分析图形:饼图、环形图、树状图。

(2)掌握 Power BI 饼图、环形图、树状图的设置方法。

➢ 能力目标

(1)能够绘制饼图、环形图、树状图。

(2)能够熟练地对饼图、环形图、树状图进行设置。

➢ 素质目标：

(1)培养勤于动手的能力。

(2)培养独立思考的能力。

学习任务

1.使用 Power BI 完成饼图的绘制。

2.使用 Power BI 完成环形图的绘制。

3.使用 Power BI 完成树状图的绘制。

资 讯

引导问题：

1.分析饼图和环形图的区别。

2.简述设置环形图旋转的意义。

计 划

1.制订工作方案(表 3-13)。

表 3-13 工作方案

步骤	工作内容
1	
2	
3	
4	
5	
6	
7	
8	

2.写出旋转环形图的设置过程。

3.列出工具清单(表 3-14)。

表 3-14　　工具清单

序号	工具名称	工具版本	备注

4.列出技术清单(表 3-15)。

表 3-15　　技术清单

序号	技术名称	技术版本	备注

决策

1.阐述自己的工作方案。

2.对其他工作方案提出不同看法。

3.教师根据完成情况进行点评,并选出最佳方案。

知识准备

1.结构

一般把构成整体的各个部分叫作结构。例如,某家综合企业有 3 条业务线(天猫店、实体店和小程序商城)在同时开展,则该企业的总业绩由天猫店业绩、实体店业绩和小程序业绩三部分构成,这就是总业绩的结构。

2.结构分析的作用

通过结构分析,能更容易解读出整体数据变化背后的原因。例如某公司业绩出现下滑,若单从总数上分析，可能会无从下手，也无法得知具体原因，但是通过各业务线的业绩变化，就能够很轻松地看出数量变化，如图 3-31 所示。由图可知，该公司业绩下滑的主要原因是实体店业绩下降，电商平台又没发展起来。

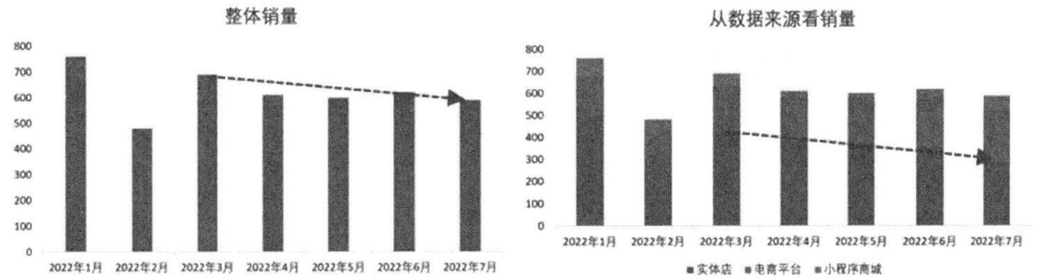

图 3-31　业务对比分析图

通过结构分析法，能快速定位问题发生点，从而激发解决问题思路。

3.结构分析的步骤

完整的结构分析，包含以下 4 个步聚：

(1)确定出要分析的关键指标(一般是业绩、用户量、DAU、利润等)。

(2)了解关键指标的构成方式(如业绩由哪些用户、哪些商品、哪些渠道组成)。

(3)跟踪关键指标的走势，了解指标结构变化情况。

(4)在关键指标出现明显上升或下降的时候，找到变化最大的结构分类，分析问题。

例如，上述公司的业绩变化使用结构分析法的步骤如下：

(1)定出关键指标：总业绩。

(2)了解总业绩的构成，包含实体店、电商平台和小程序商城三部分。

(3)跟踪总业绩变化，发现 2022 年 3 月到 7 月，一直呈现下降态势。

(4)观察结构变化，发现实体店业绩下降是总业绩下降的主要原因。

4.结构分析法的不足

结构分析法只适用于发现问题，不能解答问题。

延伸阅读

让数据更生动——可视化图表基本配色方法

色彩在可视化分析中担任着一个十分重要的角色。在搭建仪表板或数据大屏时，恰当的色彩搭配，能够使整个数据图表的呈现更加清晰、整洁、准确。

1.色彩的基本原理

(1)色彩三要素(HSB)

①色相

色相 H(Hues)指颜色相貌，是颜色间彼此区分的明显特征。物理学或心理学上能区别的基本颜色为红、橙、黄、绿、青、蓝、紫，黑、白、灰没有色相属性。

色相(图 3-32)带给人的感受大体分为三种：冷色系(蓝色、蓝绿色等)、暖色系(红色、橙色、黄色等)、中间色系(紫色系和绿色系)。仅靠中间色系无法营造冷暖印象。

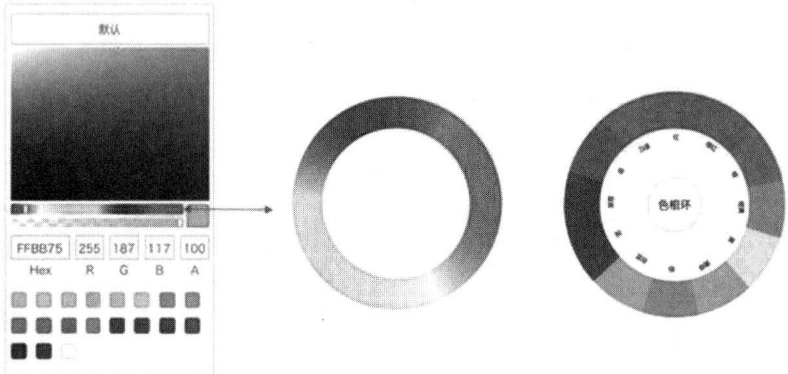

图 3-32　色相图

在数据可视化应用中，色相没有明显的顺序性，一般不用于表达数据量的高低，而是用于表达数据列的类别。

② 饱和度

饱和度 S(Saturation)指色彩的鲜艳程度，也称为纯度。色彩的纯度越高，颜色越鲜艳，就越容易形成强劲有力、充满朝气的印象；纯度越低，颜色越苍白，更容易形成成熟、稳重的印象。

③ 明度

明度 B(Brightness)(图 3-33)指色彩的明亮程度，也称为亮度。明度分为两种：相同色相的不同明度和不同色相的不同明度(人类视网膜感知的明度)。

图 3-33　明暗对比图

在数据可视化应用中，对于饱和度和明度，在视觉上很容易区分出优先级的高低。明暗的对比主要用于表达顺序或数据量，如图 3-34 所示。

(2)色彩对比

色彩对比，是指采用两种或两种以上的色彩搭配使用时产生的对比，如图 3-35 所示。

①同色相对比(0°)

这是一种色相的不同明度或饱和度的对比，如蓝与浅蓝(蓝＋白)色对比。对比效果统一、雅致、含蓄、稳重，也易单调、呆板。

②相近色对比(30°)

这是一种弱对比。对比效果柔和、和谐、雅致、文静，也易单调、模糊、乏味、无力，需要通过调节明度来增强效果。

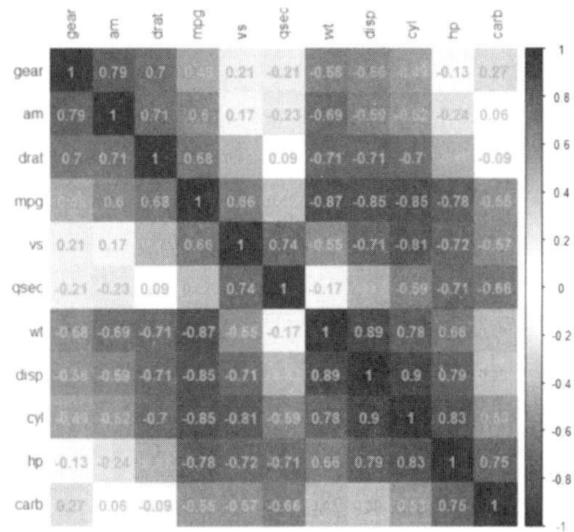

图 3-34　明暗对比应用

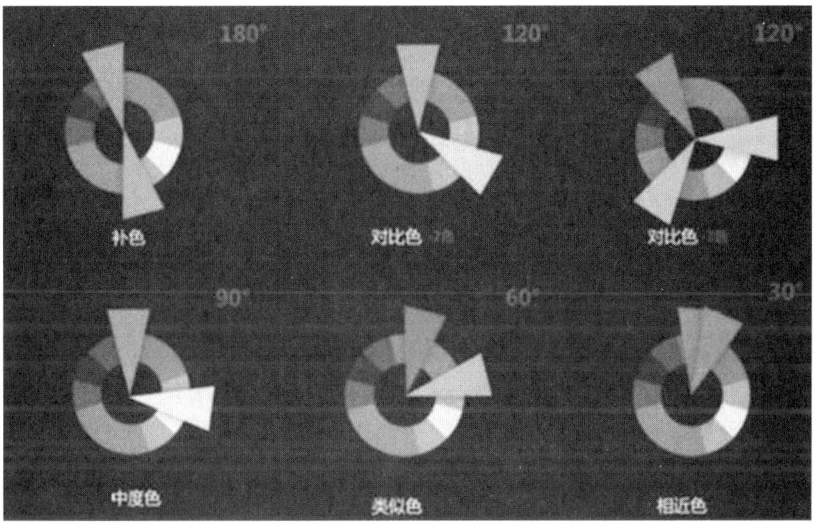

图 3-35　色彩对比图

③类似色(60°)

这是一种弱对比。对比效果较丰富、活泼,但不失统一、雅致、和谐。

④对比色(120°)

这是一种强对比。对比效果强烈、醒目、活泼、有力,但也不易统一,容易产生杂乱、刺激的感觉,造成视觉疲劳。一般采用多种调和手段改善对比效果。

⑤补色(180°)

这是一种强对比。对比效果强烈、醒目、活泼、有力,但容易产生视觉疲劳。一般采用多种调和手段改善对比效果。

2.色板类型

(1)分类色板

分类色板(图 3-36)主要用于描述数据的类别,每个类别没有固定顺序。例如,不同国家、不同企业、不同个体的分类展示。

图 3-36 分类色板

(2)顺序色板

顺序色板(图 3-37)主要用于表达同一事物中的数值大小、梯度的变化。一般情况下，颜色越深数值越大，颜色越浅数值越小。

图 3-37 顺序色板

(3)分散色板

分散色板(图 3-38)主要用于表达数据从负数到 0 再到正数的连续变化。常采用从一种颜色经过一个浅色再均匀过渡到另一种对立颜色的表现方式，而中间浅色则作为中心值或者参考值。

图 3-38 分散色板

(4)语义色板

红色：可以表达负面的、不可行、危险、失败、严重、股票涨(根据地区不同)。

绿色：可以表达正面的、可行、安全、成功、股票跌(根据地区不同)。

黄色：可以表达警示、暂停、注意、提醒。

灰色：可以表达中立、普遍。

任务实施

本任务为使用 Power BI 分析不同部门学历对工资的影响，以及教育等级在各部门的占比情况。

1.不同部门学历对工资的影响

(1)采集源数据 HR_Analytics.csv，数据视图如图 3-39 所示。

(2)选择“报表”模式，在可视化窗格视觉对象中选择饼图，将“Education”(教育等级)字段拖至图例，将“MonthlyRate”(月薪)字段拖至值，如图 3-40 所示。

(3)因为要分部门查看教育等级对薪资的影响，所以使用 Power BI 数据钻取设置。将“可视化”窗格拉至最下面，打开“钻取”，如图 3-41 所示。

EmpID	Age	AgeGroup	Attrition	BusinessTravel	DailyRate	Department	DistanceFromHome	Education	EducationField	EnvironmentSatisfaction	Gender	HourlyRate
RM150	19	18-25	No	Travel_Rarely	1181	Research & Development	3	1	Medical	2	Female	7
RM423	19	18-25	Yes	Travel_Rarely	489	Human Resources	2	2	Technical Degree	1	Male	5
RM689	19	18-25	Yes	Travel_Rarely	419	Sales	21	3	Other	4	Male	3
RM488	20	18-25	No	Travel_Rarely	959	Research & Development	1	3	Life Sciences	4	Female	8
RM690	20	18-25	Yes	Travel_Rarely	129	Research & Development	4	3	Technical Degree	1	Male	8
RM732	20	18-25	Yes	Travel_Rarely	1097	Research & Development	11	3	Medical	4	Female	9
RM371	21	18-25	Yes	Travel_Rarely	156	Sales	12	3	Life Sciences	3	Female	9
RM664	21	18-25	Yes	Travel_Rarely	1427	Research & Development	18	1	Other	4	Female	6
RM018	22	18-25	No	Non-Travel	1123	Research & Development	16	2	Medical	4	Male	9
RM1274	22	18-25	Yes	Travel_Rarely	1294	Research & Development	8	1	Medical	3	Female	7
RM587	24	18-25	No	Non-Travel	1092	Research & Development	9	3	Life Sciences	3	Male	6
RM872	24	18-25	Yes	Travel_Rarely	984	Research & Development	17	2	Life Sciences	4	Female	9
RM1062	24	18-25	No	Non-Travel	830	Sales	13	2	Life Sciences	4	Female	7
RM1223	24	18-25	Yes	Travel_Rarely	240	Human Resources	22	1	Human Resources	4	Male	5
RM684	25	18-25	Yes	Travel_Rarely	867	Sales	19	2	Marketing	3	Male	3
RM464	26	26-35	Yes	Travel_Rarely	471	Research & Development	24	3	Technical Degree	3	Male	6
RM042	27	26-35	No	Travel_Rarely	1240	Research & Development	2	4	Life Sciences	4	Female	3
RM971	27	26-35	No	Travel_Rarely	1291	Sales	11	3	Medical	3	Female	9
RM1380	27	26-35	Yes	Travel_Frequently	1337	Human Resources	22	3	Human Resources	1	Female	5
RM801	28	26-35	Yes	Travel_Frequently	1009	Research & Development	1	3	Medical	1	Male	4

图 3-39　采集源数据

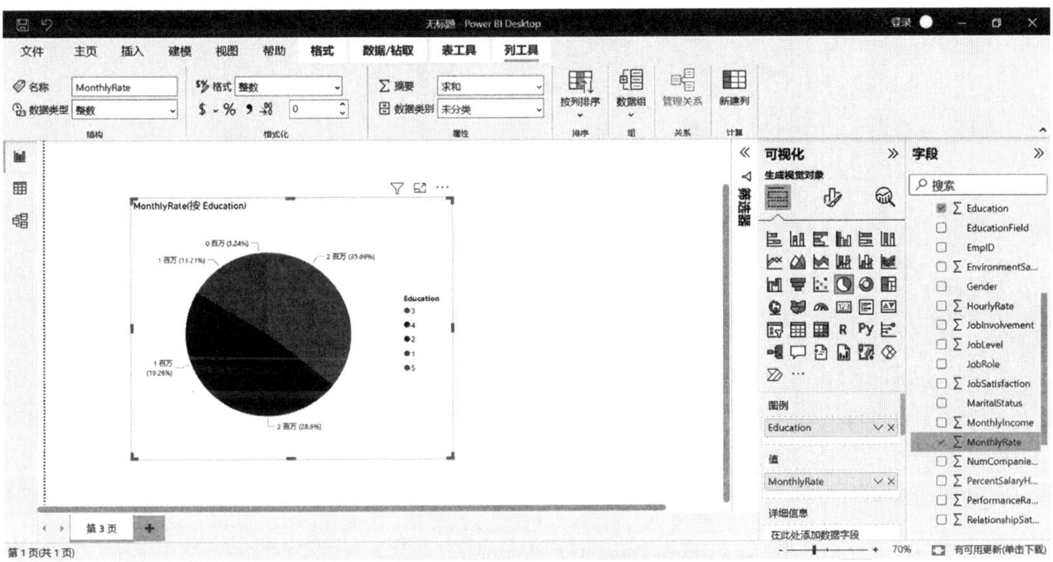

图 3-40　绘制饼图

(4)将“Department”(任职部门)字段拖至钻取字段处,如图 3-42 所示。

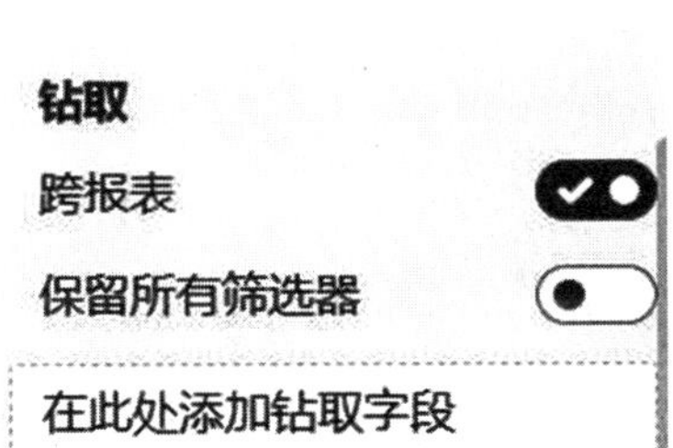

图 3-41　钻取设置

图 3-42　设置钻取字段

(5)通过选择不同的部门,得到的饼图如图 3-43 所示。

(6)调整饼图。在“格式”列表进行如下操作:

①将标题修改为“不同部门不同学历的月薪对比分析”,字号设置为“17”,水平居中对齐。

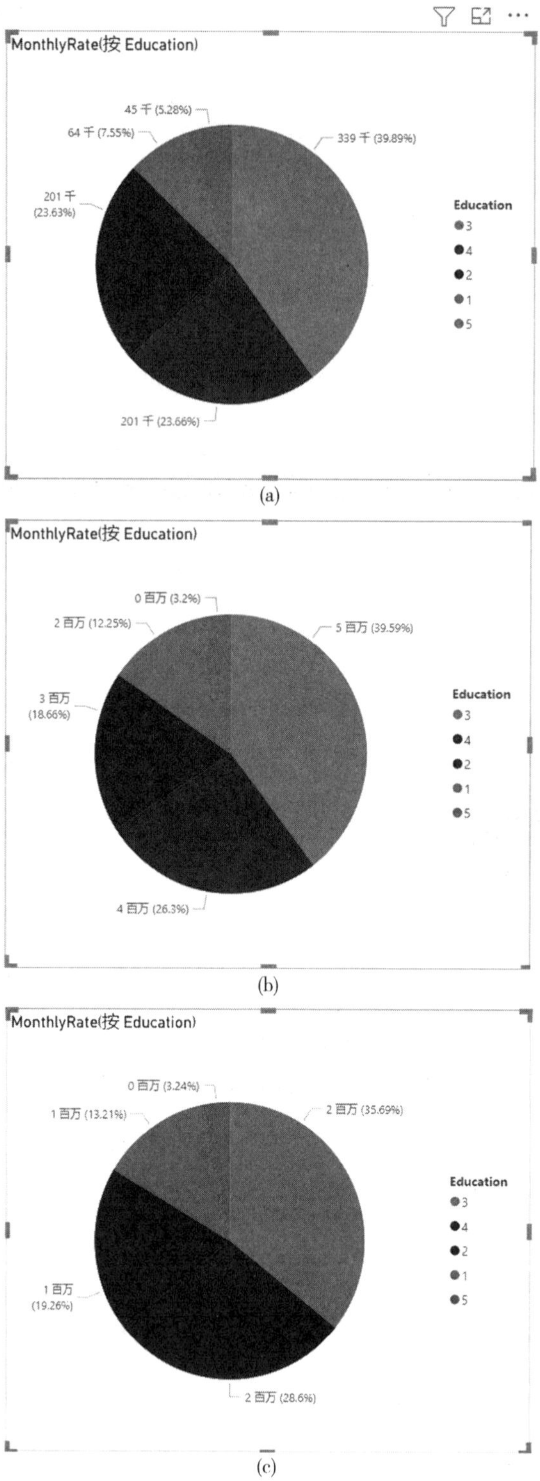

图 3-43　不同部门饼图效果图

②将效果中的背景颜色设置为“白色，10％较深”。

③将图例中选项位置设置为“靠下居中”，文本字号修改为“12”，标题设置为“关闭”。

④详细信息标签中位置设置为“外部”，标签内容设置为“总百分比”，值字体字号设置为“12”，“加粗”，显示单位设置为“无”。其他参数采用默认参数。例如，图 3-43(a)设置完成后的效果如图 3-44 所示。

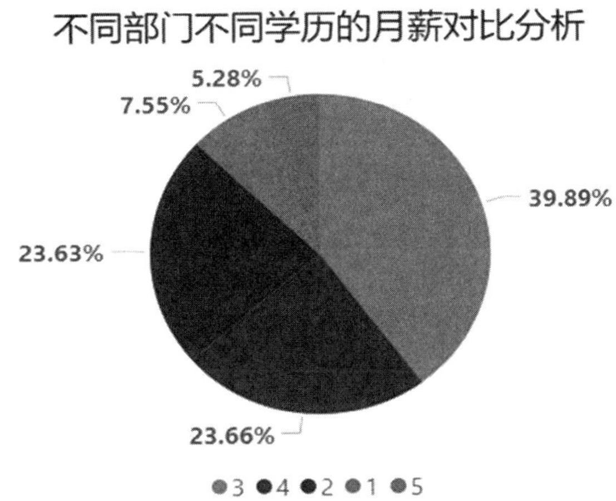

图 3-44　图表元素设置后的效果

由绘制的图表图可以看出对于该公司，无论是哪个部门，教育等级为 3 级的占比都是最高的，其次为 4 级，等级为 5 级的占比是最少的。

2.教育等级在各部门的占比

(1)新建页，在“可视化”窗格选择“环形图”。

(2)将“Education”(教育等级)字段拖至图例，将“Department”(部门)字段拖至值，如图 3-45所示。

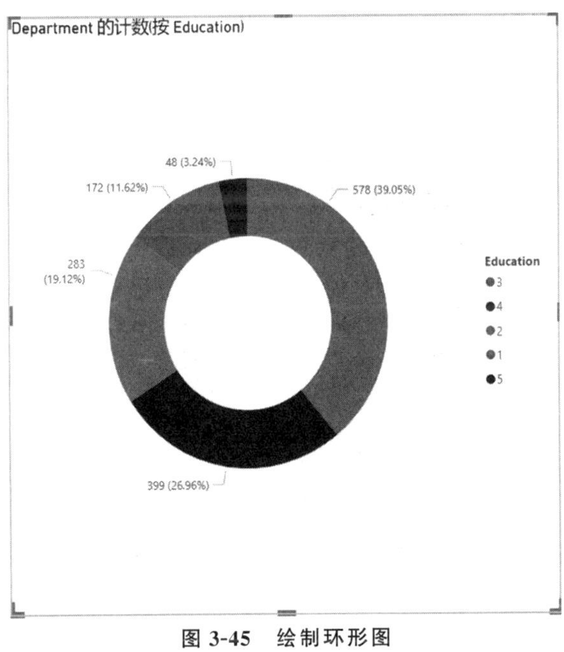

图 3-45　绘制环形图

(3)调整环形图。在“格式”列表进行如下操作：

①将标题文本设置为“各部门教育等级占比”，字号设置为“17”，位置设置为“居中”。

②将图例文本字号设置为“16”，标题设置“关闭”。

③将图例详细标签选项中图例显示设置为“总百分比”，值字号设置为“14”，“加粗”，小数点设置为“0”。

④其他设置使用默认值。

⑤对图例进行排序，过程如图 3-46 所示。

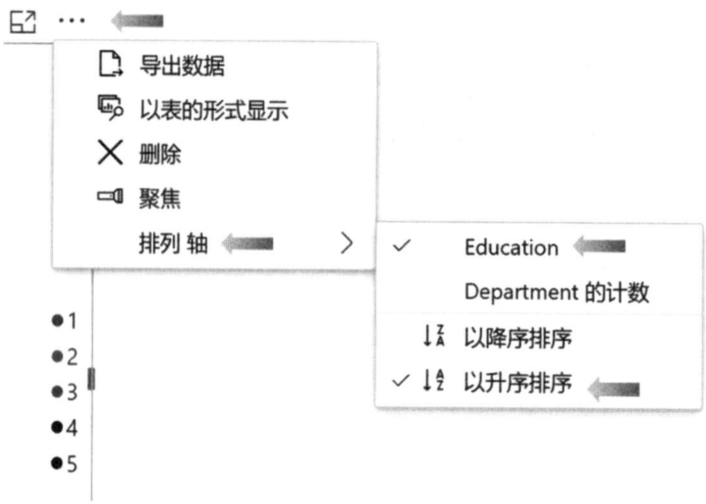

图 3-46 调整环形图参数

最终形成的效果如图 3-47 所示。

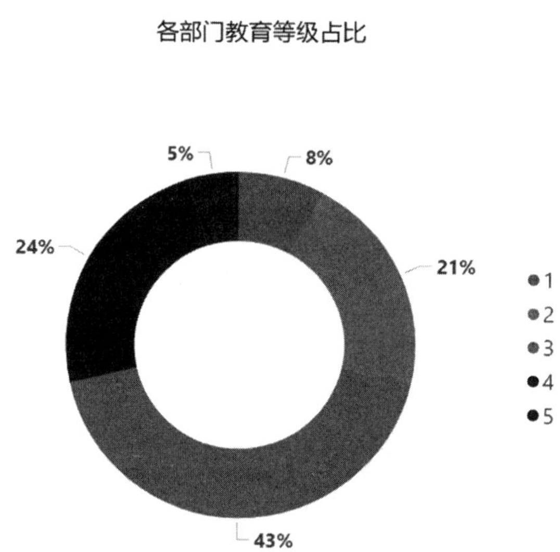

图 3-47 调整参数后的效果图

由图 3-47 无法看出不同部门的教育等级占比，为解决这一问题，需要引入切片器。具体操作步骤如下：

(1)找到可视化窗格“切片器”，将“Department”(部门)字段拖至切片器字段选项，如图 3-48所示。

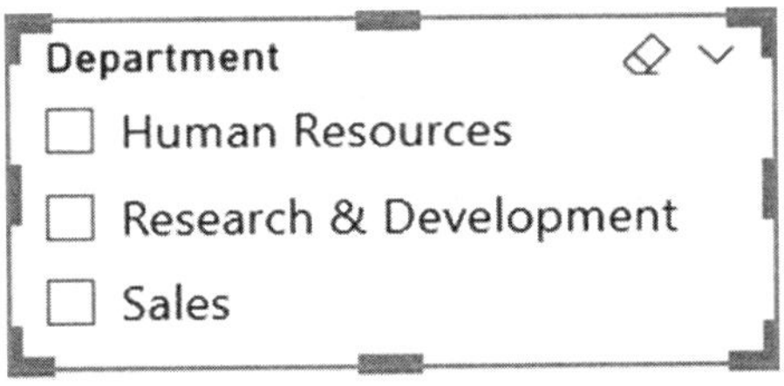

图 3-48　切片器字段

(2)调整切片器。在“格式”列表进行如下操作:

①将切片器方向设置为“水平”,选择设置为“单项选择”。

②将切片器标题设置为“关闭”。

③将值选项中字号设置为“14”。

④其他参数及设置使用默认值。

完成设置后,整体效果如图 3-49 所示。

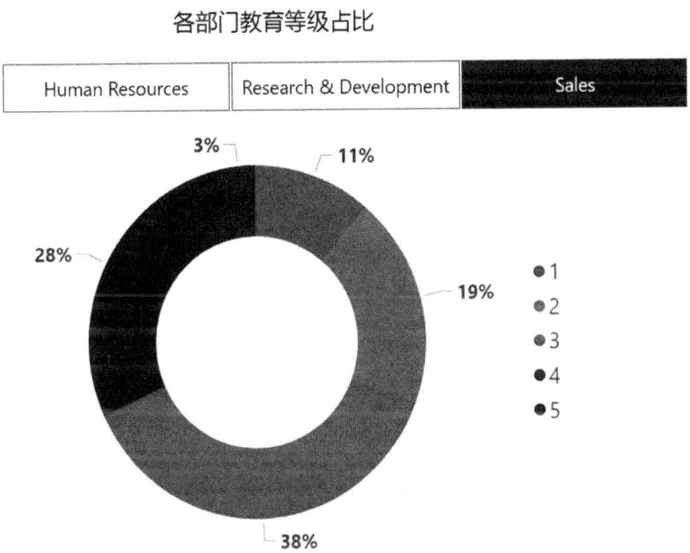

图 3-49　切片器设置后的效果

检　查

各自完成学习情境的任务并展示结果,介绍任务的完成情况。作品展示前应准备阐述材料,并完成自查。自查单见表 3-16。

表 3-16　自查单

学习情境 3.3	使用 Power BI 绘制结构分析图		
检查项目	检查标准	分值	得分
饼状图	分析不同部门学历对工资的影响	30	
环形图	教育等级在各部门的占比情况分析	30	
工作结果	将员工信息综合为一个看板	40	
合计		100	

学生展示过程中,以个人为单位,对任务结果进行互查。互查单见表3-17。

表3-17　互查单

学习情境3.3		使用 Power BI 绘制结构分析图							
评价项目	分值	等级				评价对象			
		优(100%)	良(80%)	中(60%)	差(40%)	1	2	3	4
计划合理	10								
方案准确	10								
工作质量	20								
工作效率	20								
工作完整	10								
工作规范	10								
成果展示	20								
合计	100								

评　价

教师对学生的工作过程和工作结果进行综合评价,填写综合评价表,见表3-18。

表3-18　综合评价表

学习情境3.3		使用 Power BI 绘制结构分析图		
评价项目		评价标准	分值	得分
考勤(20%)		无迟到、早退、旷课现象	20	
工作过程(40%)	方案制作	能制订有效工作方案	10	
	工具运用	能有效使用相关工具	10	
	工作态度	态度端正、工作认真、积极向上	10	
	职业素养	一丝不苟、精益求精	10	
工作结果(40%)	工作完整	能按时完成任务	10	
	工作质量	能按计划完成任务	10	
	材料准备	能准备成果展示所需要的材料	10	
	成果展示	能准确表达、汇报工作成果	10	

拓展思考

1.Power BI 的结构分析图还有哪些?

2.分析工作级别(JobLevel)、工作角色(JobRole)与月收入(MonthlyIncome)、时薪(HourlyRate)和日薪(DailyRate)之间的关系。

学习情境 3.4　使用 Power BI 绘制相关性分析图

学习情境描述

在前阶段，小王对公司工作人员做了对比分析和结构分析，完成了对职工离职因素分析和不同部门不同职级之间的薪资分析，以及不同学历在各个部门中的占比，接下来需要对员工进行相关性分析，主要分析员工工作级别与时薪、日新和月薪之间的关系，以及工作满意度分析。

学习目标

➢ 知识目标

(1)掌握 Power BI 的相关性分析方法。

(2)掌握 Power BI 折线图、散点图的设置方法。

➢ 能力目标

(1)能够绘制折线图、散点图。

(2)能够熟练地对折线图和散点图进行设置。

➢ 素质目标

(1)培养勤于动手的能力。

(2)培养独立思考的能力。

学习任务

1.使用 Power BI 完成折线图的绘制。

2.使用 Power BI 完成散点图的绘制。

资　讯

引导问题：

1.如何设置折线图的双坐标轴？

____

____

2.如何设置散点图的多个维度？

____

____

计 划

1.制订工作方案(表 3-19)。

表 3-19　　工作方案

步骤	工作内容
1	
2	
3	
4	
5	
6	
7	
8	

2.写出设置折线图双坐标轴的关键步骤。

3.列出工具清单(表 3-20)。

表 3-20　　工具清单

序号	工具名称	工具版本	备注

4.列出技术清单(表 3-21)。

表 3-21　　技术清单

序号	技术名称	技术版本	备注

决 策

1.各自阐述自己的工作方案。

2.对其他工作方案提出不同看法。

3.教师根据完成情况进行点评，并选出最佳方案。

知识准备

1.散点图

散点图也叫 X-Y 图，它将所有的数据以点的形式展现在直角坐标系上，以显示变量之间的相互影响程度，点的位置由变量的数值决定。

通过观察散点图上数据点的分布情况，可以推断出变量间的相关性。如果变量之间不存在相互关系，那么在散点图上就会表现为随机分布的离散的点；如果存在某种相关性，那么大部分的数据点就会相对密集并以某种趋势呈现。数据的相关关系主要分为正相关（两个变量值同时增长）、负相关（一个变量值增加另一个变量值下降）、不相关、线性相关、指数相关等，表现在散点图上的大致分布如图 3-50 所示。那些离点集群较远的点称为离群点或者异常点。

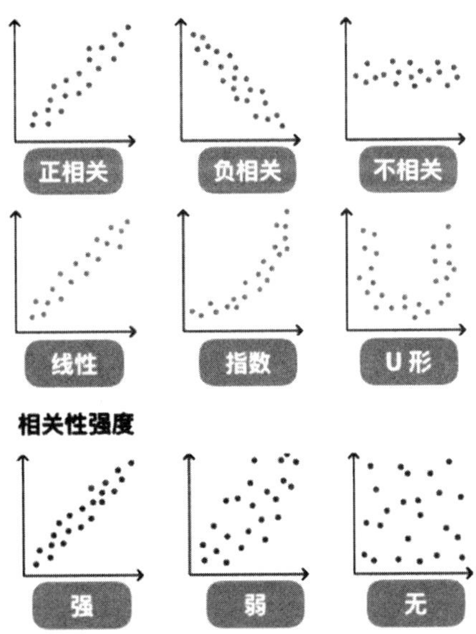

图 3-50　散点图数据分布

散点图经常与回归线（即最准确地贯穿所有点的线）结合使用，用于归纳分析现有数据以进行预测分析。

当变量之间存在密切关系，但是这些关系又无法用数学公式或物理公式准确表达时，散点图是一种很好的图形工具。但是在分析过程中需要注意，这两个变量之间的相关性并不等同于确定的因果关系，也可能需要考虑其他的影响因素。

2.散点图与其他图表的对比

(1)散点图和折线图

①适用场景

折线图可以显示随单位(如单位：时间)而变化的连续数据，因此非常适用于显示在相等时间间隔下数据的趋势。

散点图则显示若干数据系列中各数值之间的关系，或者将两组数绘制为横、纵坐标的一个系列。

②可视化表现

在折线图中，类别数据沿水平轴均匀分布，所有数据值沿垂直轴均匀分布，即折线图只有一个数据轴(即垂直轴)。

散点图有两个数值轴，沿水平轴(X 轴)方向显示一组数值数据，沿垂直轴(Y 轴)方向显示另一组数值数据。散点图将这些数值合并到单一数据点，并以不均匀间隔或簇显示它们。散点图通常用于显示和比较数值关系，例如科学、统计和工程领域的数据。

(2)散点图和气泡图

散点图和气泡图都是将两个字段映射到水平轴、垂直轴的位置上。散点图侧重于展示点之间的分布规律，而气泡图则是将数值映射到气泡的大小上，增加了一个维度的数据展示。

散点图可以展示成千上万个点的数据，而气泡图为了防止气泡的互相遮挡，需要根据画布的大小控制数据的规模。

延伸阅读

薪酬制度下的福利对员工的激励可以改善其工作状态、维持员工队伍稳定及提升其业绩等。公平、合理的薪酬福利管理可以有效地提高企业员工的工作积极性，让他们在感情上对企业产生依赖性和归属感，通过这种对企业所产生的经济依赖性，满足企业员工生活的需求及心理的需要。

任务实施

本任务为使用 Power BI 分析员工相关性。

1.工作级别与薪资的关系

(1)新建页，在“可视化”窗格选择“折线图”，将“JobLevel”(工作级别)拖至 X 轴，将“DailyRate”(日薪)拖至 Y 轴，如图 3-51 所示。

(2)将标题设置为“工作级别与日薪关系”，字号设置为“17”，位置设置为“居中显示”。

(3)将 X 轴值字号设置为“12”。

(4)将 Y 轴值字号设置为“12”，单位设置为“无”，标题文本设置为“日薪”。

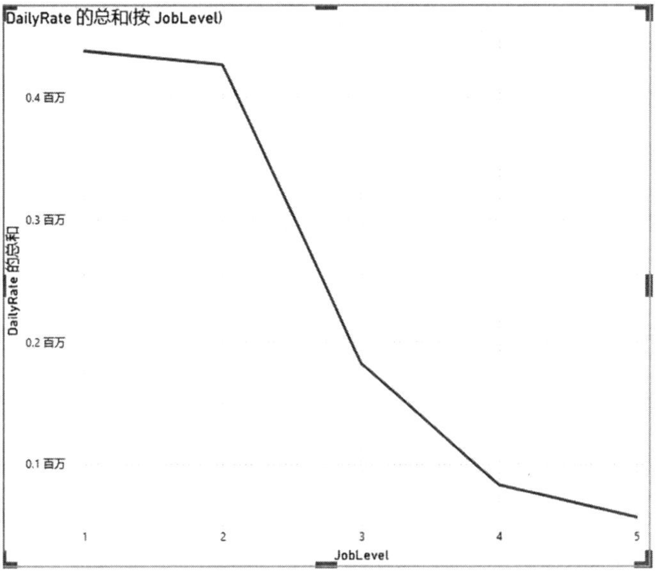

图 3-51 绘制折线图

(5)将“标记”选项设置为“打开”,形状设置为“正方形”,大小设置为“6”,颜色设置为“主题颜色 3 20%较浅”。

(6)将“数据”选择设置为“打开”,位置设为“高于”,值字号设置为“10”。设置完成后的最终效果如图 3-52 所示。

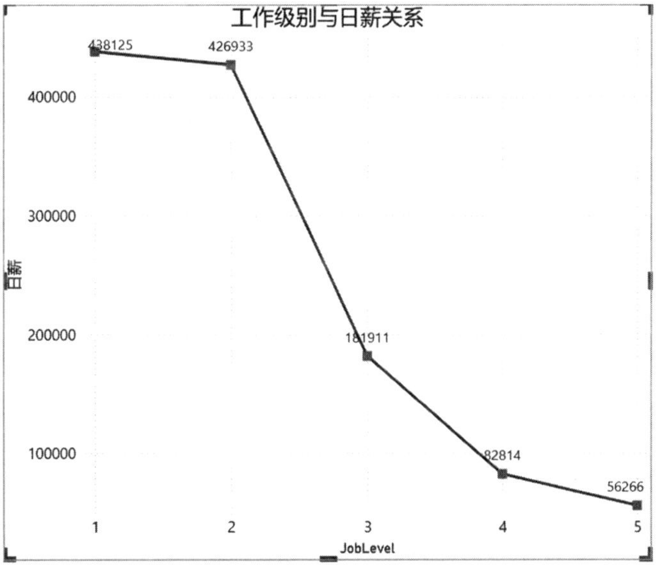

图 3-52 调整折线参数

参照上述步骤完成工作级别与时薪和月薪的可视化分析。

2.工作级别与时薪、月薪的对比关系

(1)在“可视化”窗格选择折线图。

(2)将“JobLevel”(工作级别)字段拖至 X 轴,将“HourlyRate”(时薪)字段拖至 Y 轴,如图 3-53 所示。

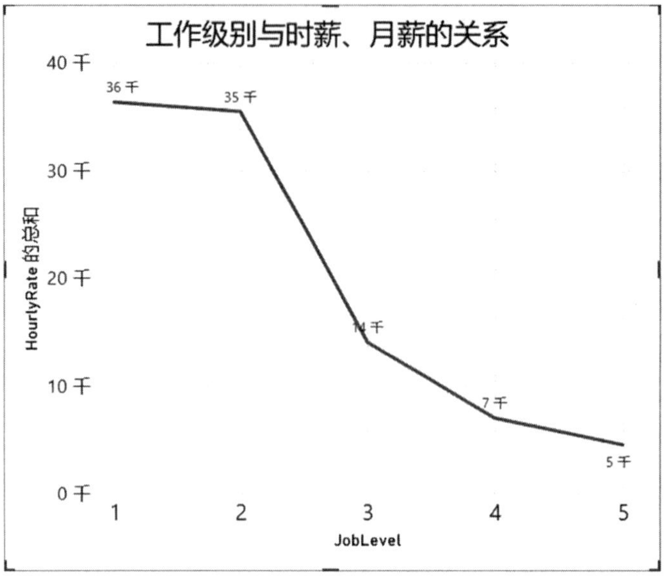

图 3-53　绘制折线图

将图表设置中辅助 Y 轴打开，将“MonthlyRate”（月薪）字段拖至辅助 Y 轴，如图3-54所示。

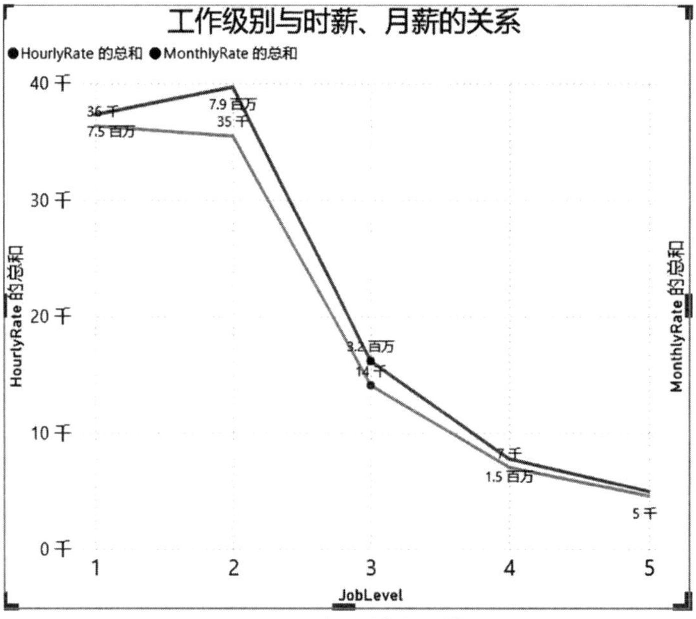

图 3-54　添加辅助 Y 轴

(3)调整折线图，对其格式进行如下操作：

①将标题设置为“工作级别与时薪、日薪的关系”，居中显示，字号设置为“17”。

②将 X 轴值字号设置为“14”，将 Y 轴字段值字号设置为“14”，单位设置为“千”，将辅助 Y 轴值字号设置为“14”，单位采用默认值。

③将数据标签选项设置为“打开”，值字号设置为“12”，将标记选项设置为“打开”。最终效果如图 3-55 所示。

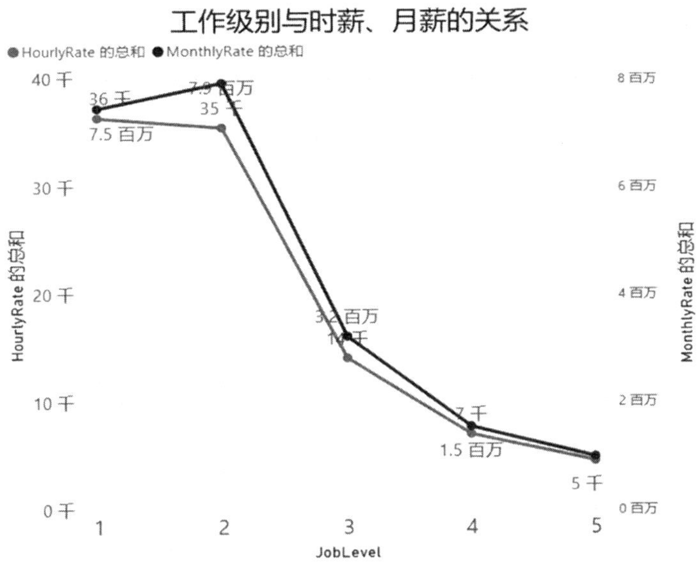

图 3-55 调整双折线设置效果

检 查

各自完成学习情境的任务并展示结果，介绍任务的完成情况。作品展示前应准备阐述材料，并完成自查。自查单见表 3-22。

表 3-22 自查单

学习情境 3.4	使用 Power BI 绘制相关性分析图		
检查项目	检查标准	分值	得分
折线图	能够完成对不同年龄段离职人数分析	20	
双轴折线图	能够完成对不同年龄段不同婚姻状况离职人数分析	20	
工作结果	将离职因素综合为一个看板	40	
合计		100	

学生展示过程中，以个人为单位，对任务结果进行互查。互查单见表 3-23。

表 3-23 互查单

学习情境 3.4		使用 Power BI 绘制相关性分析图							
评价项目	分值	等级				评价对象			
		优（100%）	良（80%）	中（60%）	差（40%）	1	2	3	4
计划合理	10								
方案准确	10								
工作质量	20								
工作效率	20								

（续表）

评价项目	分值	等级				评价对象			
		优 (100%)	良 (80%)	中 (60%)	差 (40%)	1	2	3	4
工作完整	10								
工作规范	10								
成果展示	20								
合计	100								

评 价

教师对学生的工作过程和工作结果进行综合评价，填写综合评价表，见表 3-24。

表 3-24　　综合评价表

学习情境 3.4		使用 Power BI 绘制相关性分析图		
评价项目		评价标准	分值	得分
考勤(20%)		无迟到、早退、旷课现象	20	
工作过程 (40%)	方案制作	能制订有效工作方案	10	
	工具运用	能有效使用相关工具	10	
	工作态度	态度端正、工作认真、积极向上	10	
	职业素养	一丝不苟、精益求精	10	
工作结果 (40%)	工作完整	能按时完成任务	10	
	工作质量	能按计划完成任务	10	
	材料准备	能准备成果展示所需要的材料	10	
	成果展示	能准确表达、汇报工作成果	10	

拓展思考

1.Power BI 的相关性分析图还有哪些？

2.尝试对员工工作满意度进行相关性分析。

模块四　使用 ECharts 实现数据可视化

学习情境 4.1　下载、安装并使用 ECharts

学习情境描述

开发部的王工经过查阅大量的资料，终于搞清楚了数据可视化技术及其相关的生态体系。经过深思熟虑，选择 ECharts 作为数据可视化的开发工具。当然，使用 ECharts 的前提是完成其下载及安装。

学习目标

➢ 知识目标

(1)了解 ECharts 的发展历程及应用。

(2)了解 ECharts 的特性。

➢ 能力目标

(1)能够通过官网下载 ECharts。

(2)能够安装并配置 ECharts。

(3)能够在不同的开发工具上创建 ECharts 应用项目。

➢ 素质目标

(1)培养勤于动手的能力。

(2)培养独立思考的能力。

学习任务

1.通过 ECharts 官网了解并下载 ECharts。

2.借助开发工具开发第一个 ECharts 程序。

资 讯

引导问题：

1.可以通过哪些方式获取 ECharts 开发包？

2.如何快速上手 ECharts？

计 划

1.制订工作方案(表 4-1)。

表 4-1 工作方案

步骤	工作内容
1	
2	
3	
4	
5	
6	
7	
8	

2.写出下载、安装及使用 ECharts 的关键步骤。

3.列出工具清单(表 4-2)。

表 4-2 工具清单

序号	工具名称	工具版本	备注

4.列出技术清单(表 4-3)。

表 4-3 技术清单

序号	技术名称	技术版本	备注

决 策

1.根据引导、构思、计划等,阐述自己的工作方案。

2.对其他工作方案提出不同看法。

3.教师根据完成情况进行点评,并选出最佳方案。

知识准备

1.ECharts 特性

ECharts 是一个使用 JavaScript 实现的开源可视化库,可以在 PC 端和移动端上流畅地运行,兼容当前绝大部分浏览器,底层依赖矢量图形库 ZRender,提供直观、交互丰富、可高度个性化定制的数据可视化图表。ECharts 除了拥有丰富的可视化类型特性之外,还具有以下具体的特性。

(1)千万数据的前端展现

通过增量渲染技术(4.0+),配合各种细致的优化,ECharts 能够展现千万级的数据量,并且在这个数据量级下依然能够进行流畅的缩放平移等交互。例如地理坐标数据,加载多少渲染多少,无须等待所有数据加载完再进行绘制。

(2)移动端优化

ECharts 针对移动端交互做了细致的优化，例如移动端小屏上适于用手指在坐标系中进行缩放、平移。PC 端也可以用鼠标在图中进行缩放(用鼠标滚轮)、平移等操作。细粒度的模块化和打包机制可以让 ECharts 在移动端也拥有很小的体积，可选的 SVG 渲染模块显著优化了移动端的内存占用问题。

(3)多渲染方案，跨平台使用

ECharts 支持以 Canvas、SVG(4.0+)、VML 的形式渲染图表。VML 可以兼容低版本 IE，SVG 使得移动端不再为内存担忧，Canvas 可以轻松应对大数据量和特效的展现。不同的渲染方式提供了更多选择，使得 ECharts 在各种场景下都有更好的表现。除了 PC 端和移动端的浏览器，ECharts 还能在 node 上配合 node-canvas 进行高效的服务端渲染(SSR)。从 ECharts 4.0 开始还实现了 ECharts 对微信小程序的适配。

(4)交互式数据深度探索

交互是从数据中发掘信息的重要手段，ECharts 提供了图例、视觉映射、数据区域缩放、tooltip、数据筛选等开箱即用的交互组件，可以对数据进行多维度数据筛取、视图缩放、展示细节等交互操作。

(5)多维数据的支持以及丰富的视觉编码手段

从 ECharts 3.0 开始，加强了对多维数据的支持。除了加入了平行坐标等常见的多维数据可视化工具外，对于传统的散点图等，传入的数据也可以是多个维度的。配合视觉映射组件 visualMap 提供的丰富的视觉编码，Echarts 能够将不同维度的数据映射到颜色、大小、透明度、明暗度等不同的视觉通道。

(6)动态数据

ECharts 由数据驱动，数据的改变又驱动图表展现的改变。因此，动态数据的实现也变得异常简单，只需获取数据，填入数据，ECharts 就会找到两组数据之间的差异，然后通过合适的动画去表现数据的变化。还可配合 timeline 组件，在更高的时间维度表现数据的信息。

(7)绚丽的特效

ECharts 为针对线数据、点数据等地理数据的可视化提供了引人注目的特效。

(8)通过 GL 实现更多更强大绚丽的三维可视化

ECharts 提供了基于 WebGL 的 ECharts GL，可以跟使用 ECharts 普通组件一样，使用 ECharts GL 轻松地绘制出三维的地球、建筑群、人口分布的柱形图。在此基础上，还提供了不同层级的画面配置项，通过几行配置就能得到艺术化的画面。

2.ECharts 基本使用

(1)获取 Apache ECharts

Apache ECharts 支持多种下载方式，本书以从 jsDelivr CDN 上获取为例，介绍如何快速安装。

打开 https://www.jsdelivr.com/package/npm/echarts，选择 dist/echarts.js，单击并保存为 echarts.js 文件。

(2)引入 Apache ECharts

在刚才保存 echarts.js 的目录下新建一个 index.html 文件，内容如下：

```
<! DOCTYPE html>
<html>
  <head>
    <meta charset="utf-8" />
    <! -- 引入刚刚下载的 ECharts 文件 -->
    <script src="echarts.js"></script>
  </head>
</html>
```

此时打开 index.html，会看到一片空白。不要担心，若打开控制台确认没有报错信息，就可以进行下一步操作。

(3)绘制一个简单的图表

在绘图前需要为 ECharts 准备一个定义了高宽的 DOM 容器。在刚才代码的“</head>”之后，添加如下代码：

```
<body>
    <! -- 为 ECharts 准备一个定义了宽高的 DOM -->
    <div id="main" style="width: 600px;height:400px;"></div>
</body>
```

然后就可以通过 echarts.init ( )方法初始化一个 echarts 实例，并通过 setOption ( )方法生成一个简单的柱形图，完整代码如下：

```
<! DOCTYPE html>
<html>
  <head>
    <meta charset="utf-8" />
    <title>ECharts</title>
    <! -- 引入刚刚下载的 ECharts 文件 -->
    <script src="echarts.js"></script>
  </head>
  <body>
    <! -- 为 ECharts 准备一个定义了宽高的 DOM -->
    <div id="main" style="width: 600px;height:400px;"></div>
    <script type="text/javascript">
      // 基于准备好的 dom，初始化 echarts 实例
      var myChart = echarts.init(document.getElementById('main'));

      // 指定图表的配置项和数据
      var option = {
        title: {
          text: 'ECharts 入门示例'
        },
        tooltip: {},
        legend: {
```

```
            data: ['销量']
          },
          xAxis: {
            data: ['衬衫', '羊毛衫', '雪纺衫', '裤子', '高跟鞋', '袜子']
          },
          yAxis: {},
          series: [
            {
              name: '销量',
              type: 'bar',
              data: [5, 20, 36, 10, 10, 20]
            }
          ]
        };

        // 使用刚指定的配置项和数据显示图表。
        myChart.setOption(option);
      </script>
    </body>
  </html>
```

这样第一个图表就诞生了,如图 4-1 所示。

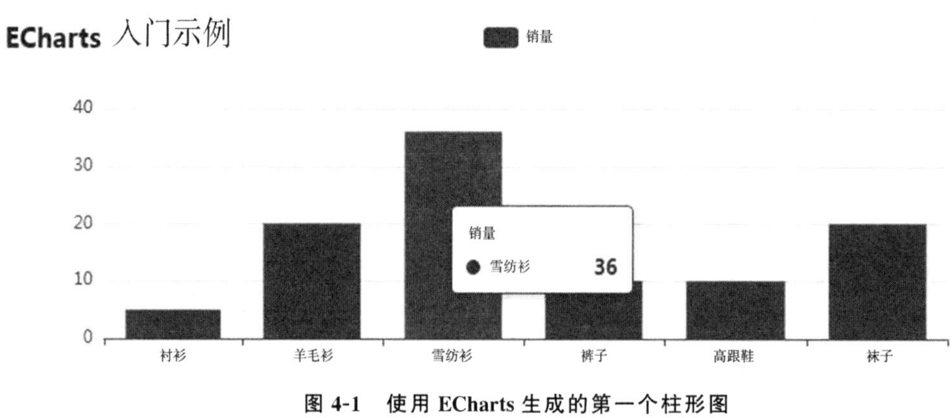

图 4-1　使用 ECharts 生成的第一个柱形图

延伸阅读

ECharts 由百度技术团队开发,后面捐赠给 Apache 软件基金会,成为 ASF 孵化级项目,2021 年成为 Apache 顶级项目,目前在全世界得到了广泛应用。

Apache 软件基金会作为全球最著名的开源软件组织之一,在开源界有着举足轻重的地位,其开源项目在不同领域都有着重要的应用价值,为各种类型的应用程序提供了可靠的解决方案。在 Apache 软件基金会(https://www.apache.org/)所列举的开源项目中,除了 ECharts,还有以下项目也是由中国技术团队研发。

Apache Kylin：一个开源的分布式分析引擎，提供 Hadoop 之上的 SQL 查询接口及多维分析能力以支持超大规模数据，能在亚秒内查询巨大的 Hive 表。

Apache Dubbo：一款高性能、轻量级的 Java RPC 框架，提供了六大核心能力，分别是面向接口代理的高性能 RPC 调用、智能容错和负载均衡、服务自动注册和发现、高度可扩展能力、运行期流量调度和可视化的服务治理与运维。

Apache RocketMQ：一款低延迟、高并发、高可用、高可靠的分布式消息中间件，既可为分布式应用系统提供异步解耦和削峰填谷的能力，同时也具备互联网应用所需的海量消息堆积、高吞吐、可靠重试等特性。

Apache Pulsar：多租户可扩展的消息传递系统，集消息、存储、轻量化函数式计算为一体，采用计算与存储分离架构设计，支持多租户、持久化存储、多机房跨区域数据复制，是云原生时代实时消息流传输、存储和计算最佳解决方案。

Apache SkyWalking：针对分布式系统的应用性能监控系统，特别针对微服务、cloud native 和容器化（Docker、Kubernetes、Mesos）架构，其核心是个分布式追踪系统。

Apache bRPC：用 C++ 语言编写的工业级 RPC 框架，常用于搜索、存储、机器学习、广告、推荐等高性能系统。

Apache SeaTunnel：一款高性能、分布式、海量数据集成解决方案工具。

Apache Linkis：大数据计算中间件，用于解决前台各种工具、应用，与后台各种计算存储引擎间的连接、访问和复用问题。

Apache ShardingSphere：关系型数据库中间件，旨在充分合理地在分布式的场景下利用关系型数据库的计算和存储能力，而非实现一个全新的关系型数据库。

Apache IoTDB：聚焦工业物联网、高性能轻量级的时序数据管理系统，具有体量轻、性能高、易使用的特点，完美对接 Hadoop 与 Spark 生态。

Apache CarbonData：一个用于大规模数据存储和分析的高性能列式存储引擎，旨在为大规模数据提供高效的查询和分析能力，支持快速的数据加载和查询，并提供索引、数据压缩和数据分区等高级功能。

Apache DolphinScheduler：一个分布式易扩展的可视化 DAG 工作流任务调度系统。适用于企业级场景，用于提供包含可视化操作任务、工作流和全生命周期数据处理过程的解决方案。

Apache APISIX：一个动态、实时、高性能的云原生 API 网关，提供了负载均衡、动态上游、灰度发布、服务熔断、身份认证、可观测性等丰富的流量管理功能。

这些项目也证明了中国开发者已经从开源软件的使用者成长为开源项目的贡献者、主导者，是中国软件业跃上世界舞台的体现，表明中国制造业、软件业经过飞速发展，取得了令人瞩目的成就。

任务实施

本任务为在 Visual Studio Code（以下简称 VS Code）上开发第一个 ECharts 应用。

1.下载文件

通过官网下载 echarts.min.js 文件，具体步骤如下：

在浏览器地址栏中输入“https://echarts.apache.org/”,打开 ECharts 的主页面,如图 4-2 所示。

图 4-2 ECharts 主页面

单击“下载”,在下载页面会看到“在线定制”按钮,如图 4-3 所示。

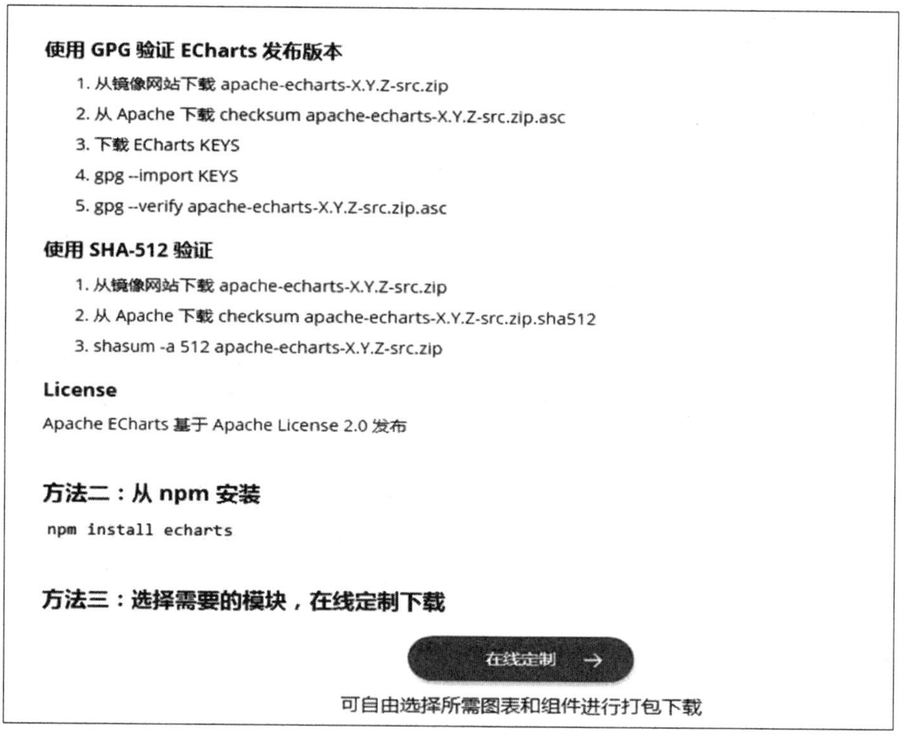

图 4-3 下载页面

单击“在线定制”按钮,进入在线定制页面,滑动滚动条到页面底部,如图 4-4 所示。

勾选图 4-4 中的所有复选框,然后单击“下载”按钮,进入 Building 页面加载库文件,如图 4-5 所示。

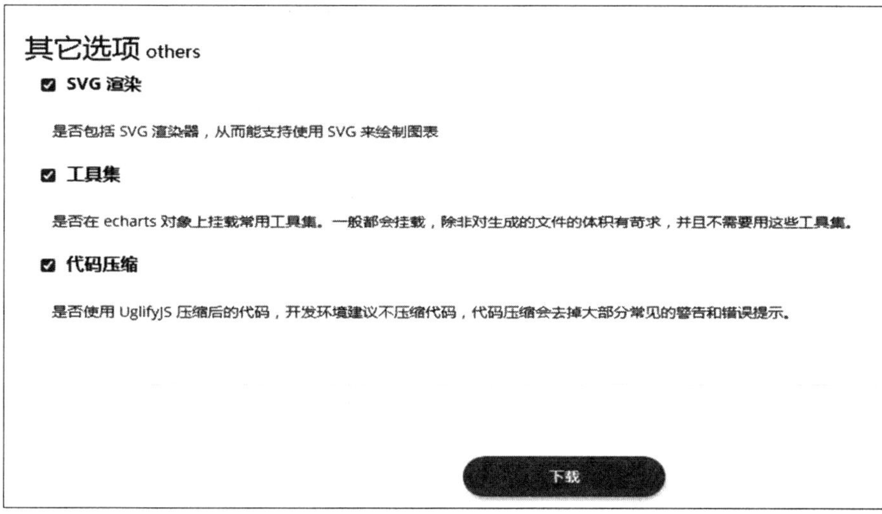

图 4-4 在线定制页面

图 4-5 Building 页面

加载成功后，浏览器会自动下载 echarts.min.js 文件，将其保存在系统默认下载目录中。这样就获取到了开发 ECharts 应用所需要的 Echarts 库文件。

2.创建文件夹

在计算机的某个盘下创建一个文件夹，命名为"HelloWorld"，然后右击该文件夹，选择

“Open with Code”(前提需要在计算机中安装 VS Code 软件，具体下载安装这里不作介绍)。然后在 VS Code 左侧的面板上，找到“HelloWorld”，在其之下再创建一个文件夹，命名为“lib”，然后将刚才下载的 echarts.min.js 文件放到该 lib 文件夹中。这样 VS Code 中的 ECharts 环境就搭建好了。

在 HelloWorld 下创建 helloEcharts.html 文件，具体代码如下：

```
<!DOCTYPE html>
<html lang="en">
<head>
    <meta charset="UTF-8">
    <meta name="viewport" content="width=device-width, initial-scale=1.0">
    <meta http-equiv="X-UA-Compatible" content="ie=edge">
    <title>Document</title>
    <!--
        步骤 1：引入 echarts.js 文件
        步骤 2：准备一个呈现图表的盒子
        步骤 3：初始化 echarts 实例对象
        步骤 4：准备配置项
        步骤 5：将配置项设置给 echarts 实例对象
    -->
    <!--步骤 1：引入 echarts.js 文件-->
    <script src="lib/echarts.min.js"></script>
</head>
<body>
    <!--步骤 2：准备一个呈现图表的盒子-->
    <div style="width: 600px; height: 400px;"></div>
    <script>
        //步骤 3：初始化 echarts 实例对象
        var myCharts = echarts.init(document.querySelector('div'))
        //步骤 4：准备配置项
        var option = {
            xAxis: {
                type: 'category',
                data: ['一季度', '二季度','三季度','四季度']
            },
            yAxis: {
                type: 'value'
            },
            series: [
                {
                    name: '产量',
```

```
                    type: 'line',
                    data: [86,53,120,78]
                }
            ]
        }
        //步骤 5:将配置项设置给 echarts 实例对象
        myCharts.setOption(option)
    </script>
</body>
</html>
```

运行结果如图 4-6 所示。

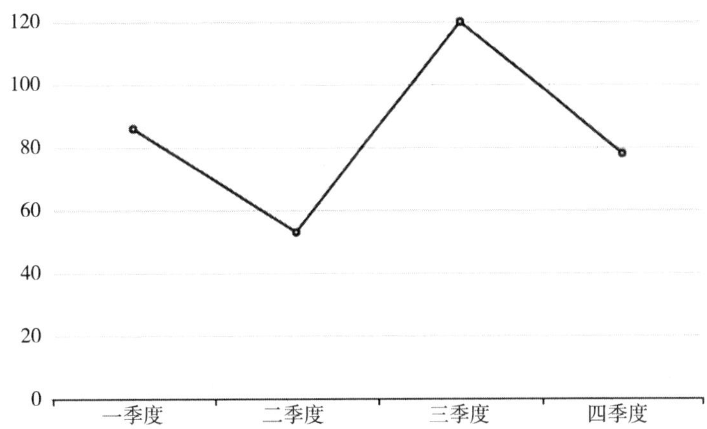

图 4-6　代码运行生成的折线图

检　查

各自完成学习情境的任务并展示结果，介绍任务的完成情况。作品展示前应准备阐述材料，并完成自查。自查单见表 4-4。

表 4-4　自查单

学习情境 4.1	下载、安装并使用 ECharts		
检查项目	检查标准	分值	得分
信息检索	能够通过官网获取 ECharts 的相关信息	20	
下载安装	能够正确下载并安装 ECharts	20	
工具使用	能够将 ECharts 集成到特定开发工具中	20	
工作结果	能够开发第一个可运行的 ECharts 程序	40	
合计		100	

学生展示过程中,以个人为单位,对任务结果进行互查。互查单见表 4-5。

表 4-5 互查单

学习情境 4.1		下载、安装并使用 ECharts							
评价项目	分值	等级				评价对象			
		优 (100%)	良 (80%)	中 (60%)	差 (40%)	1	2	3	4
计划合理	10								
方案准确	10								
工作质量	20								
工作效率	20								
工作完整	10								
工作规范	10								
成果展示	20								
合计	100								

评 价

教师对学生的工作过程和工作结果进行综合评价,填写综合评价表,见表 4-6。

表 4-6 综合评价表

学习情境 4.1		下载、安装并使用 ECharts		
评价项目		评价标准	分值	得分
考勤(20%)		无迟到、早退、旷课现象	20	
工作过程 (40%)	方案制作	能制订有效工作方案	10	
	工具运用	能有效使用相关工具	10	
	工作态度	态度端正、工作认真、积极向上	10	
	职业素养	一丝不苟、精益求精	10	
工作结果 (40%)	工作完整	能按时完成任务	10	
	工作质量	能按计划完成任务	10	
	材料准备	能准备成果展示所需要的材料	10	
	成果展示	能准确表达、汇报工作成果	10	

拓展思考

1.ECharts 的应用领域有哪些?

2.尝试阅读 ECharts 源代码。

3.如何理解 ECharts 的诸多特性?

学习情境 4.2　绘制可视化图形

学习情境描述

体验到使用 ECharts 输出折线图后，王工对 ECharts 可编程的图形输出方式非常感兴趣。虽然已经通过简单的步骤在浏览器上生成了一幅图，但是对于其方法调用和参数配置仍旧不明其理。在后续项目中，王工不仅需要在浏览器上根据设计要求生成折线图，还要生成其他的基础图形和更复杂的图形。于是，王工想在此基础上，进一步学习 ECharts 相关知识。

学习目标

➢ 知识目标

(1)了解 ECharts 的基本架构。

(2)了解 ECharts 的基本配置。

➢ 能力目标

(1)能够通过官网学习和配置 ECharts 应用。

(2)能够根据需要在浏览器上输出相应图形。

(3)能够学习和借鉴优秀的 ECharts 案例。

➢ 素质目标

(1)培养软件开发的职业素养。

(2)培养精益求精的工匠精神。

学习任务

1.通过 ECharts 官网学习和开发 ECharts 基本图形。

2.能够使用 ECharts 提供的常用组件开发各种图形。

资　讯

引导问题：

1.ECharts 作为浏览器上输出图表的可视化图表库，其基本架构是什么？

____

____

2.如何开发并在浏览器上输出基本的图表？不同图表之间的差异如何体现？

____

____

计 划

1.制订工作方案(表 4-7)。

表 4-7 工作方案

步骤	工作内容
1	
2	
3	
4	
5	
6	
7	
8	

2.写出开发 ECharts 基本图形的关键步骤。

3.列出工具清单(表 4-8)。

表 4-8 工具清单

序号	工具名称	工具版本	备注

4.列出技术清单(表 4-9)。

表 4-9 技术清单

序号	技术名称	技术版本	备注

决 策

1.根据引导、构思、计划等,阐述自己的工作方案。

2.对其他人的工作方案提出自己不同的看法。

3.教师根据完成情况进行点评,并选出最佳方案。

知识准备

1.ECharts 基本架构

DIV 和 CSS 只能画出简单的图形,当需要画出比较复杂的可视化图形时,有两种技术解决方案:Canvas 和 SVG。Canvas 是基于像素点的画图技术,通过各种不同的画图函数,即可在 Canvas 这块画布上任意作画;而 SVG 是基于对象模型的画图技术,通过若干标签组合为一个图表,其特点是高保真,图表随大小变化重新计算。ECharts 基于 Canvas 技术进行图表绘制,准确地说,ECharts 的底层依赖于轻量级的 Canvas 类库 ZRender。ZRender 通过 Canvas 绘图时会调用 Canvas 的一些接口。通常情况下,使用 ECharts 开发图表时,并不会直接涉及类库 ZRender。

ECharts 基本架构如图 4-7 所示。可以看出,ECharts 在 ZRender 基础上有三个模块,分别是组件、图类和接口。

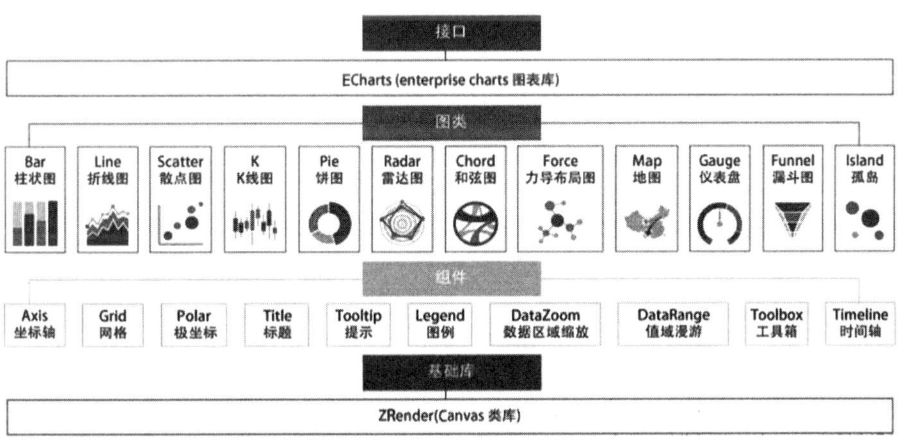

图 4-7 ECharts 基本架构

2.Echarts 的相关配置

通过 Echarts 实现图表显示,最关键的是了解 Option 中的各种配置项。这里介绍部分配置项。

(1)titile:标题组件,包含主标题和副标题。

在 ECharts 2.x 中,单个 ECharts 实例最多只能拥有一个标题组件,但是在 ECharts 3.x

中可以存在任意多个标题组件。该组件中可以设定的属性有 id(组件 ID)、show(是否显示标题组件)、text(主标题文本)、target(指定窗口打开主标题超链接)等。

(2)legend：图例组件，展现了不同系列的标记(symbol)、颜色和名字，可以通过单击图例实现不显示哪些系列。

在 ECharts 3.x 中，单个 Echarts 实例中可以存在多个图例组件，会方便多个图例的布局。该组件中可以设定的属性有 type(图例的类型)、show(是否显示图例)、zlevel(所有图形的 zlevel 值)、left(图例组件离容器左侧的距离)、top(图例组件离容器上侧的距离)等。

(3)grid：直角坐标系内绘图网格组件。

一般情况下，单个 grid 组件内最多可以放置上下两个 X 轴，左右两个 Y 轴。在 ECharts 2.x 中，单个 Echarts 实例中最多只能存在一个 grid 组件，在 ECharts 3.x 中，可以存在任意个 grid 组件。该组件中可以设定的属性有 show(是否显示直角坐标系网格)、zlevel(所有图形的 zlevel 值)、z(组件的所有图形的 z 值)、left(grid 组件离容器左侧的距离)、top(grid 组件离容器上侧的距离)等。

(4)xAxis：直角坐标系 grid 中的 X 轴组件。

一般情况下，单个 grid 组件最多只能放上下两个 X 轴，多于两个 X 轴需要通过配置 offset 属性防止同个位置多个 X 轴的重叠。该组件中可以设定的属性有 show(是否显示 X 轴)、gridIndex(X 轴所在的 grid 的索引)、position(X 轴的位置)、offset(X 轴相对于默认位置的偏移)等。

(5)yAxis：直角坐标系 grid 中的 Y 轴组件。

一般情况下，单个 grid 组件最多只能放左右两个 Y 轴，多于两个 Y 轴需要通过配置 offset 属性防止同个位置多个 Y 轴的重叠。该组件中可以设定的属性有 show(是否显示 Y 轴)、gridIndex(Y 轴所在的 grid 的索引)、position(Y 轴的位置)、offset(Y 轴相对于默认位置的偏移)、type(坐标轴类型)等。

(6)dataset：数据集组件，用于单独的数据集声明，以便数据可以单独管理，被多个组件复用，并且可以自由指定数据到视觉的映射。

该组件中可以设定的属性有 source(原始数据)、dimensions(定义维度信息)、transform(数据变换)等。

(7)tooltip：提示框组件，可以设置在多种地方，可以设置在全局、坐标系中、系列中，以及系列的每个数据项中。

该组件中可以设定的属性有：show(是否显示提示框组件)、trigger(触发类型)、axisPointerObject(坐标轴指示器配置项)、showContent(是否显示提示框浮层)等。

(8)darkMode：暗黑模式组件，默认会根据背景色(backgroundColor)的亮度自动设置。

如果因设置了容器的背景色而无法判断到，可以使用该配置手动指定，Echarts 会根据是否是暗黑模式调整文本等的颜色。

(9)color：调色盘颜色列表。

如果系列没有设置颜色，那么会依次循环从该列表中取颜色作为系列颜色。默认为：['#5470c6','#91cc75', '#fac858', '#ee6666', '#73c0de', '#3ba272', '#fc8452', '#9a60b4',

'#ea7ccc']。

其他配置项可参考官方文档中的配置项手册。在实际开发中,可以根据不同的要求,使用不同的配置项。有些配置项对所有的图表开发都是通用的,例如,title、tooltip、toolbox 和 legend 等。

延伸阅读

舞动数据之美,ECharts 成长记

在当今大数据时代,数据量呈现爆炸式增长,借助数据可视化工具,能够清晰了解事物发展过程和趋势。在 2012 年左右,随着 Flash 技术的没落,百度需要一个新的技术来更新各种报表,以满足其内部的商业报表需求,这就是 ECharts 诞生的起点。虽然当时国外也有很多的图表库,但在各种细节、特性,例如交互、大数据、中文等方面还不够完善,这就给 ECharts 带来了很好的机会。

在 ECharts 版本迭代过程中,也有多个标志性事件。在 2.0 版本中,ECharts 第一次有了自己的 Logo,是一个小鲸鱼的形象,寓意是在数据海洋中遨游。在 2.0 版本发布半年后,ECharts 在 Github 中的星数突破 5 000。在 3.0 版本中,开发团队进行了版本重写,可以说是 ECharts 的蝶变重生。在 4.0 版本中,又增加了 dataset 组件和增量渲染,使其支持的数量级从过去的十万增加到千万。

ECharts 在积累大量用户的同时,也在不断地解决用户所提出的各种问题。ECharts 团队成员也会经常与高校和学术界沟通、交流,并将一些比较好的特性引入 ECharts,以此不断完善其功能,满足更多用户需求。

ECharts 早在 1.0 版本发布时就已经在 Github 上开源。但直到 2018 年 1 月,ECharts 正式加入 Apache 开源基金会开始孵化,才真正开始重视社区发展以及开源生态建设。随后,通过持续地更新、升级,ECharts 逐渐成为数据可视化领域的一颗耀眼的星星。

任务实施

本任务为使用 ECharts 在浏览器上实现可视化图形的输出。

1.绘制柱形图

X 轴数据:['小明', '小晨', '小华','小雪','小丽', '小飞,'小米', '小航']。

Y 轴数据:[78,93,85,74,61,88,70,98]。

图表类型:在 series 下设置 type 为 bar。

具体代码如下:

```
<! DOCTYPE html>
<html lang="en">
<head>
    <meta charset="UTF-8">
    <meta name="viewport" content="width=device-width, initial-scale=1.0">
    <title>Document</title>
    <! --
```

```
        步骤 1:引入 echarts.js 文件
        步骤 2:准备一个呈现图表的盒子
        步骤 3:初始化 echarts 实例对象
        步骤 4:准备配置项
        步骤 5:将配置项设置给 echarts 实例对象
    -->
    <! --步骤 1:引入 echarts.js 文件-->
    <script type="text/javascript" src="lib/echarts.min.js"></script>
</head>
<body>
    <! --步骤 2:准备一个呈现图表的盒子-->
    <div style="width:600px; height:400px"></div>
    <script>
        //步骤 3:初始化 echarts 实例对象
        var myCharts = echarts.init(document.querySelector("div"))
        var xDataArr = ['小明', '小晨', '小华', '小雪', '小丽', '小飞', '小米', '小航']
        var yDataArr = [78,93,85,74,61,88,70,98]
        //步骤 4:准备配置项
        var option = {
            xAxis:{
                type:'category',
                data:xDataArr
            },
            yAxis:{
                type:'value'
            },
            series:[
                {
                    name:'成绩',
                    type:'bar',
                    data:yDataArr

                }
            ]
        }
        //步骤 5:将配置项设置给 echarts 实例对象
        myCharts.setOption(option)
    </script>
</body>
</html>
```

运行代码,结果如图 4-8 所示。

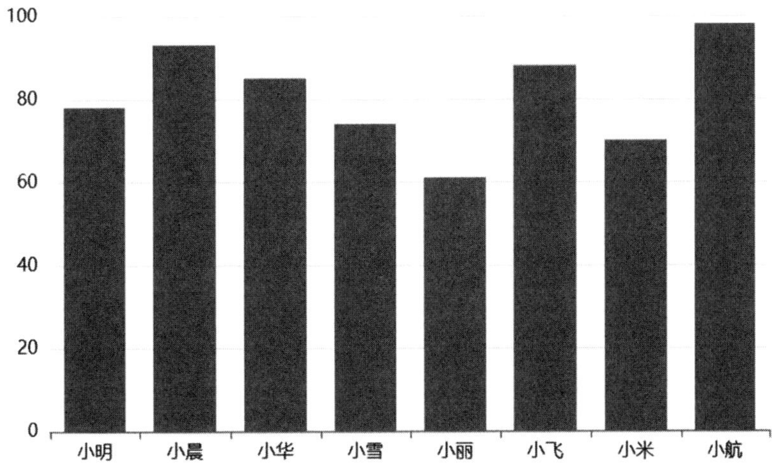

图 4-8　成绩柱形图

从上述代码可以看出，成绩柱形图的生成同样需要 5 个步骤。在这 5 个步骤中，生成什么类型的图、有哪些参数要求等，都需要在步骤 4“准备配置项”中进行指定。在成绩柱形图中，X 轴是类别数据，所以 xAxis 中指定其类型(type)为 'category'，Y 轴为数量值，所以 yAxis 中指定其类型(type)为'value'，Y 轴上具体显示的数据来自 series。

接下来，在该柱形图中实现一些常见的效果。

首先，在该柱形图中标记最大值、最小值和平均值。在 series 中增加如下代码：

```
markPoint:{
    data:[
        {
            type:'max',name:'最大值'
        },{
            type:'min',name:'最小值'
        }
    ]
},
markLine:{
    data:[
        {
            type:'average',name:'平均值'
        }
    ]
}
```

markPoint 用以标记最大值和最小值，markLine 用以标记平均值。在语法上，markPoint 和 markLine 均为对象，其内部通过 data 数组实现具体配置。

然后，在柱形图中实现数值显示，以及柱的宽度调整。在 series 中继续增加如下代码：

```
label:{
    show:true,
    rotate:60,
    position:'inside'
},
barWidth:'50%'
```

最后,实现横向柱形图的显示,修改代码如下:

```
xAxis:{
    type:'value'
},
yAxis:{
    type:'category',
    data:xDataArr
},
```

最终的显示效果如图 4-9 所示。

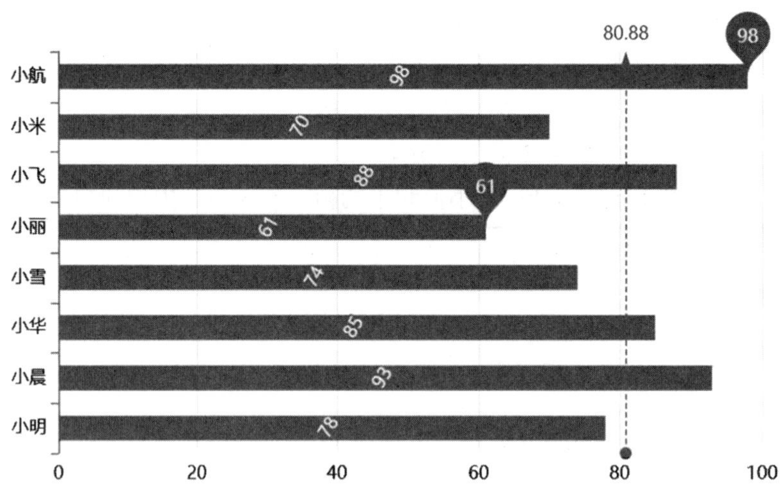

图 4-9 增加常见效果后的成绩柱形图

可以看出,柱形图描述的是分类数据,呈现的是每个类别中的数量多少,通过柱形图可以很清晰地看出每个分类数据的排名情况。

2.绘制折线图

某超市一年内的啤酒销量见表 4-10。根据该表,绘制折线图。

表 4-10 啤酒销量表

月份	1月	2月	3月	4月	5月	6月	7月	8月	9月	10月	11月	12月
销量	2 950	2 600	1 500	1 300	1 800	1 700	2 200	2 300	2 450	1 800	1 200	1 000

X 轴数据:['1 月','2 月','3 月','4 月','5 月','6 月','7 月','8 月','9 月','10 月','11 月','12 月']。

Y 轴数据:[2950,2600,1500,1300,1800,1700,2200,2300,2450,1800,1200,1000]。

图表类型:在 series 下设置 type 为 line。

具体代码如下：

```
<! DOCTYPE html>
<html lang="en">
<head>
    <meta charset="UTF-8">
    <meta name="viewport" content="width=device-width, initial-scale=1.0">
    <title>Document</title>
    <! --
        步骤 1:引入 echarts.js 文件
        步骤 2:准备一个呈现图表的盒子
        步骤 3:初始化 echarts 实例对象
        步骤 4:准备配置项
        步骤 5:将配置项设置给 echarts 实例对象
    -->
    <! --步骤 1:引入 echarts.js 文件-->
    <script type="text/javascript" src="lib/echarts.min.js"></script>
</head>
<body>
    <! --步骤 2:准备一个呈现图表的盒子-->
    <div style="width:600px; height:400px"></div>
    <script>
        //步骤 3:初始化 echarts 实例对象
        var myCharts = echarts.init(document.querySelector("div"))
        var xDataArr = ['1 月','2 月','3 月','4 月','5 月','6 月','7 月','8 月','9 月','10 月','11 月','12 月']
        var yDataArr = [2950,2600,1500,1300,1800,1700,2200,2300,2450,1800,1200,1000]
        //步骤 4:准备配置项
        var option = {
            xAxis:{
                type:'category',
                data:xDataArr
            },
            yAxis:{
                type:'value'
            },
            series:[
                {
                    name:'啤酒销量',
                    data:yDataArr,
                    type:'line'
                }
            ]
        }
        //步骤 5:将配置项设置给 echarts 实例对象
```

```
            myCharts.setOption(option)
        </script>
    </body>
    </html>
```

运行代码,结果如图 4-10 所示。

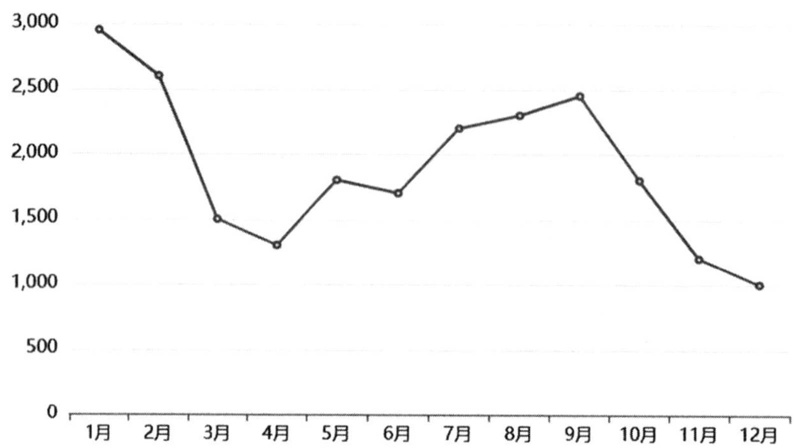

图 4-10 啤酒销量折线图

接下来,在该折线图中实现一些常见的效果。

首先,在该折线图中标记最大值、最小值、平均值和标注区间,在 series 中添加如下代码:

```
markPoint:{
    data:[
        {
            type:'max'
        },{
            type:'min'
        }
    ]
},
markLine:{
    data:[
        {
            type:'average'
        }
    ]
},
markArea:{
    data:[
        [{xAxis:'3 月'},{xAxis:'4 月'}],[{xAxis:'8 月'},{xAxis:'9 月'}]
    ]
}
```

其次，实现线条的平滑和风格控制，在 series 中添加如下代码：

```
smooth:true,
lineStyle:{
    color:'green',
    type:'dotted' //可选值有:solid dashed dotted
}
smooth 实现线条的平滑,lineStyle 中的 color 指定线条的颜色,type 指定线条的类型。
```

最后，实现填充风格。在 series 中添加如下代码：

```
areaStyle:{
    color:'purple'
}
```

最终效果如图 4-11 所示。

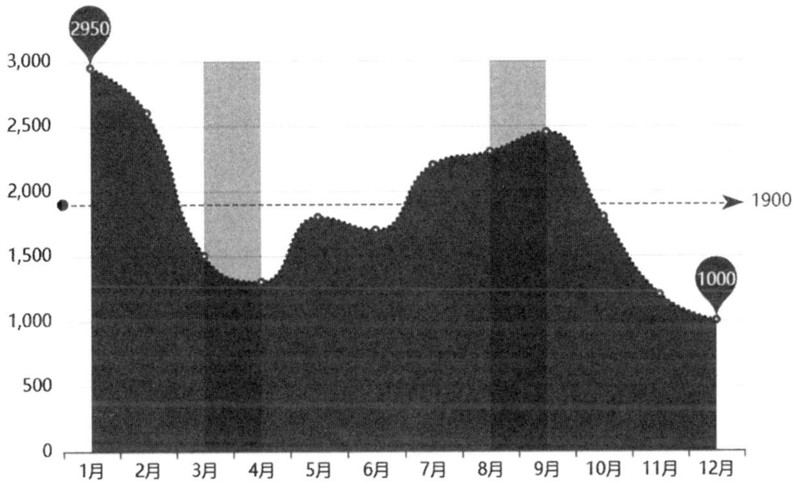

图 4-11　增加常见效果的啤酒销量折线图

如果想让 X 轴中的第一个数据紧贴 Y 轴，那么可在 xAxis 中增加如下代码：

```
boundaryGap:false
```

如果想让 Y 轴不从 0 开始，脱离 0 值比例，那么可在 yAxis 中增加如下代码：

```
scale:true
```

可以看出，折线图适合于呈现随时间而变化的数据。

3.绘制散点图

绘制展示身高和体重变化关系的散点图。

X 轴和 Y 轴的数据是一个二维数组，具体可参考"Echarts 官网"→"示例"→"散点图"→"男性女性身高体重分布"中的数据，基本结构为：

```
数组:[[身高 1, 体重 1],[身高 2, 体重 2], ……]
```

图表类型：在 series 下设置 type 为 scatter，xAxis 和 yAxis 的 type 都要设置为 value。

具体代码如下：

```
<! DOCTYPE html>
<html lang="en">
<head>
    <meta charset="UTF-8">
    <meta name="viewport" content="width=device-width, initial-scale=1.0">
    <title>Document</title>
    <! --
        步骤 1:引入 echarts.js 文件
        步骤 2:准备一个呈现图表的盒子
        步骤 3:初始化 echarts 实例对象
        步骤 4:准备配置项
        步骤 5:将配置项设置给 echarts 实例对象
    -->
    <! --步骤 1:引入 echarts.js 文件-->
    <script type="text/javascript" src="lib/echarts.min.js"></script>
</head>
<body>
    <! --步骤 2:准备一个呈现图表的盒子-->
    <div style="width:600px; height:400px"></div>
    <script>
        var axisData = [[161.2, 51.6], [167.5, 59.0], [159.5, 49.2], [157.0, 63.0], [155.8,
53.6],……//此处省略
            ]
        //步骤 3:初始化 echarts 实例对象
        var myCharts = echarts.init(document.querySelector("div"))
        //步骤 4:准备配置项
        var option = {
            xAxis:{
                type:'value'
            },
            yAxis:{
                type:'value'
            },
            series:[
                {
                    type:'scatter',
                    data:axisData
                }
            ]
        }
        //步骤 5:将配置项设置给 echarts 实例对象
        myCharts.setOption(option)
```

```
    </script>
  </body>
</html>
```

运行效果如图 4-12 所示。

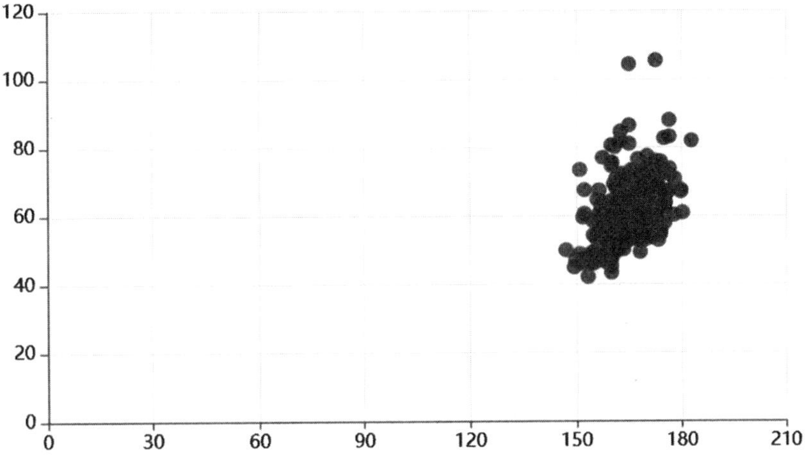

图 4-12　身高体重散点图

通过该图可以发现，虽然运行代码生成了身高和体重的散点图，但是散点显示偏向右上角(这是因为 X 轴和 Y 轴都是从 0 开始)，这样不太美观，需要进行调整。在 xAxis 和 yAxis 中分别加入如下代码：

```
scale:true
```

重新运行后的效果如图 4-13 所示。

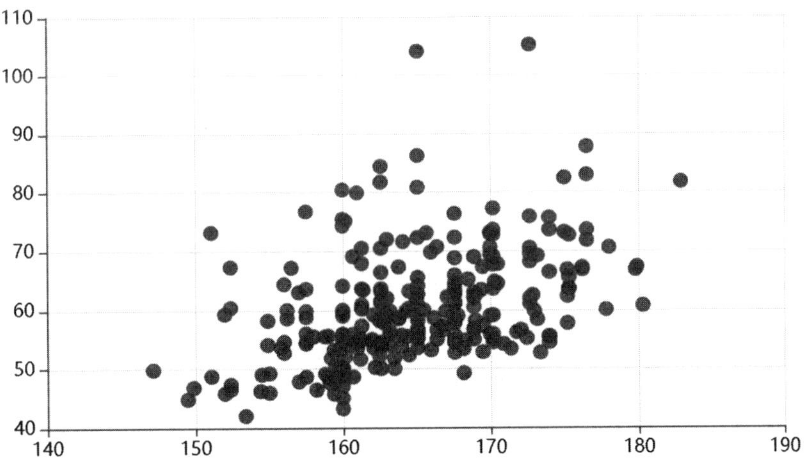

图 4-13　调整后的身高体重散点图

从散点图可以看出，身高和体重呈现正相关关系，身高越高，体重越重。

接下来，在该散点图中实现一些常见的效果。

首先，实现气泡图的效果。不同的散点大小及颜色可以不同。在 series 中增加如下代码：

```
    //symbolSize:10
    symbolSize:function(arg){
        var height = arg[0] / 100
        var weight =  arg[1]
        //BMI=体重(千克)/(身高(米) * 身高(米)),如果 BMI 大于 28,就代表肥胖
        var bmi = weight / (height * height)
        if (bmi > 28){
            return 20
        }
        return 10
    },
    itemStyle:{
        //color:'green'
        color:function(arg){
            var height = arg.data[0] / 100
            var weight =  arg.data[1]
            //BMI=体重(千克)/(身高(米) * 身高(米)),如果 BMI 大于 28,就代表肥胖
            var bmi = weight / (height * height)
            if (bmi > 28){
                return 'red'
            }
            return 'green'
        }
    }
```

运行效果如图 4-14 所示。

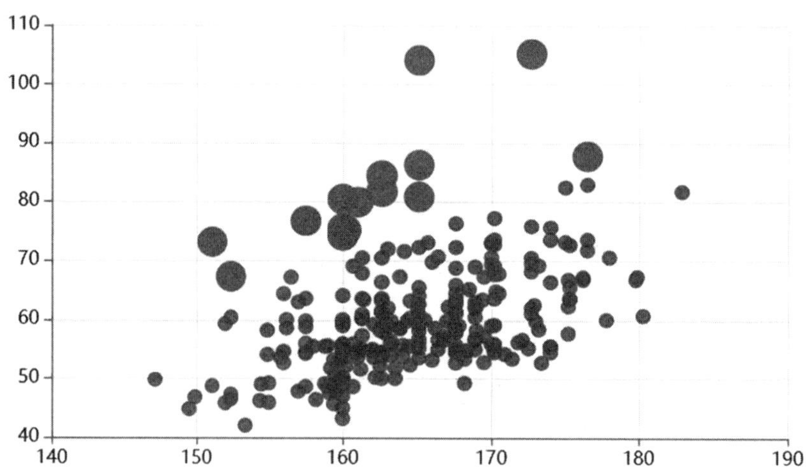

图 4-14　身高体重气泡图

上面代码中的“symbolSize”用于指定散点的大小，“itemStyle”用于指定散点的颜色。

然后，在此基础上，实现涟漪动画效果。具体是将 series 中的“type:'scatter'”修改为“type:'effectScatter'”，然后增加如下代码：

```
    //type:'scatter',
    type:'effectScatter',
    showEffectOn:'emphasis',
    rippleEffect:{
        scale:10
    },
```

运行效果如图 4-15 所示。

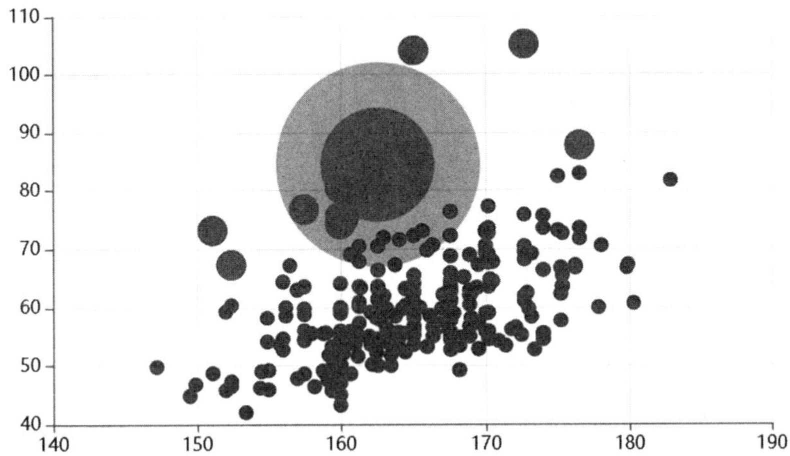

图 4-15 涟漪动画效果

可以看出,散点图可以探索不同维度数据之间的相关性。

4.绘制饼图

2022 年,我国东部地区生产总值 622 018 亿元,中部地区生产总值 266 513 亿元,西部地区生产总值 256 985 亿元,东北地区生产总值 57 946 亿元(数据来源:国家统计局官网)。依据这些数据绘制饼图。

具体代码如下:

```
<!DOCTYPE html>
<html lang="en">
<head>
    <meta charset="UTF-8">
    <meta name="viewport" content="width=device-width, initial-scale=1.0">
    <title>Document</title>
    <!--
        步骤 1:引入 echarts.js 文件
        步骤 2:准备一个呈现图表的盒子
        步骤 3:初始化 echarts 实例对象
        步骤 4:准备配置项
        步骤 5:将配置项设置给 echarts 实例对象
    -->
    <!--步骤 1:引入 echarts.js 文件-->
```

```
    <script type="text/javascript" src="lib/echarts.min.js"></script>
</head>
<body>
    <! --步骤 2:准备一个呈现图表的盒子-->
    <div style="width:600px; height:400px"></div>
    <script>
        //步骤 3:初始化 echarts 实例对象
        var myCharts = echarts.init(document.querySelector("div"))
        var pieData = [
            {
                name:'东部地区',
                value:622018
            },
            {
                name:'中部地区',
                value:266513
            },
            {
                name:'西部地区',
                value:256985
            },
            {
                name:'东北地区',
                value:57946
            }
        ]
        //步骤 4:准备配置项
        var option = {
            series:[
                {
                    type:'pie',
                    data:pieData
                }
            ]
        }
        //步骤 5:将配置项设置给 echarts 实例对象
        myCharts.setOption(option)
    </script>
</body>
</html>
```

运行效果如图 4-16 所示。

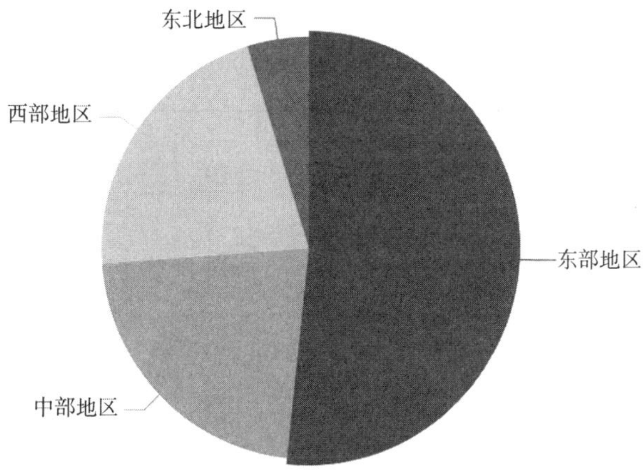

图 4-16　2022 年国内分地区生产总值饼图

接下来，在该饼图中实现一些常见的效果。

首先，在该饼图中显示数值。在 series 中添加如下代码：

```
label:{//饼图文字显示
    show:true,
    //formatter:'生产总值'
    formatter:function(arg){
        return arg.name + arg.value + '亿元\n' + arg.percent + '%'
    }
}
```

然后，在该饼图中设置显示圆环。在 series 中添加如下代码：

```
//radius:20    //饼图的半径
//radius:'20%'  //半径也可以设置百分比
radius:['50%','75%']  //第 0 个元素代表的是内圆的半径，第 1 个元素代表外圆半径
```

运行效果如图 4-17 所示。

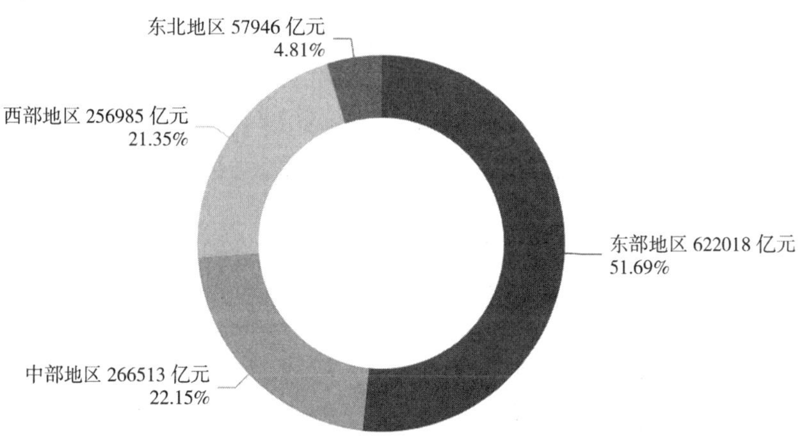

图 4-17　显示圆环效果的饼图

接着,实现南丁格尔玫瑰图效果。在 series 中注释掉 radius,然后添加如下代码:

```
//radius:['50%','75%']  //第 0 个元素代表的是内圆的半径,第 1 个元素代表外圆半径
roseType:'radius'
```

运行效果如图 4-18 所示。

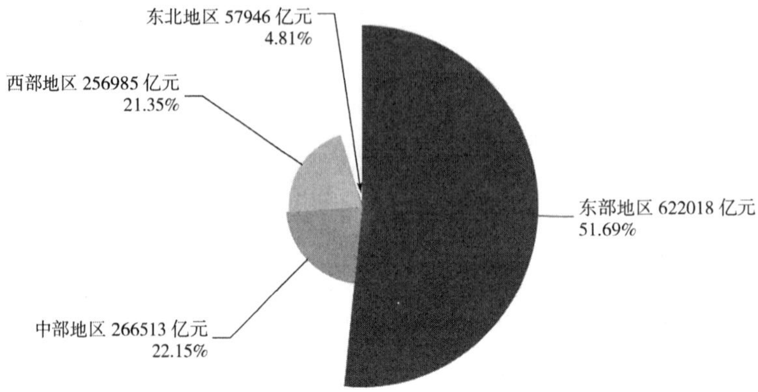

图 4-18　南丁格尔玫瑰图

最后,实现选中效果。在 series 中添加如下代码:

```
selectedMode:'single' //选中的效果,能够将选中的区域偏离圆心一小段距离
selectedMode:'multiple',
selectedOffset:30   //选中偏移量
```

运行效果如图 4-19 所示。

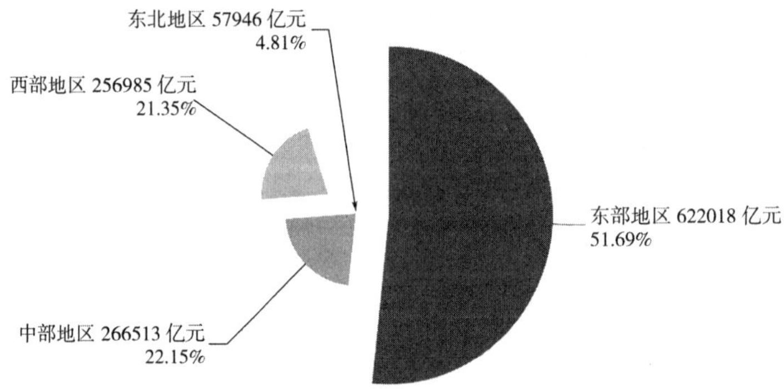

图 4-19　选中效果

可以发现,饼图可以很好地帮助用户快速了解不同分类数据的占比情况。

5.绘制雷达图

根据市场调查统计,华为和中兴手机在五个方面的打分如下:

华为手机:易用性 80,功能 90,拍照 80,跑分 82,续航 90。

中兴手机:易用性 70,功能 82,拍照 75,跑分 70,续航 77。

根据这两方面数据绘制雷达图。

要绘制雷达图,首先需要定义各个维度的最大值:[{name:'易用性', max:'100'},……]。

其次准备具体数据:[{name:'华为手机',value:[80, 90,80,82,90]}, ……]。

最后，说明图表类型，在 series 下设置 type 为 radar。

具体代码如下：

```
<! DOCTYPE html>
<html lang="en">
<head>
    <meta charset="UTF-8">
    <meta name="viewport" content="width=device-width, initial-scale=1.0">
    <title>Document</title>
    <! --
        步骤 1:引入 echarts.js 文件
        步骤 2:准备一个呈现图表的盒子
        步骤 3:初始化 echarts 实例对象
        步骤 4:准备配置项
        步骤 5:将配置项设置给 echarts 实例对象
    -->
    <! --步骤 1:引入 echarts.js 文件-->
    <script type="text/javascript" src="lib/echarts.min.js"></script>
</head>
<body>
    <! --步骤 2:准备一个呈现图表的盒子-->
    <div style="width:600px; height:400px"></div>
    <script>
        //步骤 3:初始化 echarts 实例对象
        var myCharts = echarts.init(document.querySelector("div"))
        var dataMax = [
            {
              name:'易用性',
              max:100
            },
            {
              name:'功能',
              max:100
            },
            {
                name:'拍照',
                max:100
            },
            {
                name:'跑分',
                max:100
            },
            {
                name:'续航',
                max:100
```

```
            },
        ]
        //步骤 4:准备配置项
        var option = {
            radar:{
                indicator:dataMax
            },
            series:[
                {
                    type:'radar',
                    data:[
                        {
                            name:'华为手机',value:[80, 90, 80, 82, 90]
                        },
                        {
                            name:'中兴手机',value:[70, 82, 75, 70, 77]
                        },
                    ]
                }
            ]
        }
        //步骤 5:将配置项设置给 echarts 实例对象
        myCharts.setOption(option)
    </script>
</body>
</html>
```

运行效果如图 4-20 所示。

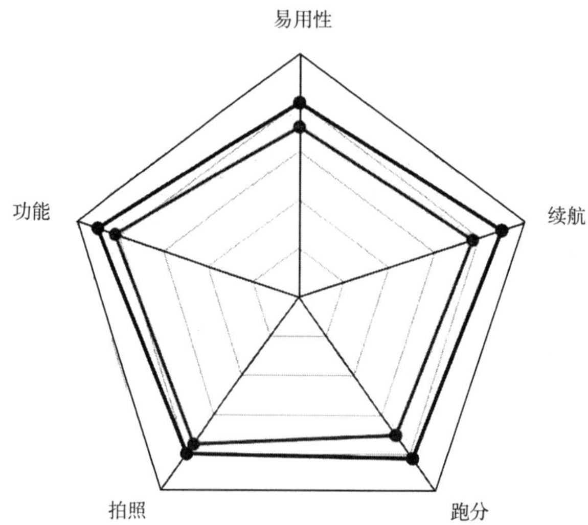

图 4-20 雷达图

在上述代码中，radar 中的 indicator 用来配置各个维度的最大值。series 中的 type 设定为 radar，代表该图表是一个雷达图。series 中的 data 是一个数组，数组中存放不同的对象。

接下来，在该雷达图中实现一些常见的效果。

首先，在该雷达图中显示数值和区域面积。在 series 中添加如下代码：

```
label:{ //设置标签的样式
    show:true,
},
areaStyle:{}, //将每一个产品的雷达图形成阴影面积
```

其次，增加绘制类型。在 radar 中添加如下代码：

```
shape:'circle'   //配置雷达图最外层的图形，可以设置的值有：circle(圆)、polygon(多边形，默
//认)
```

运行效果如图 4-21 所示。

可以看出，雷达图可以用来分析多个维度的数据与标准数据的对比情况。

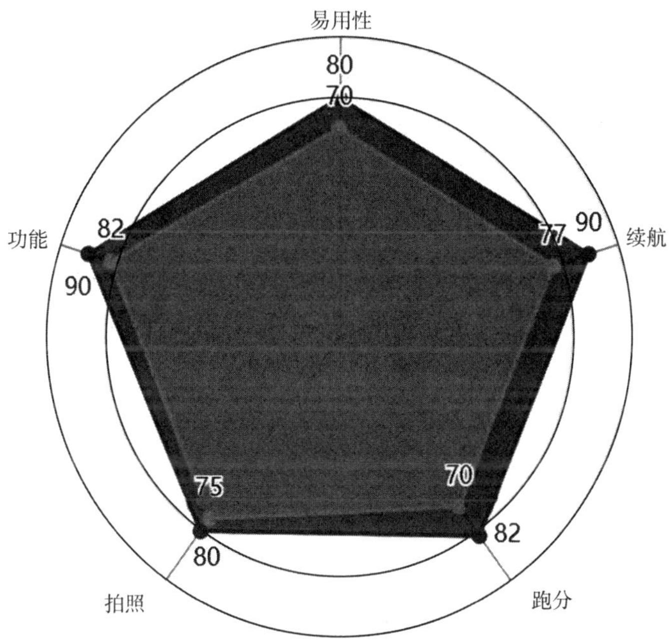

图 4-21 实现常见效果的雷达图

6.绘制仪表盘图

仪表盘图主要用于进度把控以及数据范围的检测。在代码中，在 series 中的 data 设置数据，在 series 下设置 type 为 gauge。

具体代码如下：

```
<! DOCTYPE html>
<html lang="en">
<head>
```

```
    <meta charset="UTF-8">
    <meta name="viewport" content="width=device-width, initial-scale=1.0">
    <title>Document</title>
    <!--
        步骤1：引入echarts.js文件
        步骤2：准备一个呈现图表的盒子
        步骤3：初始化echarts实例对象
        步骤4：准备配置项
        步骤5：将配置项设置给echarts实例对象
    -->
    <!--步骤1：引入echarts.js文件-->
    <script type="text/javascript" src="lib/echarts.min.js"></script>
</head>
<body>
    <!--步骤2：准备一个呈现图表的盒子-->
    <div style="width:600px; height:400px"></div>
    <script>
        //步骤3：初始化echarts实例对象
        var myCharts = echarts.init(document.querySelector("div"))
        //步骤4：准备配置项
        var option = {
            series:[
                {
                    type:'gauge',
                    data:[
                        {
                            value:72
                        }//每个对象代表一个指针
                    ]
                }
            ]
        }
        //步骤5：将配置项设置给echarts实例对象
        myCharts.setOption(option)
    </script>
</body>
</html>
```

运行效果如图4-22所示。

图 4-22　仪表盘

接下来，实现仪表盘的常见效果。首先，设定数值范围。在 series 中添加如下代码：

```
max:90, //控制仪表盘的最大值
min:20  //控制仪表盘的最小值
```

其次，增加新的指针。在 data 中增加新的对象，代码如下：

```
{
    value:86
}
```

在此基础上，还可以设定指针的样式，具体代码如下：

```
data:[
    {
        value:72,
        detail: {
            offsetCenter: ['-40%', '95%']
        },
        itemStyle:{//控制指针的样式
            color:'purple'
        }
    },//每个对象代表一个指针
    {
        value:86,
        detail: {
            offsetCenter: ['40%', '95%']
        },
        itemStyle:{
            color:'green'
        }
    }
],
```

运行效果如图 4-23 所示。

图 4-23 添加常见效果的仪表盘图

可以看出,仪表盘可以更直观地表现出某个指标的进度或实际情况。

检 查

各自完成学习情境的任务并展示结果,介绍任务的完成情况。作品展示前应准备阐述材料,并完成自查。自查单见表 4-11。

表 4-11 自查单

学习情境 4.2	绘制可视化图形		
检查项目	检查标准	分值	得分
信息检索	能够通过官网查阅 ECharts 绘制图表相关信息	20	
程序开发	能够编写代码并在浏览器上输出可视化图形	20	
工具使用	能够使用 VS Code 等工具实现程序开发	20	
工作结果	能够生成不同的可视化图形	40	
合计		100	

学生展示过程中,以个人为单位,对任务结果进行互查。互查单见表 4-12。

表 4-12 互查单

学习情境 4.2		绘制可视化图形							
评价项目	分值	等级				评价对象			
		优 (100%)	良 (80%)	中 (60%)	差 (40%)	1	2	3	4
计划合理	10								
方案准确	10								
工作质量	20								

（续表）

评价项目	分值	等级				评价对象			
		优 （100%）	良 （80%）	中 （60%）	差 （40%）	1	2	3	4
工作效率	20								
工作完整	10								
工作规范	10								
成果展示	20								
合计	100								

评 价

教师对学生的工作过程和工作结果进行综合评价，填写综合评价表，见表4-13。

表4-13 综合评价表

学习情境4.2		绘制可视化图形		
评价项目		评价标准	分值	得分
考勤（20%）		无迟到、早退、旷课现象	20	
工作过程（40%）	方案制作	能制订有效工作方案	10	
	工具运用	能有效使用相关工具	10	
	工作态度	态度端正、工作认真、积极向上	10	
	职业素养	一丝不苟、精益求精	10	
工作结果（40%）	工作完整	能按时完成任务	10	
	工作质量	能按计划完成任务	10	
	材料准备	能准备成果展示所需要的材料	10	
	成果展示	能准确表达、汇报工作成果	10	

拓展思考

1.什么是ES6？ES6有哪些新特性？

2.什么是TypeScript？

3.基于JavaScript的框架有哪些？

模块五　使用 Matplotlib 实现数据可视化

学习情境 5.1　下载、安装并使用 Matplotlib

学习情境描述

开发部的王工经过查阅大量的资料，经过深思熟虑，选择使用 Matplotlib 作为数据可视化的开发工具。Matplotlib 具有强大的图形生成功能。当然，使用 Matplotlib 的前提是完成其下载及安装。

学习目标

➢ 知识目标

(1)理解 Matplotlib 库的基本概念，包括图形、子图、坐标轴、图例、标题等。

(2)掌握如何使用 Matplotlib 进行基本的数据可视化，包括折线图、柱形图、散点图、饼图等。

(3)学习自定义图表的样式和布局，包括颜色、线型、标记、字体、标签等。

➢ 能力目标

(1)能够安装并使用 Matplotlib。

(2)能够独立使用 Matplotlib 创建各种类型的图表，并对数据进行有效地可视化展示。

(3)能够根据数据特点和展示需求，选择合适的图表类型和可视化技术。

➢ 素质目标

(1)培养对数据可视化的敏感性和审美观，能够创造性地设计图表。

(2)培养团队合作精神，能够与他人协作完成复杂的数据可视化项目。

(3)培养专业素养，能够遵守数据可视化的最佳实践和伦理标准。

学习任务

1.安装 Matplotlib 库。

2.借助开发工具开发第一个 Matplotlib 程序。

资　讯

引导问题：

1.可以通过哪些方式安装 Matplotlib 库？

2.如何快速上手安装 Matplotlib 库？

计　划

1.制订工作方案(表 5-1)。

表 5-1　　工作方案

步骤	工作内容
1	
2	
3	
4	
5	
6	

2.写出安装并使用 Matplotlib 库的关键步骤。

3.列出工具清单(表 5-2)。

表 5-2　　工具清单

序号	工具名称	工具版本	备注

4.列出技术清单(表 5-3)。

表 5-3 技术清单

序号	技术名称	技术版本	备注

决 策

1.根据引导、构思、计划等，阐述自己的工作方案。

2.对其他工作方案提出不同看法。

3.教师根据大家完成的情况进行点评，并选出最佳方案。

知识准备

1.Matplotlib 简介

Matplotlib 是一个用于创建静态、交互式和动画可视化的 Python 库。它是 Python 数据科学生态系统中最受欢迎和广泛使用的数据可视化工具之一。Matplotlib 最初由约翰·亨特(John D. Hunter)在 2003 年创建，灵感来自 MATLAB 的绘图功能，因此它的许多命令和函数都与 MATLAB 类似，使得那些熟悉 MATLAB 的用户能够比较容易地上手。用户可以登录 Matplotlib 官网查看 Matplotlib 的相关信息。

Matplotlib 的核心是 Matplotlib.pyplot 模块，它提供了一个类似于 MATLAB 的接口，使用户能够快速绘制各种图表，如折线图、散点图、柱形图、直方图、饼图等。此外，Matplotlib 还提供了面向对象的 API，允许用户更加灵活地创建复杂的图表。

Matplotlib 的主要特点包括：

(1)易用性：提供了大量的绘图函数，使得创建标准的图表变得非常简单。

(2)可定制性：几乎所有的图表元素都可以进行定制，包括大小、颜色、样式、布局等。

(3)多平台：可以在多种操作系统上使用，包括 Windows、macOS 和 Linux。

(4)多格式：支持多种输出格式，包括 PNG、PDF、SVG、EPS 等。

(5)集成性：可以与其他数据科学和机器学习的 Python 库(如 NumPy、Pandas、SciPy 和

scikit-learn 等)无缝集成。

Matplotlib 通常用于数据分析、科学研究、工程可视化以及任何需要数据可视化的领域。它的强大功能和灵活性使其成为学术出版物、研究报告和商业分析报告中的常见选择。

2.Matplotlib 的安装及基本使用

(1)安装 Matplotlib

Matplotlib 可以通过多种方式安装,最常见的是使用 pip 命令或 conda 包管理器。在安装 Matplotlib 前,需确保已安装并配置 Python 环境,使用不同的操作系统和 Python 环境,具体步骤可能会有所不同。以下是在不同环境中安装 Matplotlib 的通用步骤。

①在命令行中安装(适用于所有操作系统)

打开命令行界面(在 Windows 操作系统上是 CMD 或 PowerShell,在 macOS 和 Linux 操作系统上是 Terminal)。

确保 Python 环境和 pip 已经正确安装,并且可以在命令行中访问。可以通过输入"Python –version"和"pip –version"来检查它们是否已安装。

在命令行界面输入以下命令来安装 Matplotlib 库:

```
pip install matplotlib
```

如果想安装特定版本的 Matplotlib,可以指定版本号,例如:

```
pip install matplotlib==3.3.0
```

②在 PyCharm 中安装

安装前,需确保已经安装了 PyCharm,如果还没有安装 PyCharm,需访问 JetBrains 官方网站下载并安装。然后,在 PyCharm 中安装 Matplotlib 库。

第一步:打开 PyCharm,启动 PyCharm 应用程序。

第二步:选择项目,在 PyCharm 的欢迎界面上,可以选择一个现有的项目,或者创建一个新的项目。如果是第一次使用 PyCharm,可能需要创建一个新项目。

第三步:配置 Python 解释器,在打开项目后,需要确保项目使用的是一个有效的 Python 解释器。可以通过单击屏幕右上角的解释器设置来检查和更改解释器。如果还没有配置解释器,PyCharm 会提示需要先进行配置。

第四步:打开设置,在 PyCharm 的主菜单中,选择"File" →"Settings"(对于 macOS 用户,选择"PyCharm" →"Preferences"),如图 5-1 所示。

第五步:选择项目解释器,在设置窗口中,从左侧边栏中选择"Project: [项目名]" →"Python Interpreter",如图 5-2 所示。

第六步:在 Python 解释器设置页面的右侧,将看到一个包列表和一个加号(+)按钮。单击加号按钮,会弹出"Available Packages"窗口,如图 5-3 所示。

第七步:搜索 Matplotlib,在"Available Packages"窗口的搜索框中输入"Matplotlib"。

第八步:安装 Matplotlib,在搜索结果中找到"Matplotlib",选中,然后单击"Install Package"按钮。PyCharm 将开始下载并安装 Matplotlib 及其依赖项,如图 5-4 所示。

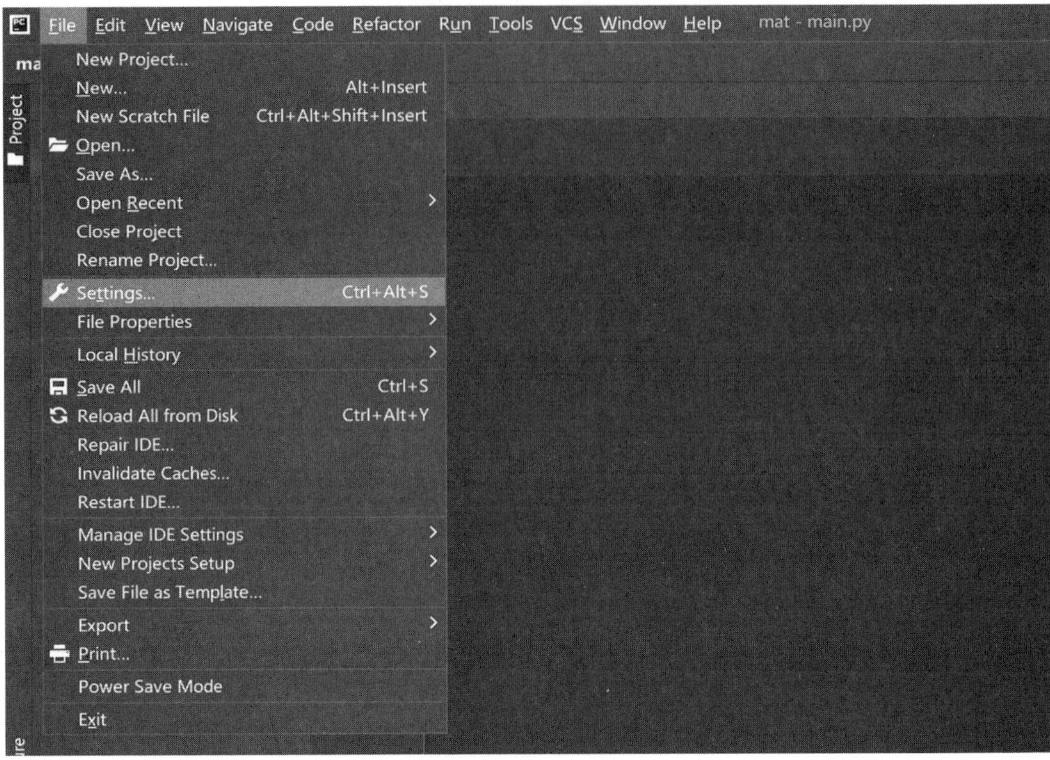

图 5-1　打开设置

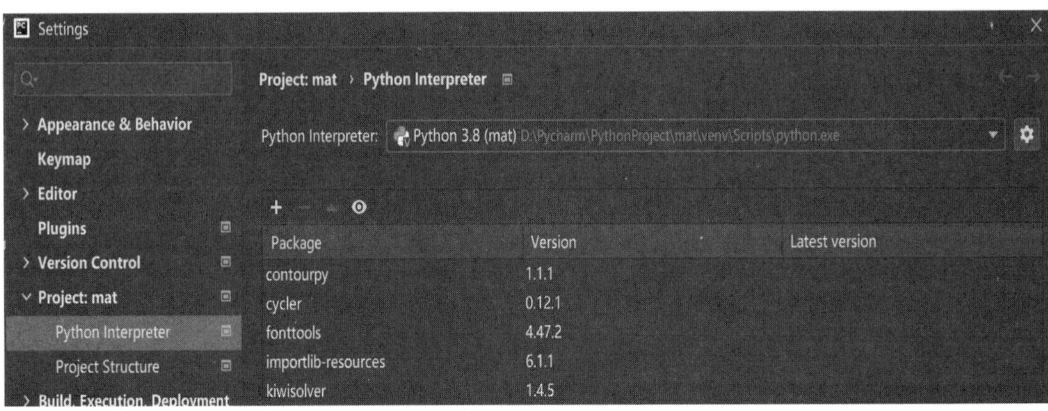

图 5-2　选择项目解释器

第九步:等待安装完成,安装过程可能需要一些时间,具体取决于网络速度和计算机性能。在安装过程中,可以在 PyCharm 的底部状态栏中看到进度信息。

第十步:完成安装。一旦安装完成,应该能够在 PyCharm 的 Python 解释器设置页面的包列表中看到 Matplotlib。此外,现在可以在 PyCharm 中打开 Python 文件,并通过 import matplotlib 引入 Matplotlib 库,然后就可以使用 Matplotlib 进行数据可视化。

(2)使用 Matplotlib 库绘制一个简单的图表

安装完成后,可以在 Python 代码中使用 Matplotlib。以下是一个简单的例子,展示如何使用 Matplotlib 绘制一个简单的折线图。

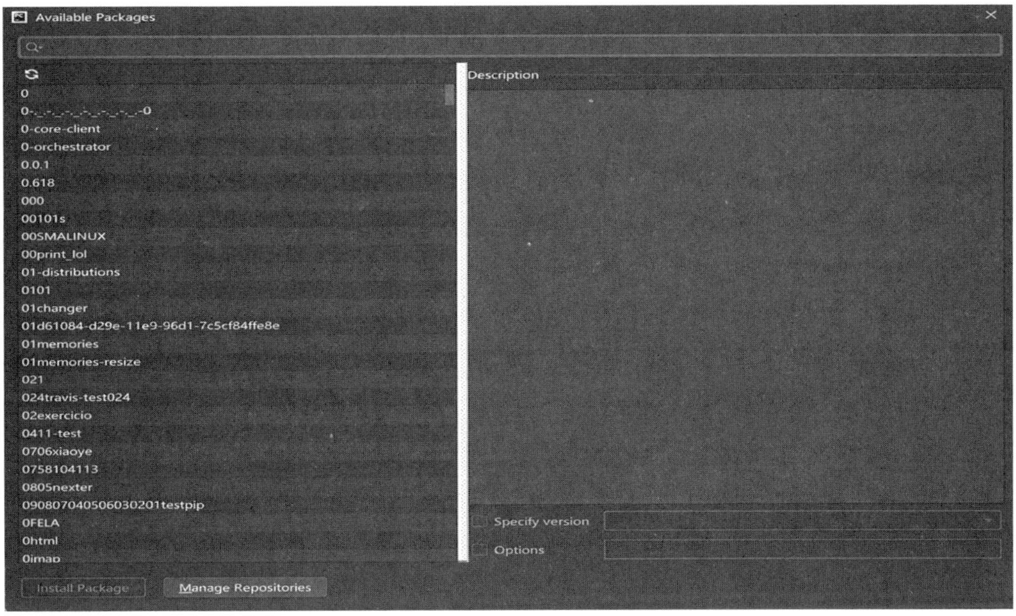

图 5-3　“Available Packages”窗口

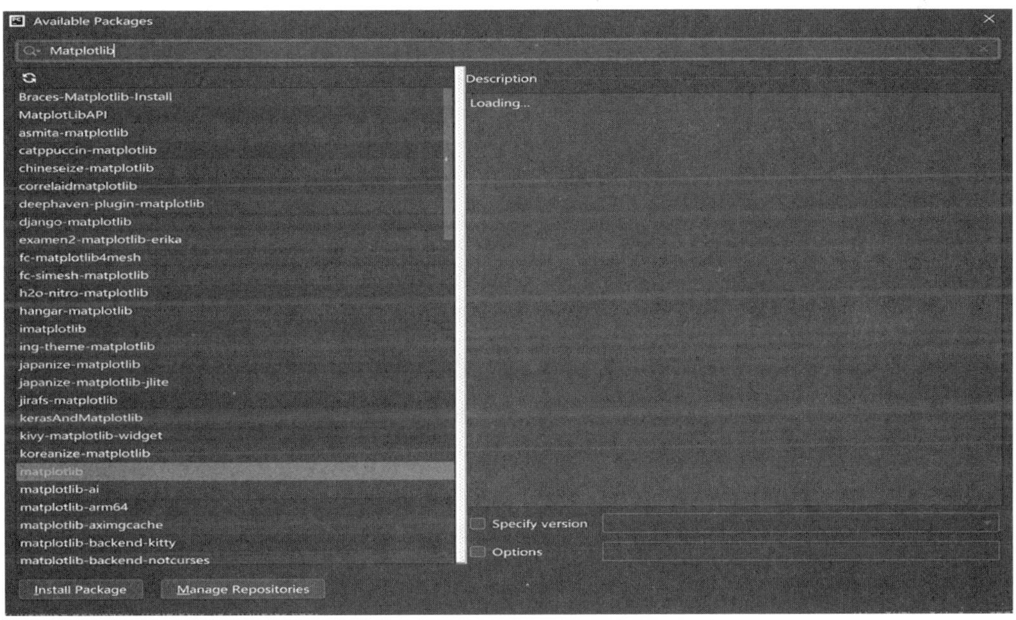

图 5-4　安装 Matplotlib 窗口

```
import matplotlib.pyplot as plt

#准备数据
x = [1, 2, 3, 4, 5]
y = [1, 4, 9, 16, 25]

#创建图表
```

```
plt.plot(x, y)

#添加标题和标签
plt.title("Simple Plot")
plt.xlabel("x values")
plt.ylabel("y values")

#显示图表
plt.show()
```

以上代码中，导入了 matplotlib.pyplot 模块，并将其命名为 plt。这也是通常导入并使用 Matplotlib 库的方式。首先，使用 plt.plot()函数创建一个折线图，接着，添加了图表的标题和坐标轴标签，并通过 plt.show()函数显示图表。上述代码最终所绘图形如图 5-5 所示。

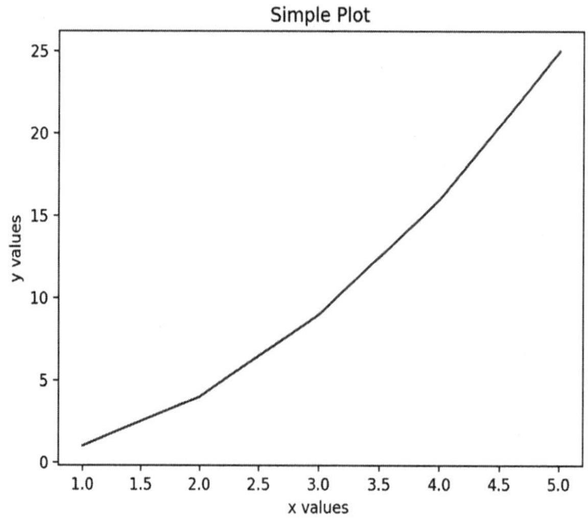

图 5-5 Matplotlib 绘制折线图

同理，也可以使用 Matplotlib 绘制其他常见的图形。以下为使用 Matplotlib 绘制其他常见的图形的例子。

①散点图

```
import matplotlib.pyplot as plt

#创建数据
x = [1, 2, 3, 4, 5]
y = [2, 3, 2, 4, 1]

#绘制散点图
plt.scatter(x, y)

#添加标题和轴标签
```

```
plt.title("Scatter Plot")
plt.xlabel("X-axis")
plt.ylabel("Y-axis")

# 显示图形
plt.show()
```

上述代码最终所绘图形如图 5-6 所示。

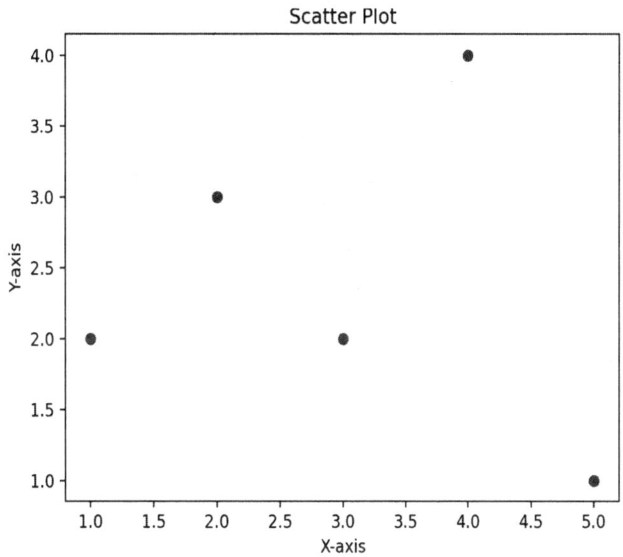

图 5-6　Matplotlib 绘制散点图

②柱形图

```
import matplotlib.pyplot as plt

# 创建数据
categories = ['A', 'B', 'C', 'D', 'E']
values = [23, 45, 56, 78, 13]

# 绘制柱状图
plt.bar(categories, values)

# 添加标题和轴标签
plt.title("Bar Chart")
plt.xlabel("Categories")
plt.ylabel("Values")

# 显示图形
plt.show()
```

上述代码最终所绘图形如图 5-7 所示。

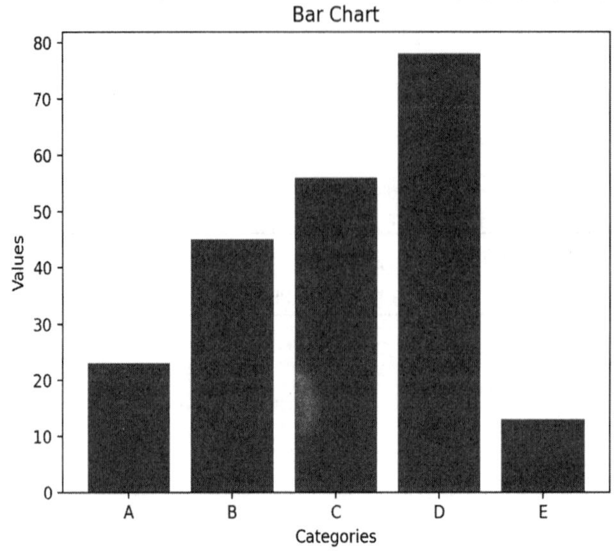

图 5-7 Matplotlib 绘制柱形图

③饼图

```
import matplotlib.pyplot as plt

#创建数据
labels = ['A', 'B', 'C', 'D']
sizes = [15, 30, 45, 10]

#绘制饼状图
plt.pie(sizes, labels=labels, autopct='%1.1f%%')

#添加标题
plt.title("Pie Chart")

#确保图形是一个正圆形,而不是椭圆形
plt.axis('equal')

#显示图形
plt.show()
```

上述代码最终所绘图形如图 5-8 所示。

通过以上对 Matplotlib 的介绍和使用 Matplotlib 的绘图的例子,可以对使用 Matplotlib 绘制图形有最基本的了解。接下来,进一步探讨 Matplotlib 的使用。

3.Matplotlib 的基础概念

(1)Figure 及 Axes 的概念和用法

Matplotlib 的 Figure(画布)是绘图的核心对象,可以将其视为容纳图形元素的容器。每个 Figure 对象都可以包含一个或多个 Axes(子图),而 Axes 对象则是实际绘制图形(如折线图、散点图等)的地方。

Figure:代表整个图形或图像的窗口,可以包含标题、图例、多个子图等,负责调整布局、设置 DPI(每英寸点数,即分辨率)等。

Axes:实际的绘图区域,用于绘制数据,每个 Axes 对象都有自己的坐标轴(X 轴和 Y 轴),可以设置坐标轴标签、刻度、标题等。

通常将 Figure 和 Ares 结合使用。具体使用方法如下。

①创建 Figure 对象

可以通过 pyplot(通常简写为 plt)接口隐式地创建 Figure 对象,也可以显式地创建。例如:

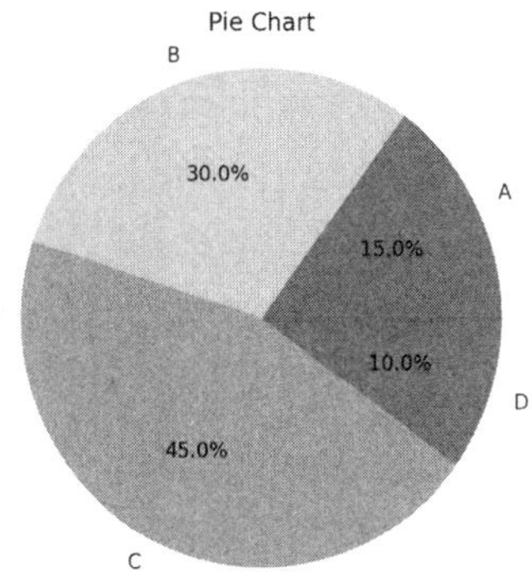

图 5-8　Matplotlib 绘制饼图

```
import matplotlib.pyplot as plt
#隐式创建
plt.plot([1, 2, 3], [1, 2, 3])
plt.title('Implicit Figure Creation')
#显式创建
fig =plt.figure()  # 创建一个新的 Figure 对象
ax =fig.add_subplot(111)  # 添加一个 Axes 对象
ax.plot([1, 2, 3], [1, 2, 3])  # 在 Axes 对象上绘制一条折线图
ax.set_title('Explicit Figure Creation')
```

两种方式创建 Figure 对象的效果分别如图 5-9(a)、图 5-9(b)所示。

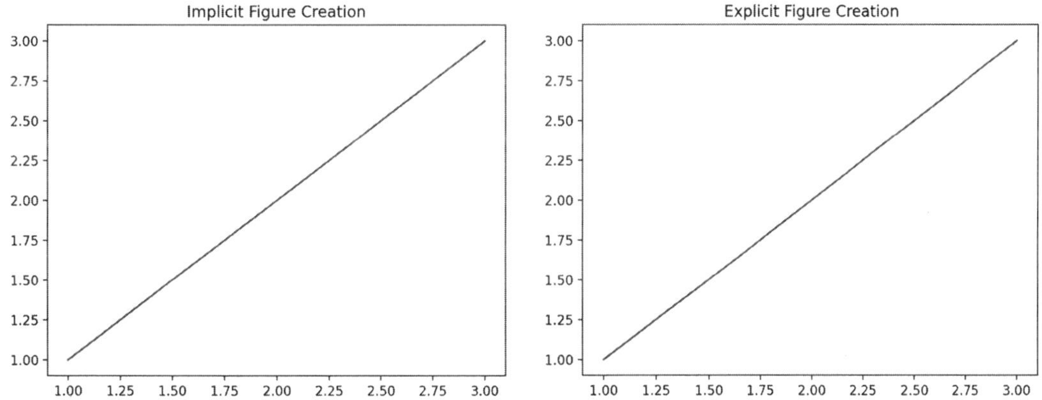

(a) 隐式创建　(b) 显式创建

图 5-9　Matplotlib 创建 Figure 对象

②设置 Figure 属性

可以设置 Figure 的大小、DPI、背景颜色等属性。例如:

```
fig =plt.figure(figsize=(8, 6), dpi=100, facecolor='w')
```

其中,figsize 是一个包含宽度和高度的元组(以英寸为单位),dpi 是图形的分辨率,

facecolor 是画布的背景颜色，若设置为'r'，则画布背景颜色为红色，其他颜色依次类推。根据上述代码设置完成后的效果如图 5-10 所示。

图 5-10 设置 Figure 属性

③添加 Axes 到 Figure

可以使用 add_subplot()方法向 Figure 中添加 Axes 对象。例如：

```
ax1 =fig.add_subplot(2,2,1)   # 添加一个 2x2 网格第一个子图，2x2 网格的左上角
ax2 =fig.add_subplot(2,2,2)   # 添加一个 2x2 网格第二个子图，2x2 网格的右上角
# ...以此类推
```

上述代码中，通过 fig.add_subplot(2, 2, 1)的方式生成 Axes，前面两个参数确定了面板的划分，例如第一个参数“2”和第二个参数“2”会将整个面板划分成 2×2 的方格，第三个参数取值范围是 [1, 2×2] 表示第几个 Axes。添加完成后的效果如图 5-11 所示。

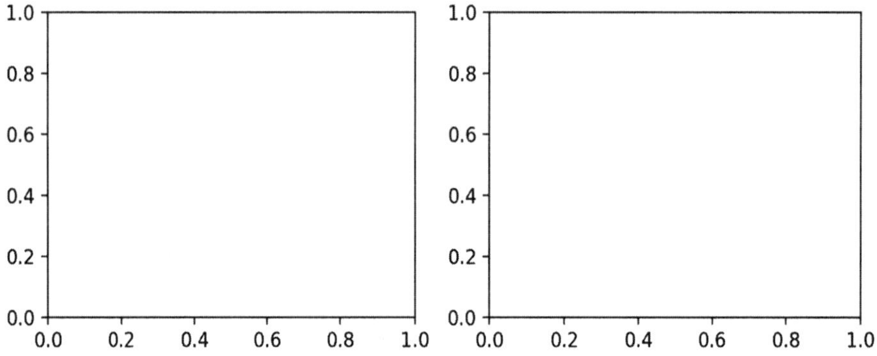

图 5-11 添加 Axes 到 Figure

④调整 Figure 布局

可以使用 tight_layout()方法实现自动调整子图之间的间距，使其不重叠。基本结构为：

```
fig.tight_layout()
```

⑤设置坐标轴属性

可以使用配置 Axes 对象的方法来设置坐标轴的标题、标签等属性。例如：

```
ax.set_title('Title')  # 设置标题
ax.set_xlabel('X Label')  # 设置 X 轴标签
ax.set_ylabel('Y Label')  # 设置 Y 轴标签
ax.set_xticks([1, 2, 3])  # 设置 X 轴刻度位置
ax.set_yticks([1, 2, 3])  # 设置 Y 轴刻度位置
```

效果如图 5-12 所示。

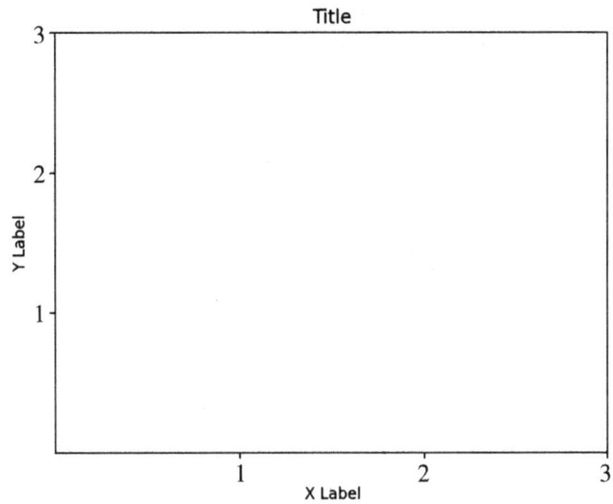

图 5-12　设置坐标轴属性

⑥添加图例和网格线

可以使用 legend()方法添加图例,使用 grid()方法添加网格线。例如:

```
ax.legend(['Label 1', 'Label 2'])  # 添加图例
ax.grid(True)  # 添加网格线
```

效果如图 5-13 所示。

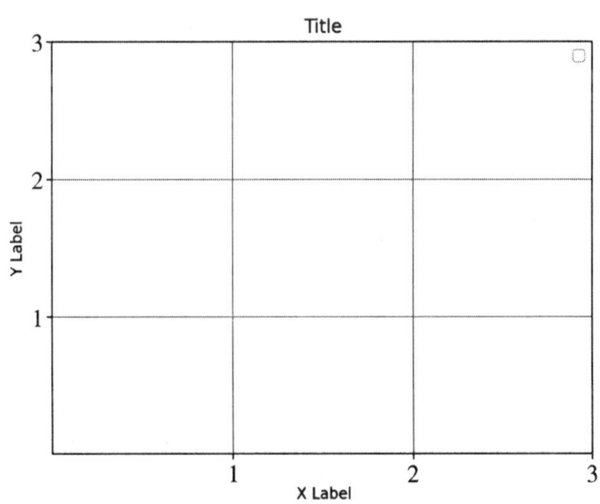

图 5-13　添加图例和网格线

⑦调整 Axes 的外观

可以通过各种属性来调整 Axes 的外观,如边框颜色、背景颜色、坐标轴位置等。例如:

```
ax.spines['right'].set_color('none')  # 隐藏右边的边框
ax.set_axisbelow(True)  # 将网格线置于其他元素之下
ax.set_facecolor('g')  # 设置 Axes 的背景颜色为绿色
```

效果如图 5-14 所示。

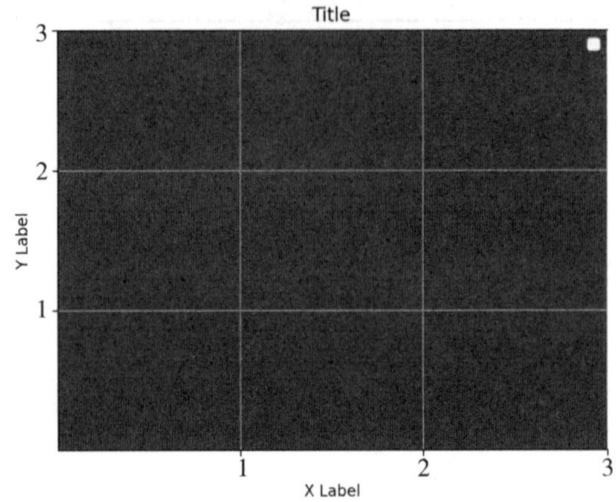

图 5-14 调整 Axes 的外观

注意：

• 当使用 pyplot 接口时，Matplotlib 会自动管理 Figure 和 Axes 的创建和显示，使得绘图过程更加简单直观。

• 如果需要更多的控制权，那么可以直接操作 Figure 和 Axes 对象，但这通常需要更深入地了解 Matplotlib 的内部工作机制。

• 在实际的数据可视化工作中，通常会结合 Pandas 等数据处理库来使用 Matplotlib，从而更加方便地处理和可视化数据。

⑧保存图形

可以使用 savefig()方法将图形保存为文件，例如：代码"plt.savefig('my_figure.png')"的功能是在当前工作目录中保存一个名为"my_figure.png"的 PNG 文件。

(2)Axis 和 Tick 的设置

在 Matplotlib 中，Axis(坐标轴)和 Tick(刻度)的设置对于创建清晰、易于理解的图表至关重要。接下来，介绍设置坐标轴和刻度的基本方法。

①设置坐标轴

坐标轴定义了图表的数据空间，通常包括 X 轴和 Y 轴。可以通过 Axes 对象的方法来设置坐标轴的属性。

(Ⅰ)设置坐标轴范围

分别使用 set_xlim()和 set_ylim()方法来设置 X 轴和 Y 轴的数据范围。例如：

```
ax.set_xlim([xmin, xmax])
ax.set_ylim([ymin, ymax])
```

其中，参数 xmin 表示 X 轴数据最小值，参数 xmax 表示 X 轴数据最大值，Y 轴依次类推。将图 5-13 中的 X 轴和 Y 轴范围均设置为[0,10]之后，效果如图 5-15 所示。

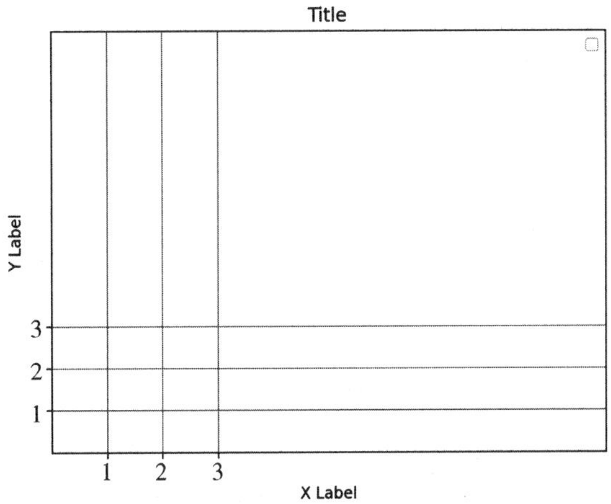

图 5-15　设置坐标轴范围

(Ⅱ)反转坐标轴

使用 invert_xaxis()和 invert_yaxis()方法来反转坐标轴的方向。代码如下：

```
ax.invert_xaxis()
ax.invert_yaxis()
```

将图 5-15 中坐标轴的方向反转后，效果如图 5-16 所示。

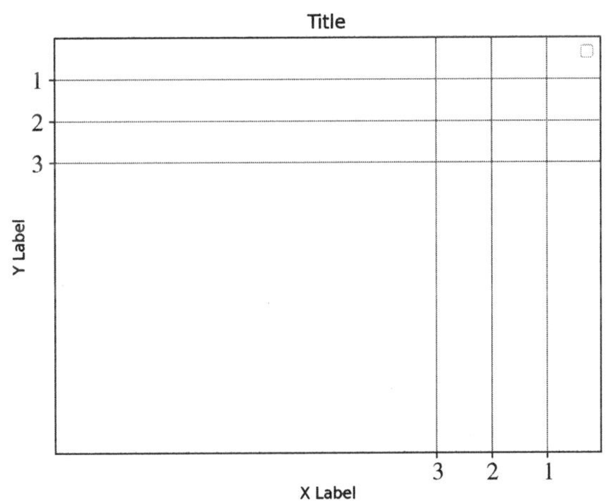

图 5-16　反转坐标轴

(Ⅲ)设置坐标轴的位置和外观

通过 spines 属性来控制坐标轴线条的显示。代码如下：

```
#隐藏顶部和右侧的坐标轴线条
ax.spines['top'].set_visible(False)
ax.spines['right'].set_visible(False)
```

将图 5-15 中的顶部和右侧的坐标轴线条隐藏后，效果如图 5-17 所示。

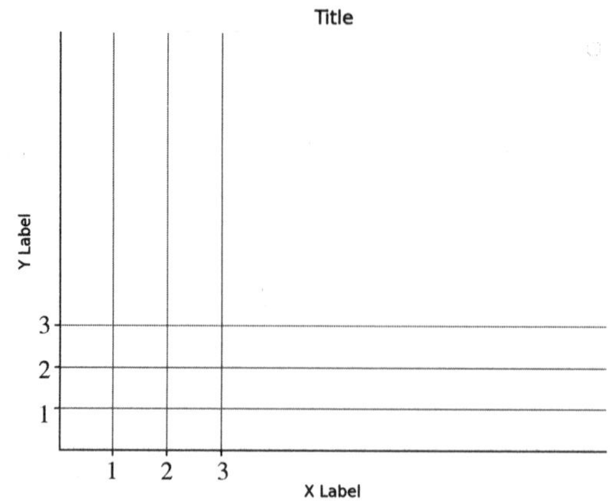

图 5-17 隐藏顶部和右侧的坐标轴线条

更改坐标轴的颜色、线宽等样式。例如:

```
# 将底部坐标轴颜色设为红色,将左边坐标轴线宽设置为 2.5
ax.spines['bottom'].set_color('red')
ax.spines['left'].set_linewidth(2.5)
```

将图 5-15 按以上代码设置后,效果如图 5-18 所示。

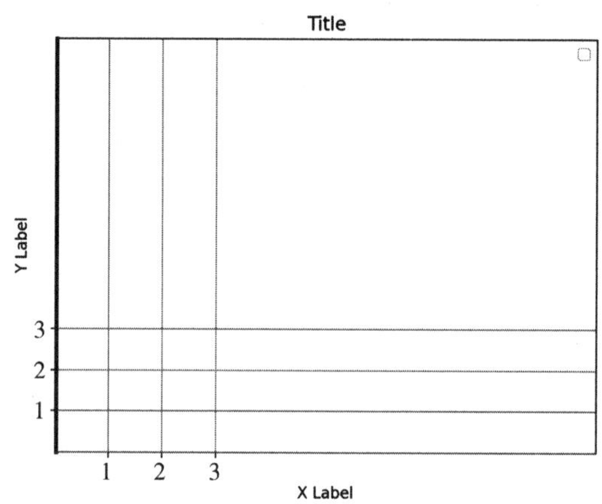

图 5-18 更改坐标轴的颜色、线宽

②设置刻度属性

刻度是坐标轴上的标记,用于指示数据的具体值,可以通过 Tick 对象的设定方法来设置刻度的属性。

(Ⅰ)设置刻度位置

使用 set_xticks()和 set_yticks()方法来设置 X 轴和 Y 轴的刻度位置。例如:

```
# 将 X 轴和 Y 轴刻度位置分别设置为[0,1,2,3]
ax.set_xticks([0, 1, 2, 3])
ax.set_yticks([0, 1, 2, 3])
```

将图 5-15 按以上代码设置后的效果如图 5-19 所示。

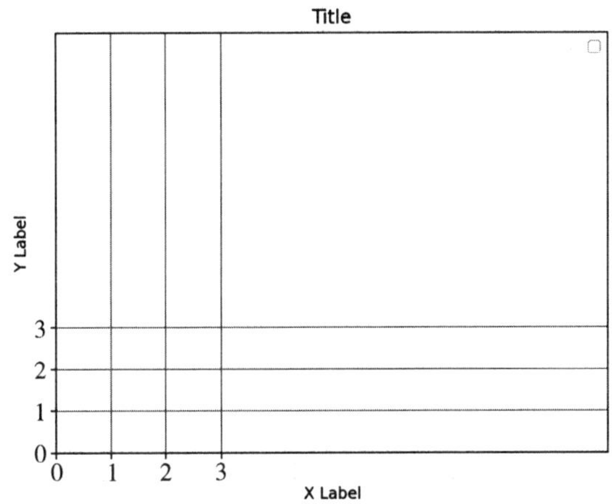

图 5-19　设置刻度位置

（Ⅱ）设置刻度标签

使用 set_xticklabels()和 set_yticklabels()方法设置刻度的标签。例如：

```
#将 X 和 Y 轴刻度标签分别设置为['A', 'B', 'C'])
ax.set_xticklabels(['A', 'B', 'C'])
ax.set_yticklabels(['A', 'B', 'C'])
```

将图 5-15 按以上代码进行设置后，效果如图 5-20 所示。

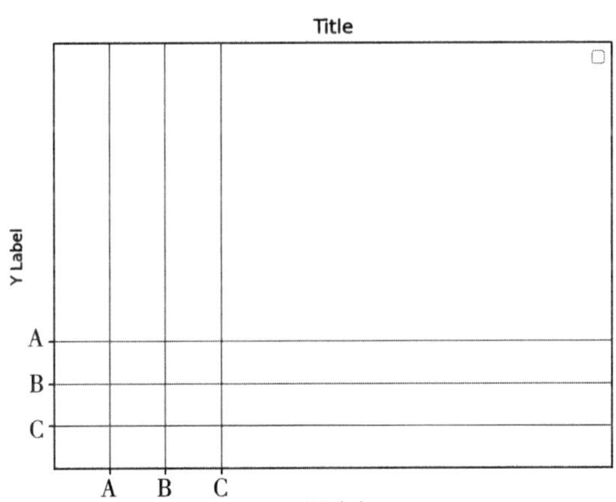

图 5-20　设置刻度标签

还可以使用格式化字符串来自动格式化刻度标签。例如：

```
import matplotlib.ticker as ticker
#将 X 轴刻度标签设置为小数,保留小数点后两位
ax.xaxis.set_major_formatter(ticker.FormatStrFormatter('%0.2f'))
```

将图 5-15 按以上代码进行设置后，效果如图 5-21 所示。

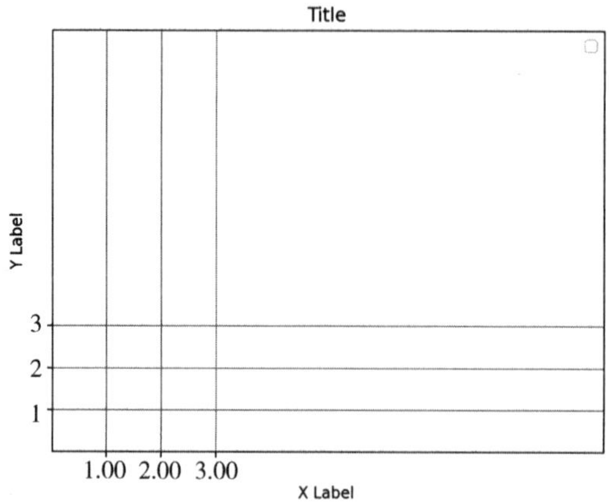

图 5-21 格式化字符串自动格式化刻度标签

(Ⅲ)隐藏刻度

如果想隐藏刻度，那么可以使用以下方法，代码如下：

```
ax.xaxis.set_ticks_position('none')
ax.yaxis.set_ticks_position('none')
```

或者通过设置刻度大小为 0 来隐藏，代码如下：

```
ax.tick_params(axis='both', which='both', length=0)
```

将图 5-15 按上述其中任意一种方法所示代码进行设置后，效果如图 5-22 所示。

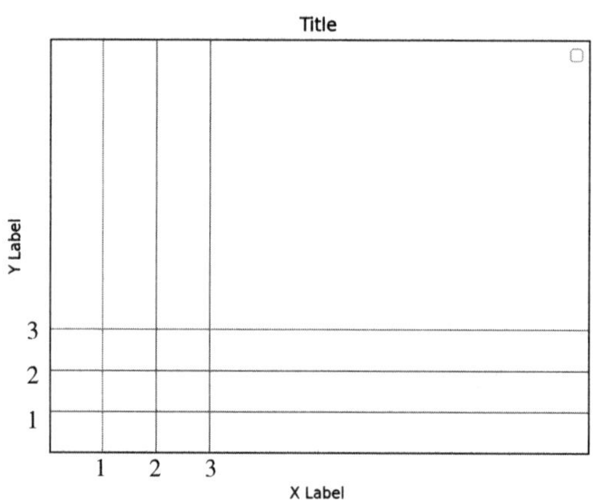

图 5-22 隐藏刻度

(Ⅳ)自定义刻度样式

可以使用 set_tick_params()方法来设置刻度的颜色、方向、长度等属性。例如：

```
ax.xaxis.set_tick_params(color='red', labelsize=12, direction='in')
ax.yaxis.set_tick_params(length=5, width=2)
```

将图 5-15 按上述代码进行设置，其中，将 X 轴刻度设置为红色，标签大小设置为 12，该数值越大，标签字号越大，刻度方向设置为向内。将 Y 轴刻度长度设置为 5，该数值越大，刻度越长，宽度设置为 2，该数值越大，刻度越宽。效果如图 5-23 所示。

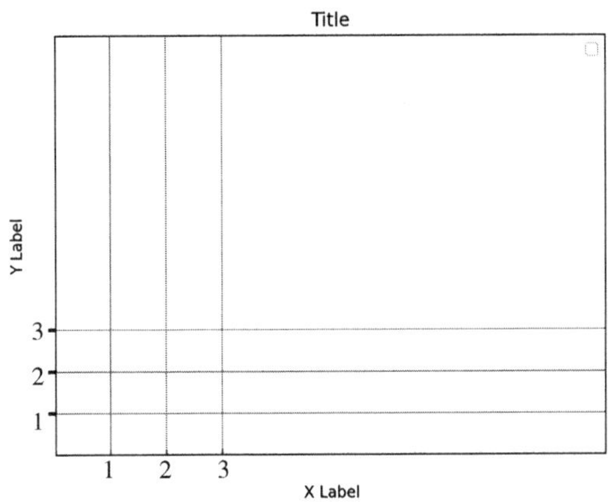

图 5-23　自定义刻度样式

需要注意的是，以上所有设置都应该在调用 pyplot.show()方法之前完成，以确保设置生效。此外，Matplotlib 提供了非常灵活的定制选项，可以根据具体需求进一步探索其文档和 API。

课程思政

中国制造、软件业的崛起

中国制造和软件业的崛起近年来格外引人注目，这主要得益于多个因素的综合作用。

首先，中国政府长期以来一直致力于推动制造业和软件业的发展。通过制订一系列的政策和计划，如"互联网＋"，为企业提供了更多的支持和激励，促进了技术创新和产业升级。

其次，中国拥有庞大的劳动力资源和市场需求。这使得中国在全球制造业中具有显著的成本优势，并吸引了大量的外资和技术转移。同时，随着中国经济的快速增长和消费升级，对高质量、高附加值的产品和服务的需求也在不断增加，这进一步推动了中国制造业和软件业的发展。

此外，中国还积极参与全球产业链和供应链的构建，加强了与世界各国的合作和交流。这使得中国能够更好地融入全球经济体系，并从中获得更多的机遇和收益。

在软件业方面，中国的崛起尤为显著。近年来，中国软件业保持了快速增长的态势，涌现出了一批具有全球竞争力的企业。这些企业在云计算、大数据、人工智能等前沿技术领域取得了重要突破，为全球用户提供了更加便捷、高效的服务。

总而言之，中国制造和软件业的崛起是多方面因素共同作用的结果。在未来，随着技术的不断进步和市场的不断扩大，中国有望在全球制造业和软件业中继续保持领先地位，并为世界经济的发展做出更大的贡献。

任务实施

本任务为在 pycharm 上开发第一个 Matplotlib 程序。

任务要求：在一张画布上使用 Matplotlib 绘制某公司全年每月销售额的折线图、柱形图、散点图和饼图。

具体代码如下：

```
import matplotlib.pyplot as plt
import matplotlib asmpl

#设置支持中文
mpl.rcParams['font.sans-serif'] = ['SimHei']  # 指定默认字体
mpl.rcParams['axes.unicode_minus'] = False  # 解决保存图像时负号'-'显示为方块的问题

#假设的全年每月销售额数据
months = [1, 2, 3, 4, 5, 6, 7, 8, 9, 10, 11, 12]  #月份,从 1 到 12
sales = [12000, 15000, 10000, 18000, 14000, 22000, 16000, 20000, 19000, 23000, 25000,
27000]  #每月销售额

#创建画布和子图
fig,axs = plt.subplots(2, 2, figsize=(10, 8))

#绘制折线图
axs[0, 0].plot(months, sales, marker='o')
axs[0, 0].set_title('折线图')
axs[0, 0].set_xlabel('月份')
axs[0, 0].set_ylabel('销售额')
axs[0, 0].set_xticks([1, 2, 3, 4, 5, 6, 7, 8, 9, 10, 11, 12])

#绘制柱形图
axs[0, 1].bar(months, sales)
axs[0, 1].set_title('柱形图')
axs[0, 1].set_xlabel('月份')
axs[0, 1].set_ylabel('销售额')
axs[0, 1].set_xticks([1, 2, 3, 4, 5, 6, 7, 8, 9, 10, 11, 12])

#绘制散点图
axs[1, 0].scatter(months, sales)
axs[1, 0].set_title('散点图')
axs[1, 0].set_xlabel('月份')
axs[1, 0].set_ylabel('销售额')
axs[1, 0].set_xticks([1, 2, 3, 4, 5, 6, 7, 8, 9, 10, 11, 12])

#绘制饼图
axs[1, 1].pie(sales, labels=months, autopct='%1.1f%%')
axs[1, 1].set_title('饼图')
#调整子图间距和布局
```

```
plt.tight_layout()
plt.subplots_adjust(wspace=0.5, hspace=0.5)

#显示图形
plt.show()
```

其中，plt.tight_layout()方法和 plt.subplots_adjust()方法用来调整子图之间的间距和布局，以确保它们不会重叠。

最终效果如图 5-24 所示，一张画布上呈现四个子图：左上角是折线图，右上角是柱形图，左下角是散点图，而右下角是饼图。

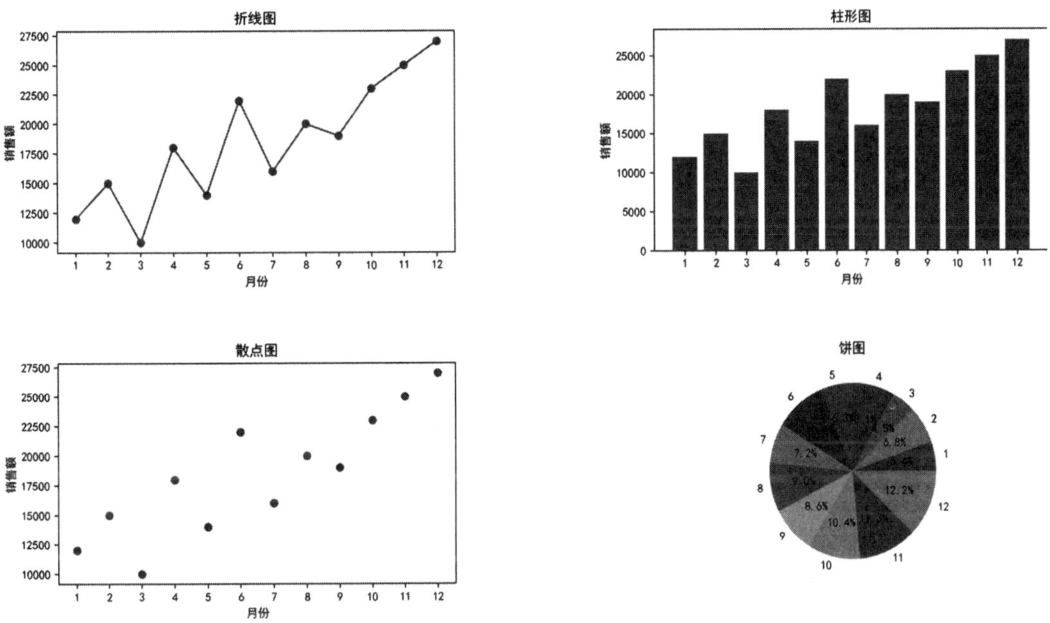

图 5-24　任务效果

检　查

各自完成学习情境的任务并展示结果，介绍任务的完成情况。作品展示前应准备阐述材料，并完成自查。自查单见表 5-4。

表 5-4　　**自查单**

学习情境 5.1	下载、安装并使用 Matplotlib		
检查项目	**检查标准**	**分值**	**得分**
信息检索	能够通过官网获取 Matplotlib 的相关信息	20	
下载安装	能够正确安装 Matplotlib	20	
工具使用	能够将 Matplotlib 导入特定开发项目	20	
工作结果	能够开发第一个可运行的 Matplotlib 程序	40	
合计		100	

学生展示过程中,以个人为单位,对任务结果进行互查。互查单见表 5-5。

表 5-5　　互查单

学习情境 5.1		下载、安装并使用 Matplotlib							
评价项目	分值	等级				评价对象			
		优(100%)	良(80%)	中(60%)	差(40%)	1	2	3	4
计划合理	10								
方案准确	10								
工作质量	20								
工作效率	20								
工作完整	10								
工作规范	10								
成果展示	20								
合计	100								

评 价

教师对学生的工作过程和工作结果进行综合评价,填写综合评价表,见表 5-6。

表 5-6　　综合评价表

学习情境 5.1		下载、安装并使用 Matplotlib		
评价项目		评价标准	分值	得分
考勤(20%)		无迟到、早退、旷课现象	20	
工作过程(40%)	方案制作	能制订有效工作方案	10	
	工具运用	能够有效使用相关工具	10	
	工作态度	态度端正、工作认真、积极向上	10	
	职业素养	一丝不苟、精益求精	10	
工作结果(40%)	工作完整	能按时完成任务	10	
	工作质量	能按计划完成任务	10	
	材料准备	能够准备成果展示所需要的材料	10	
	成果展示	能准确表达、汇报工作成果	10	

拓展思考

1.Matplotlib 的应用领域有哪些?

2.尝试阅读 Matplotlib 源代码。

3.如何理解 Matplotlib 的诸多特性？

学习情境 5.2　Matplotlib 进阶

学习情境描述

开发部的王工经过对 Matplotlib 的初步学习和使用，已经对 Matplotlib 有了基本的了解，掌握了 Matplotlib 的基本使用，并能够使用 Matplotlib 绘制基本图形。接下来，他还想使用 Matplotlib 进行高级图表的绘制。

学习目标

➢ 知识目标

（1）了解并掌握各种高级图表（如等高线图、漏斗图、哑铃图、桑基图、雷达图、词云图等）的基本概念、适用场景和绘制方法。

（2）掌握 Matplotlib 库中用于绘制高级图表的相关函数、参数设置以及绘图属性的调整方法。

（3）了解在绘制高级图表前对数据进行预处理（如清洗、转换、标准化等）的必要性，学习如何定制图表的样式、颜色和布局以满足特定的可视化需求。

➢ 能力目标

（1）能够根据实际问题和数据集选择合适的高级图表类型，并使用 Matplotlib 独立完成图表的绘制。

（2）能够从绘制的高级图表中准确提取关键信息，分析数据之间的关联、趋势和异常，为决策提供支持。

（3）能够根据受众的反馈和需求调整图表的呈现方式，提升图表的可读性和信息传达效率。

➢ 素质目标

（1）通过学习和实践，培养对数据可视化的兴趣和敏感性，能够欣赏和理解高质量的数据图表。

（2）培养团队合作精神，能够与他人协作完成复杂的数据可视化项目。

（3）培养专业素养，能够遵守数据可视化的最佳实践和伦理标准。

学习任务

1.复习 Matplotlib 的基本绘图功能，如折线图、散点图、柱状图等。

2.了解 Matplotlib 的常用函数和参数设置，熟悉绘图的基本流程。

3.了解高级图表的绘制方法。

资 讯

引导问题：

1.当面临更复杂的数据可视化需求时，如展示三维数据、矢量场或流量分配等，如何选择合适的图表类型？

2.Matplotlib 提供了哪些高级图表类型？它们各自有什么特点和适用场景？

计 划

1.制订工作方案（表 5-7）。

表 5-7　　工作方案

步骤	工作内容
1	
2	
3	
4	
5	

2.写出使用 Matplotlib 库绘制高级图表的关键步骤。

3.列出工具清单（表 5-8）。

表 5-8　　工具清单

序号	工具名称	工具版本	备注

4.列出技术清单(表 5-9)。

表 5-9　技术清单

序号	技术名称	技术版本	备注

决　策

1.根据引导、构思、计划等,阐述自己的工作方案。

2.对其他工作方案提出不同看法。

3.教师根据完成情况进行点评,并选出最佳方案。

知识准备

1.Matplotlib 高级绘图简介

Matplotlib 是一个在 Python 中广泛使用的绘图库,除了能够绘制基本的图表外,还提供了许多高级绘图功能。前面已经介绍了雷达图和词云图,下面对其他常见的高级图表作简单介绍。

(1)等高线图

等高线图是一种用来表示三维数据在二维平面上的图表。在等高线图中,颜色、线条或者填充区域用来表示数据点的高度(或深度),类似于地图上的等高线可以表示地形的高低起伏。等高线图通常用于表示地理地形、气象数据、工程设计参数等领域。

(2)漏斗图

漏斗图是一种用来表示数据在通过一系列阶段或过程中的减少或流失情况的图表。它通常用于可视化销售过程、用户转化过程、项目流程等领域中的数据。

漏斗图的主要组成部分包括:

①阶段:漏斗图的每一层代表流程中的一个阶段,例如,销售漏斗图中的意向、谈判、成交等。

②宽度:每个阶段的宽度代表该阶段的数据量或比例,宽度越大表示数量越多。

③转化率:通常在漏斗图旁边或者上方标注转化率,表示从一个阶段到下一个阶段的成

功转化比例。

漏斗图的主要目的是展示在不同阶段的转化率或成功率,帮助分析在哪个阶段可能存在问题或流失最严重,从而采取相应的措施来优化流程。

漏斗图还广泛应用于电商、金融、市场营销等领域。例如,在电商领域,漏斗图可以用于展示用户从浏览商品到下单购买的整个流程中各个环节的转化情况,帮助商家找出用户流失的原因,提高购买转化率。在金融领域,漏斗图可以用于展示客户从申请贷款到最终放款的整个流程中各个环节的通过情况,帮助金融机构找出审批流程中的瓶颈,提高审批效率。

(3)哑铃图

哑铃图,又称为哑铃绘图或哑铃点图,也称为棒棒糖图,是一种用来比较两个时间点或条件下的数据的图表。它通过在两个不同的点上绘制圆点,并用线条连接这些点来展示数据的变化。哑铃图非常适合用来展示个体或组在不同情况下的对比,如前后测试结果、预算与实际支出、目标与实际表现等。

哑铃图的主要组成部分包括:

①圆点:代表数据点,通常一个圆点表示一个时间点或条件下的数据值。

②连接线:连接两个圆点,表示同一实体在两个不同条件下的数据变化。

③轴:通常哑铃图会有一个垂直或水平的轴,轴上的刻度表示数据的量度。

哑铃图的优点在于它可以清晰地展示数据的变化趋势,同时比较不同实体之间的差异。它比传统的条形图或折线图更能突出个体的变化,因此在数据对比分析中非常有用。

(4)桑基图

桑基图是一种特殊类型的流程图,用于展示在一个系统中资源、能量、材料或成本的流动和转换。它通过宽度不等的箭头来表示流量的大小,箭头的宽度与流量的量成正比。桑基图可以清晰地展示输入、输出和中间过程中的转换,因此在能源管理、物料流分析和成本分析等领域非常有用。

桑基图的主要组成部分包括:

①节点(Node):表示流程中的一个阶段或状态,可以是一个输入源、输出目的地或中间过程。

②链接(Link):表示节点之间的流动,通常是带有箭头的、宽度不等的带状图形,其宽度表示流量的大小。

③方向:箭头的方向表示流动的方向。

桑基图的优点在于它可以直观地展示复杂系统中的多个流动和转换关系,帮助观察者理解系统的整体结构和各部分之间的相互关系。它特别适合于展示能量、物质或成本的保守流动,即输入总量等于输出总量的情况。

(5)矢量场流线图

矢量场流线图是一种用于可视化矢量场中流动模式的图形表示方法。在这种图中,流线(也称为流迹线或流向线)用于表示矢量场中的流动方向和速度。矢量场可以是任何具有方向和大小的量,例如流体速度、风速、电场或磁场。

矢量流线图通常用于科学研究和工程技术领域,帮助研究者和工程师直观地理解复杂的流动现象。例如,在流体力学中,流线图可以显示流体如何围绕障碍物流动,或者在气象学中，它可以显示风的流动模式。

在矢量流线图中，流线是通过矢量场的矢量分量绘制的曲线，这些曲线切线的方向在每一点上都与矢量场的方向一致。流线的密度（即它们之间的距离）可以表示流速的大小。流线越密集，表明流速越大；流线越稀疏，表明流速越小。

（6）棉棒图

棉棒图（Quiver Plot）是一种用于在二维平面或三维空间中表示矢量场的图表。在这种图中，每个矢量都由一个箭头（或"棉棒"）表示，箭头的方向和长度分别表示矢量的方向和大小。棉棒图通常用于科学研究和工程技术领域，以可视化风场、电场、磁场、流体流动等矢量场。

在棉棒图中，箭头的起点通常位于矢量场的网格点上，而箭头的方向和长度则需根据矢量的方向和大小进行调整。这样观察者可以一目了然地看到矢量场在不同位置的特征。

棉棒图与矢量流线图的主要区别在于表示方式：矢量流线图通过连续的曲线表示流动的路径，而棉棒图通过离散的箭头表示矢量的方向和大小。棉棒图更适合用于显示矢量场的局部特征，而矢量流线图更适合用于显示整体的流动模式。

（7）树状图

树状图是一种用于展示数据的层次结构的图形表示方法。它通常用于展示聚类分析的结果，其中每个分支代表一个聚类，分支的长度表示聚类之间的相似度或距离。树状图可以帮助观察者直观地理解数据的层次结构，以及不同聚类之间的关系。

在树状图中，每个叶节点通常代表一个数据点，而内部节点代表由这些数据点形成的聚类。从树的根部开始，分支逐渐分裂成更小的分支，直到达到叶节点。分支的长度或高度可以表示聚类之间的距离或相似度，较长的分支表示聚类之间的差异较大，而较短的分支表示聚类之间较为相似。

树状图的一个关键特征是它可以帮助观察者确定聚类的数量。通过观察分支的长度，可以选择一个切割点，在这个点上将树状图水平切割，从而确定聚类的数量。这种方法称为层次聚类。

（8）脸谱图

脸谱图是一种将多维数据映射到二维空间的可视化方法，它通过将每个数据点的属性映射到一个卡通脸部的特征上（如眼睛的大小、嘴巴的宽度、鼻子的形状等），来展示数据的特征。这种方法由美国统计学家赫尔曼·切尔诺夫（Herman Chernoff）在 1973 年提出，因此得名"切尔诺夫脸谱图"。

脸谱图的主要优点是能够在一个图形中展示多达十几个变量，这使得它在某些情况下比传统的多维数据可视化方法（如散点图矩阵）更为有效。由于人类对面部表情的识别能力非常强，所以脸谱图可以帮助观察者快速识别和解释数据中的模式和异常值。

在脸谱图中，每个面部特征代表数据集中的一个变量，例如，眼睛的大小可以代表一个变量的值；嘴巴的宽度可以代表另一个变量的值；鼻子的形状可以代表第三个变量的值；耳朵的大小、眉毛的角度、脸的形状等也可以用来表示其他变量。

脸谱图的一个缺点是它可能难以精确解读，特别是当涉及大量变量时，不同的面部特征可能会相互干扰，使其变得复杂。此外，不同人对面部表情的解读可能存在主观差异，这可能会影响数据的解释。

2.Matplotlib 绘制高级图表

接下来，介绍具体如何使用 Matplotlib 来绘制这些高级图表。

(1)Matplotlib 绘制等高线图

等高线图是一种三维数据在二维平面上的投影，其中颜色或线条表示第三维的值，在 Matplotlib 中，可以使用 contour()和 contourf()方法分别绘制和填充等高线图。

使用 Matplotlib 创建等高线图的示例代码如下：

```
import numpy as np
import matplotlib.pyplot as plt

#创建数据
x =np.linspace(-3.0, 3.0, 100)
y =np.linspace(-3.0, 3.0, 100)
X, Y =np.meshgrid(x, y)
Z =np.sin(np.sqrt(X * * 2 + Y * * 2))

#创建等高线图
plt.figure()
cp =plt.contour(X, Y, Z)

#添加等高线标签
plt.clabel(cp, inline=True, fontsize=10)
#显示图形
plt.title('Contour Plot')
plt.xlabel('x-axis')
plt.ylabel('y-axis')
plt.show()
```

以上代码中，首先导入了 numpy 和 matplotlib.pyplot 库。然后，创建了一个网格，该网格由 x 和 y 坐标组成，并使用 meshgrid()方法将它们组合成二维数组 X 和 Y。接下来，定义了一个函数(在这个例子中是 Z = np.sqrt(X * * 2 + Y * * 2)，表示一个圆锥面)，该函数为每个(X, Y)点对应一个 Z 值。

contour()方法用于绘制等高线图，它接受 x、y 和 z 作为参数。本示例中使用 plt.contour()方法创建了等高线图，并通过调用 colorbar()方法添加一个颜色条来表示不同颜色对应的 Z 值。通过 plt.clabel()方法为等高线添加了标签。最后，设置了图形的标题和坐标轴标签，并使用 plt.show()方法显示图形。效果如图 5-25 所示。

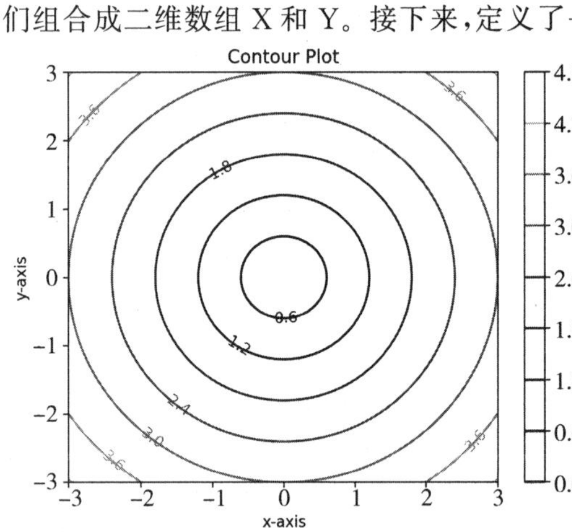

图 5-25 Matplotlib 绘制等高线图

如果要创建带填充的等高线图，可以使用 plt.contourf()方法替代 plt.contour()方法。代码如下：

```
#创建填充的等高区域图
plt.figure()
cpf = plt.contourf(X, Y, Z, cmap='viridis')  # 使用颜色映射

#添加颜色条
plt.colorbar(cpf)
#显示图形
plt.title('Filled Contour Plot')
plt.xlabel('x-axis')
plt.ylabel('y-axis')
plt.show()
```

最终效果如图 5-26 所示。

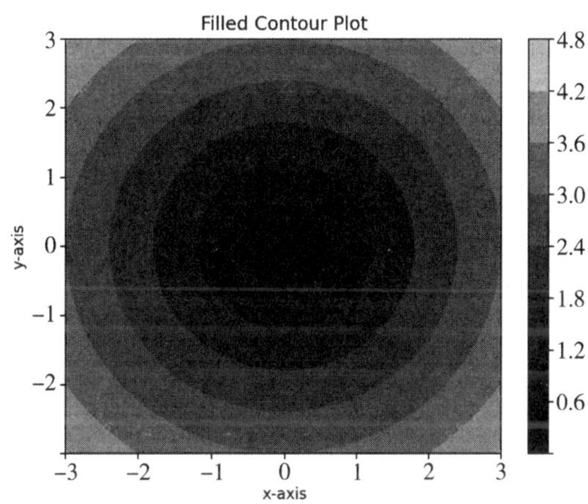

图 5-26　Matplotlib 绘制填充等高线图

(2)Matplotlib 绘制漏斗图

Matplotlib 本身没有直接提供绘制漏斗图的方法，但是可以通过一些基本的绘图功能来手动创建漏斗图。漏斗图通常用于表示数据通过一个过程或多个阶段的流量，其中每个阶段的宽度代表该阶段的数量或比例。

使用 Matplotlib 创建漏斗图的示例代码如下：

```
import matplotlib.pyplot as plt

#漏斗图的数据
stages = ['Visit', 'Sign-up', 'Selection', 'Purchase']
values = [1000, 600, 260, 120]

#计算每个阶段的宽度
widths = [value / max(values) for value in values]
```

```
#绘制漏斗图
fig, ax =plt.subplots(figsize=(8, 4))
fori, (stage, value) in enumerate(zip(stages, widths)):
    #绘制漏斗的每个阶段
ax.barh(stage, value, left=(1 - value) / 2, height=0.6, color='skyblue', edgecolor='grey')
    #添加文本标签
ax.text(value / 2, i, f'{values[i]}', ha='center', va='center', color='black')

#设置图形属性
ax.set_xlim(0, 1)
ax.set_xlabel('Percentage')
ax.set_title('Funnel Chart')
ax.invert_yaxis()   # 反转 Y 轴,使得漏斗的顶部在图形的顶部
plt.tight_layout()

#显示图形
plt.show()
```

以上代码中,首先定义了漏斗图的阶段和对应的值。然后,计算了每个阶段的宽度,这里将每个值除以最大值以得到一个介于 0 和 1 之间的比例。接着,使用 ax.barh()方法绘制水平条形图来表示漏斗的每个阶段,其中参数'left'用于居中对齐每个条形。还使用 ax.text()方法在每个条形中添加了文本标签来显示具体的数值。

最后,设置了 X 轴的范围、X 轴标签、图形标题,并通过 ax.invert_yaxis()方法反转了 Y 轴,使得漏斗的顶部在图形的顶部。使用 plt.tight_layout 确保图形布局合适,然后使用 plt.show()方法显示图形。效果如图 5-27 所示。

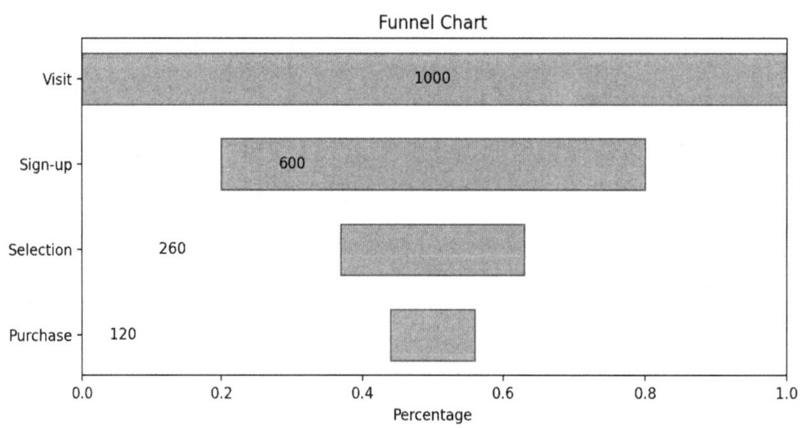

图 5-27 Matplotlib 绘制漏斗图

如果需要更高级的漏斗图功能,可以考虑使用像 Plotly 这样的交互式绘图库,或者使用专门为漏斗图设计的库。至于更精细的控制和更好的视觉效果,也可以考虑使用 Web 前端库,如 D3.js,结合 HTML 和 CSS 来创建漏斗图。这种方法通常用于 Web 应用程序中,可以提供更丰富的交互性和视觉效果。

(3)Matplotlib 绘制哑铃图

Matplotlib 没有内置的哑铃图绘制函数，但是可以通过组合散点图和线段来创建哑铃图。哑铃图通常用于比较两个时间点或条件下的数值变化。

使用 Matplotlib 创建哑铃图的示例代码如下：

```
import matplotlib.pyplot as plt

#哑铃图的数据
categories = ['Category A', 'Category B', 'Category C', 'Category D']
values1 = [10, 20, 30, 40]
values2 = [20, 15, 35, 25]

#绘制哑铃图
fig, ax =plt.subplots(figsize=(8, 4))

#绘制线段
fori, (val1, val2) in enumerate(zip(values1, values2)):
ax.plot([val1, val2], [i, i], color='grey', linestyle='-', marker='o', markersize=8)

#添加文本标签
fori, val in enumerate(values1):
ax.text(val, i, f'{val}', va='center', ha='right', color='blue')
fori, val in enumerate(values2):
ax.text(val, i, f'{val}', va='center', ha='left', color='red')

#设置图形属性
ax.set_yticks(range(len(categories)))
ax.set_yticklabels(categories)
ax.set_xlabel('Value')
ax.set_title('Dumbbell Chart')
plt.tight_layout()

#显示图形
plt.show()
```

以上代码中，首先定义了哑铃图的类别和两组数值。然后，使用 ax.plot()方法绘制连接两个数值的线段。其中，“marker='o'”用于在线段的两端添加圆形标记，以形成哑铃的外观。

接着，使用 ax.text()方法在每个圆形标记旁边添加文本标签来显示具体的数值，分别为两组数值设置了不同的文本对齐方式（“ha='right'”和“ha='left'”），以防文本重叠在圆形标记上。

最后，设置了 Y 轴的刻度和标签、X 轴标签、图形标题，并使用 plt.tight_layout()方法确保图形布局合适，然后使用 plt.show()方法显示图形。效果如图 5-28 所示。

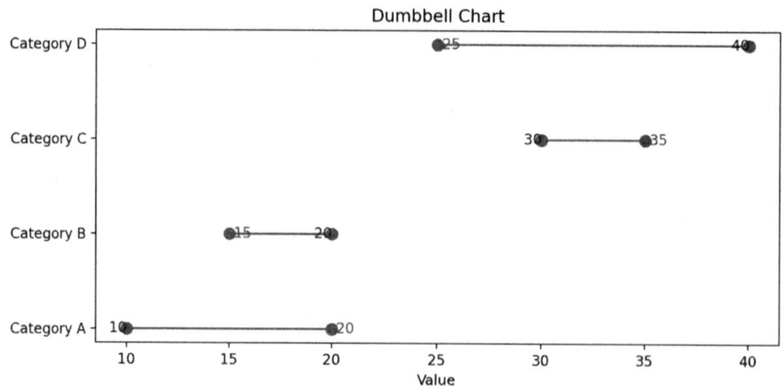

图 5-28 Matplotlib 绘制哑铃图

如图 5-28 所示的哑铃图是一个基本的版本，可以根据需要调整颜色、线型、标记大小等属性，以达到更好的视觉效果。

(4)Matplotlib 绘制桑基图

Matplotlib 没有提供直接绘制桑基图的函数，但是它提供了一个 matplotlib.sankey 模块，可以用来创建桑基图。桑基图是一种流程图，用于展示流量的大小和流向，常用于展示能量、材料或成本在一个过程中的转移。

使用 Matplotlib 创建桑基图的示例代码如下：

```
import matplotlib.pyplot as plt
from matplotlib.sankey import Sankey

#创建桑基图实例
sankey = Sankey()
#添加流程
# flows 参数表示流量的大小，正值表示流入，负值表示流出
# labels 参数表示每个流程的标签
# orientations 参数表示流程的方向，0 表示水平，1 表示向上，-1 表示向下
sankey.add(flows=[1, -0.5, -0.3, -0.2], labels=['Input', 'Output A', 'Output B', 'Output C'],
orientations=[0, 1, 0, -1])

#绘制桑基图
diagrams =sankey.finish()
for diagram in diagrams:
diagram.text.set_fontsize(10)
diagram.text.set_color('r')

#显示图形
plt.title('Sankey Diagram')
plt.show()
```

以上代码中，首先导入了 matplotlib.sankey 模块，并创建了一个 Sankey 实例。然后，使用 add()方法添加了一个流程，其中，参数 flows 是一个列表，表示流量的大小和方向，参数

labels 是一个列表，表示每个流程的标签，参数 orientations 也是一个列表，表示流程的方向。

接着，调用 sankey.finish()方法来完成桑基图的绘制。sankey.finish()方法会返回一个包含所有桑基图对象的列表，每个桑基图对象都已经关联了一个 matplotlib 的 Axes 对象。因此，不需要手动创建新的图形和轴对象，并对返回的 diagrams 列表中的每个桑基图对象进行遍历，设置文本的字体大小和颜色。

最后，设置了图形的标题，并使用 plt.show()方法显示图形。效果如图 5-29 所示。

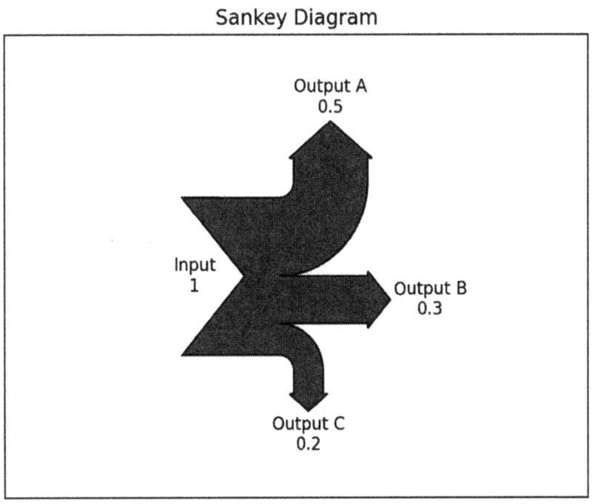

图 5-29　Matplotlib 绘制桑基图

桑基图的绘制可能会涉及复杂的流程和布局调整，上述的示例只是一个简单的入门级示例，也可以根据需要调整流量的大小、标签的内容、流程的方向和颜色等属性，以达到更好的视觉效果。

(5)Matplotlib 绘制雷达图

Matplotlib 本身没有提供专门用于绘制雷达图的函数。通常使用极坐标图的一些特性来创建雷达图，这种图表通常用于显示多个定量变量的数据，这些变量的值是相对于一个中心点的。

使用 Matplotlib 绘制雷达图的示例代码如下：

```
import numpy as np
import matplotlib.pyplot as plt
# 定义数据
labels=np.array(['A', 'B', 'C', 'D'])
stats=np.array([20, 34, 30, 35])
# 计算角度
angles=np.linspace(0, 2 * np.pi, len(labels), endpoint=False).tolist()
# 使雷达图封闭
stats=np.concatenate((stats,[stats[0]]))
angles+=angles[:1]
# 绘制雷达图
fig, ax =plt.subplots(figsize=(6, 6), subplot_kw=dict(polar=True))
ax.fill(angles, stats, color='red', alpha=0.25)
ax.plot(angles, stats, color='red', linewidth=2)  # 绘制线
# 设置雷达图的标签
ax.set_thetagrids(np.degrees(angles[:-1]), labels)  # 注意这里我们使用 angles[:-1]来排除
最后一个重复的角度

# 显示图形
plt.show()
```

以上代码中，首先定义了一组标签和相应的统计数据。然后，计算了每个标签对应的角度，并将角度和统计数据转换为封闭的雷达图形式。接着，通过代码“subplot_kw＝dict(polar＝True)”创建了一个极坐标的子图，并使用 ax.fill()方法和 ax.plot()方法绘制了填充区域和线条。最后，使用 ax.set_thetagrids()方法设置了雷达图的标签，并使用 plt.show()方法显示了图形。效果如图 5-30 所示。

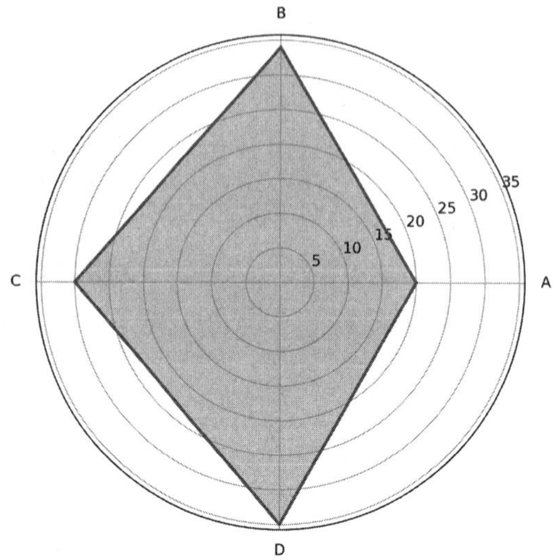

图 5-30　Matplotlib 绘制雷达图

注意：雷达图的数据通常需要进行归一化处理，以便所有变量都在相同的尺度上进行比较。在这个示例中，没有进行归一化处理，因为假设所有数据都在相同的尺度上。如果数据尺度不同，则需要在绘制雷达图之前先对数据进行归一化处理。

(6)Matplotlib 绘制词云图

Matplotlib 本身不支持直接生成词云图，但是可以使用第三方库 wordcloud 来创建，并使用 Matplotlib 来显示。

使用 wordcloud 库和 Matplotlib 创建和显示词云图的步骤如下。

首先，确保已经安装了 wordcloud 库，如果没有安装，可以使用以下命令安装：

```
pip install wordcloud
```

若使用 Pycharm，可参考学习情境 5.1 中在 PyCharm 中安装 Matplotlib 库的步骤安装 wordcloud 库。

安装完 wordcloud 库之后，可以编写如下代码来生成和显示词云图。

```
from wordcloud import WordCloud
import matplotlib.pyplot as plt

#定义文本
text = "Python MatplotlibWordCloud Data Visualization Library Plot Graph Chart"
```

```
#创建词云对象
wordcloud = WordCloud(width=800, height=400, background_color='white').generate(text)

#显示词云图
plt.figure(figsize=(10, 5))
plt.imshow(wordcloud, interpolation='bilinear')
plt.axis('off')  # 关闭坐标轴
plt.show()
```

以上代码中,首先定义了一段文本,然后创建了一个 WordCloud 对象,并使用 generate()方法根据文本生成词云图,设置了词云图的宽度、高度和背景颜色。

接下来,使用 Matplotlib 创建了一个图形窗口,并使用 imshow()方法显示词云图。代码"interpolation='bilinear'"是用来平滑显示图像的,还通过代码"axis('off')"关闭了坐标轴。

最后,使用 plt.show()方法显示了图形窗口。这样就完成了词云图的生成和显示。效果如图 5-31 所示。

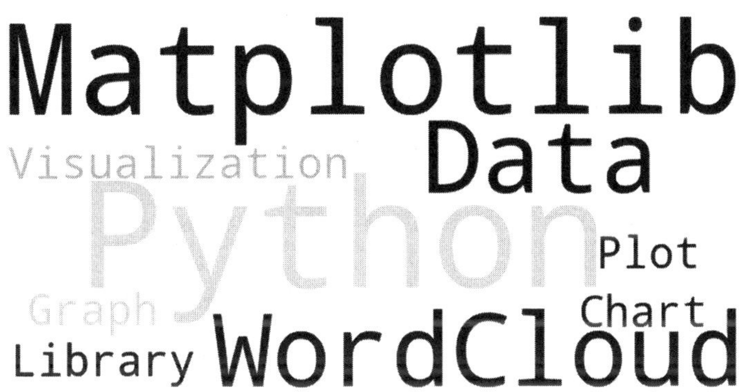

图 5-31 Matplotlib 绘制词云图

(7)Matplotlib 绘制矢量场流线图

在 Matplotlib 中,矢量场流线图可以使用 streamplot()方法来创建。矢量场流线图是一种表示二维矢量场中流体流动的可视化方法。在这种图中,流线表示流体的运动路径,其方向与矢量场的方向一致,而其密度可以表示流速的大小。

streamplot()方法需要 X 轴和 Y 轴的坐标网格以及在这些点上的矢量分量 U 和 V。这些矢量分量代表了在每个点上的水平和垂直方向的速度。

使用 streamplot()方法创建矢量场流线图的示例代码如下:

```
import numpy as np
import matplotlib.pyplot as plt

#创建一个网格
Y, X =np.mgrid[-3:3:100j, -3:3:100j]
```

```
#创建矢量场
U = -1 - X* *2 + Y
V = 1 + X - Y* *2

#创建流线图
plt.streamplot(X, Y, U, V)

#显示图表
plt.show()
```

以上代码中,np.mgrid 用于创建一个二维网格,U 和 V 定义了在每个网格点上的矢量分量。plt.streamplot()方法接收这些参数并绘制流线图。最后,使用 plt.show()方法以显示图表。效果如图 5-32 所示。

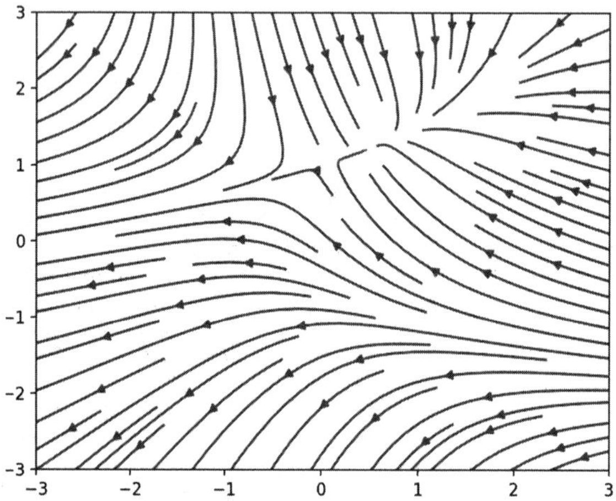

图 5-32 Matplotlib 绘制矢量流线图

streamplot()方法还有许多可选参数,可以用来自定义矢量流线图的外观,例如:

①density:控制流线的密度。

②color:设置流线的颜色。

③linewidth:设置流线的宽度。

④arrowsize:设置流线箭头的大小。

⑤cmap:设置颜色映射,用于根据速度或其他标量字段着色流线。

例如,如果想根据速度的大小来着色流线,并且改变流线的密度,可以通过如下代码实现:

```
speed =np.sqrt(U* *2 + V* *2)
plt.streamplot(X, Y, U, V, color=speed, linewidth=2, cmap=plt.cm.autumn, density=2)
plt.colorbar()  # 显示颜色条
```

该代码中,speed 是根据矢量分量计算得到的速度大小,它被用作参数 color 来着色流线。“cmap=plt.cm.autumn”定义了颜色映射,而“density=2”增加了流线的密度。最后,“plt.colorbar()”添加了一个颜色条,便于看到速度与颜色的对应关系。效果如图5-33所示。

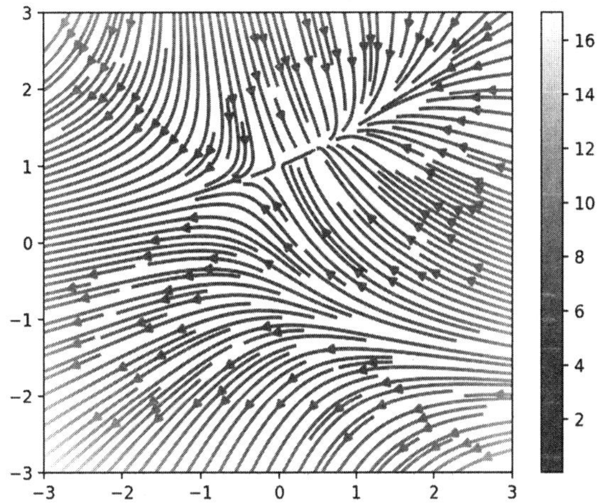

图 5-33 定义流线图外观

(8)Matplotlib 绘制棉棒图

在 Matplotlib 中，棉棒图(也称为误差棒图或误差线图)通常用来表示数据点的不确定性或变异性。棉棒图通过在数据点上添加垂直或水平的线条(棉棒)来表示误差或标准偏差。这些线条的长度通常表示误差的大小，而线条末端的横线(帽子)表示误差范围。

在 Matplotlib 中，可以使用 errorbar()方法来创建棉棒图。这个方法允许用户指定数据点的 X 轴和 Y 轴坐标，以及与这些点相关的误差值。

使用 Matplotlib 创建棉棒图的示例代码如下：

```
import matplotlib.pyplot as plt

#数据点
x = [1, 2, 3, 4, 5]
y = [1.5, 2.5, 3.5, 4.5, 5.5]

#误差值
yerr = [0.1, 0.2, 0.3, 0.4, 0.5]

#创建棉棒图
plt.errorbar(x, y, yerr=yerr, fmt='o', ecolor='red', capsize=5)

#设置轴标签
plt.xlabel('X Axis')
plt.ylabel('Y Axis')

#显示图表
plt.show()
```

以上代码中，x 和 y 是数据点的坐标，yerr 是与每个数据点相关的误差值。“fmt='o'”指定了数据点的标记样式(这里是圆圈)。“ecolor='red'”设置了棉(误差)棒的颜色为红色，而“capsize=5”设置了棉棒末端帽子的大小。效果如图 5-34 所示。

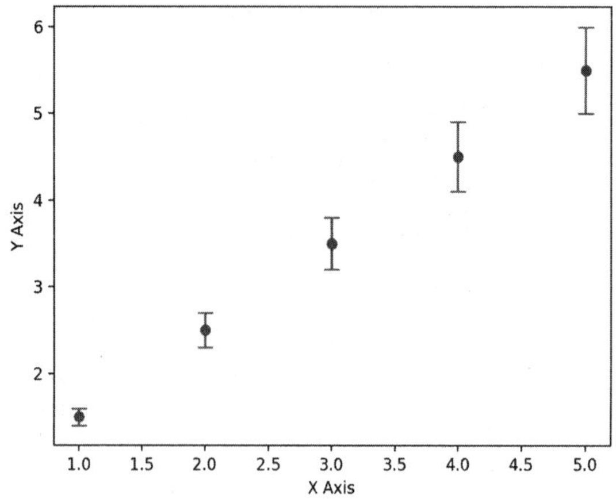

图 5-34　Matplotlib 绘制棉棒图

errorbar()方法还有许多其他参数，可以用来自定义棉棒图的外观，例如：

①xerr：设置水平方向的误差值。

②fmt：设置数据点的标记样式和线条样式。

③ecolor：设置误差棒的颜色。

④elinewidth：设置误差棒的线宽。

⑤capsize：设置误差棒末端帽子的大小。

⑥capthick：设置误差棒末端帽子的厚度。

例如，如果想同时显示水平和垂直方向的误差，并且改变数据点的颜色和样式，可以通过如下代码实现：

```
xerr = [0.05, 0.1, 0.15, 0.2, 0.25]
plt.errorbar(x, y, xerr=xerr, yerr=yerr, fmt='s', ecolor='blue', capsize=5, color='green
', linestyle='--')
```

该代码中，xerr 定义了水平方向的误差值。“fmt='s'”设置了数据点的标记样式为正方形，“ecolor='blue'”设置了误差棒的颜色为蓝色，“color='green'”设置了数据点和连接线的颜色为绿色，而“linestyle='--'”设置了连接线的样式为虚线。效果如图 5-35 所示。

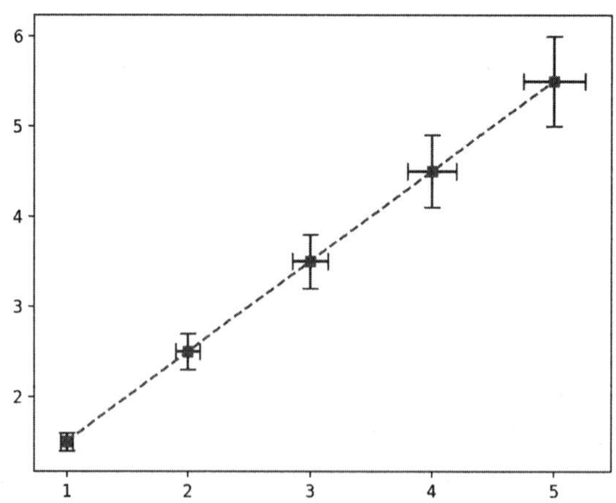

图 5-35　定义棉棒图外观

(9)Matplotlib 绘制树状图

在 Matplotlib 中,树状图是一种用来展示数据的层次结构的图表。它通常用于聚类分析,以展示数据点是如何基于相似性分组的。Matplotlib 并不支持直接绘制树状图,但是可以使用 scipy 库中的 dendrogram()方法来创建,并使用 Matplotlib 进行展示。

首先,确保已经安装了 scipy 库,如果没有安装,可以使用以下命令安装。

```
pip install scipy
```

若使用 Pycharm,则可参考学习情境 5.1 中在 PyCharm 中安装 Matplotlib 库的步骤安装 scipy 库。

安装完 scipy 库后,可以编写以下代码来生成和显示树状图:

```
import matplotlib.pyplot as plt
from scipy.cluster.hierarchy import dendrogram, linkage
import numpy as np

#创建一些随机数据
np.random.seed(42)
data =np.random.multivariate_normal([10, 0], [[3, 1], [1, 4]], size=[100,])

#对数据进行层次聚类
Z = linkage(data, 'ward')

#创建树状图
fig, ax =plt.subplots(figsize=(10, 5))
dendrogram(Z, ax=ax)

#设置轴标签
ax.set_xlabel('Sample Index')
ax.set_ylabel('Distance')

#显示图表
plt.show()
```

以上代码中,首先使用 numpy 生成了一些随机数据。然后,使用 scipy.cluster.hierarchy 模块中的 linkage()方法对数据进行层次聚类,其中参数 ward()方法是聚类时使用的方法。接着,使用 dendrogram()方法创建树状图,并通过 subplots()方法创建一个图表对象来展示。

dendrogram()方法返回一个字典,其中包含了用于构建树状图的信息。在调用 dendrogram 时,可以传递一个参数 ax,这是一个轴对象,用于指定树状图应该绘制在哪个轴上。

linkage()方法的第二个参数是一个字符串,指定了用于计算聚类时样本之间距离的方法。除了 ward()方法外,还有其他方法如 single()、complete()、average()等。

最后,设置了 X 轴和 Y 轴的标签,并使用 plt.show()方法显示了图表。效果如图 5-36 所示。

注意：树状图的创建和展示通常涉及层次聚类的概念，因此在使用之前可能需要对聚类分析有一定的了解。

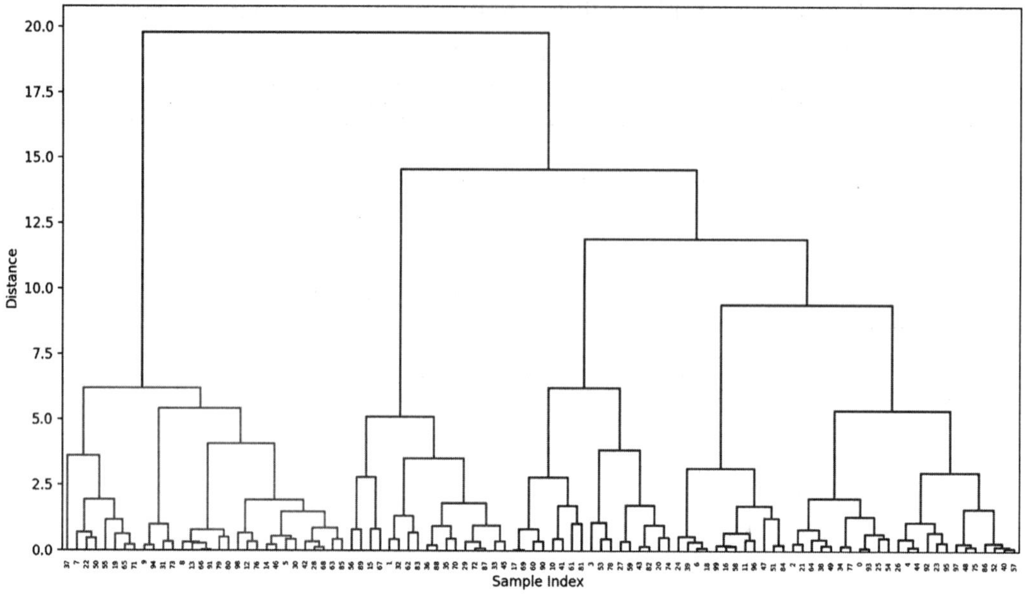

图 5-36 Matplotlib 绘制树状图

(10)Matplotlib 绘制脸谱图

在 Matplotlib 中，并没有直接称为“脸谱图”的图表类型。通常使用 Matplotlib 来绘制人脸或类似人脸的图形，这涉及自定义绘图和可能的图像处理技术。

使用 Matplotlib 创建脸谱图的示例代码如下：

```
import matplotlib.pyplot as plt
from matplotlib.patches import Circle, Ellipse, PathPatch
import numpy as np
from matplotlib.path import Path
from matplotlib.transforms import Affine2D

#定义一个函数来创建脸谱图
defcreate_chernoff_face(ax, features, * *kwargs):
    #设置脸部特征的默认值
default_features = {
        'face_color': 'yellow',
        'eye_width': 0.2,
        'eye_height': 0.2,
        'eye_x': 0.4,
        'eye_y': 0.5,
        'eyebrow_length': 0.3,
        'eyebrow_curve': 0.2,
```

```
            'nose_length': 0.3,
            'nose_width': 0.1,
            'mouth_width': 0.4,
            'mouth_height': 0.1,
        }
    default_features.update(features)

        #绘制脸部
        face = Circle((0.5, 0.5), radius=0.4,
    color=default_features['face_color'])
    ax.add_patch(face)

        #绘制眼睛
    eye_left = Ellipse(
            (0.5 -default_features['eye_x'], 0.5 + default_features['eye_y'] - 0.5 * default_
features['eye_height']),
            width=default_features['eye_width'],
            height=default_features['eye_height'],
            color='black')
    eye_right = Ellipse(
            (0.5 +default_features['eye_x'], 0.5 + default_features['eye_y'] - 0.5 * default_
features['eye_height']),
            width=default_features['eye_width'],
            height=default_features['eye_height'],
            color='black')
    ax.add_patch(eye_left)
    ax.add_patch(eye_right)
        #绘制眉毛(使用路径)
    eyebrow_path = Path([(-default_features['eyebrow_length'] / 2, 0),
                         (0,default_features['eyebrow_curve']),
                         (default_features['eyebrow_length'] / 2, 0)],
                        [Path.MOVETO, Path.CURVE3, Path.CURVE3])
    eyebrow_patch_left = PathPatch(eyebrow_path,
    transform=Affine2D().translate(0.5 - default_features['eye_x'],
    0.5 +default_features['eye_y']) + ax.transData,
                                   color='black')
    eyebrow_patch_right = PathPatch(eyebrow_path,
                                   transform=Affine2D().scale(-1, 1).translate(0.5 +default
_features['eye_x'],0.5 +default_features[
    'eye_y']) + ax.transData,
                                   color='black')
    ax.add_patch(eyebrow_patch_left)
```

```
    ax.add_patch(eyebrow_patch_right)

        # 绘制鼻子(简化为三角形)
        nose = PathPatch(Path([(0, -default_features['nose_length'] / 2),
                               (default_features['nose_width'] / 2, 0),
                               (-default_features['nose_width'] / 2, 0)],
                              [Path.MOVETO, Path.LINETO, Path.LINETO]),
                         transform=Affine2D().translate(0.5, 0.5) +ax.transData,
                         color='black')
    ax.add_patch(nose)

        # 绘制嘴巴
    mouth_path = Path([(-default_features['mouth_width'] / 2, -default_features['mouth_height']),
                       (0, 0),
                       (default_features['mouth_width'] / 2, -default_features['mouth_height'])],
                      [Path.MOVETO, Path.CURVE3, Path.CURVE3])
        mouth = PathPatch(mouth_path,
                          transform=Affine2D().translate(0.5, 0.5 -default_features['mouth_
height'] / 2) + ax.transData,
                          color='black')
    ax.add_patch(mouth)
        # 设置坐标轴的范围和比例
    ax.set_xlim(0, 1)
    ax.set_ylim(0, 1)
    ax.set_aspect('equal')
    ax.axis('off')  # 关闭坐标轴
    # 创建一个图和一个子图
    fig, ax =plt.subplots()

    # 创建一个脸谱图,可以通过修改 features 字典来调整脸部特征
    create_chernoff_face(ax, {
        'face_color': 'lightblue',
        'eye_width': 0.1,
        'eye_height': 0.2,
        'eye_x': 0.15,
        'eye_y': 0.25,
        'eyebrow_length': 0.3,
        'eyebrow_curve': 0.15,
        'nose_length': 0.2,
        'nose_width': 0.1,
        'mouth_width': 0.3,
        'mouth_height': 0.1,
```

```
})
#显示图形
plt.show()
```

以上代码中,定义了一个 create_chernoff_face()方法,它接收一个 Axes 对象和一个特征字典。这个字典包含了不同的脸部特征,如眼睛的宽度和高度、鼻子的长度和宽度等。然后,使用绘图函数和路径(Path)来创建脸部的不同部分。最终效果如图 5-37 所示。

图 5-37 Matplotlib 绘制脸谱图

以上只是一个简单的示例,实际上可以根据需要添加更多的特征和细节,以更好地表示数据。

课程思政

中国数据可视化的现状

中国数据可视化的现状可以从技术发展、市场应用和产业生态三个方面进行概述。

首先,在技术发展方面,中国的数据可视化技术不断创新和进步。从传统的静态图表到现代的动态交互式可视化,技术的演进使得人们能够更直观地理解和交互数据。同时,虚拟现实、增强现实等前沿技术也为数据可视化提供了更广阔的发展空间,使用户能够更深入地探索和理解复杂数据。

其次,在市场应用方面,数据可视化在中国得到了广泛的应用。无论是商业决策、市场营销、金融分析,还是政府决策、公共服务等领域,数据可视化都发挥着重要的作用。企业和组织越来越重视利用数据进行决策和管理,从而推动了数据可视化工具的需求。此外,数据可视化也逐渐渗透到教育、医疗、交通等各个领域,为人们提供更加直观和有效的信息展示和交流方式。

最后,在产业生态方面,中国的数据可视化产业链已经逐渐完善。从数据采集、处理到分析和可视化,各个环节都有相应的企业和产品提供服务。同时,随着云计算、人工智能等技术的发展,数据可视化平台也逐渐向云端化、智能化方向发展,为用户提供更加便捷和高效的服务。

总而言之,中国数据可视化的现状是充满活力和机遇的,但同时也面临着一些挑战,如数据安全、隐私保护等问题。未来,随着技术的不断创新和应用领域的拓展,中国数据可视化的发展前景将更加广阔。

任务实施

本任务为读取文本文件中的内容并生成相应词云图。

本任务的文本文件内容为宁夏商务厅招商引资局所发关于《宁夏葡萄酒产业发展情况》中的内容,如图 5-38 所示。

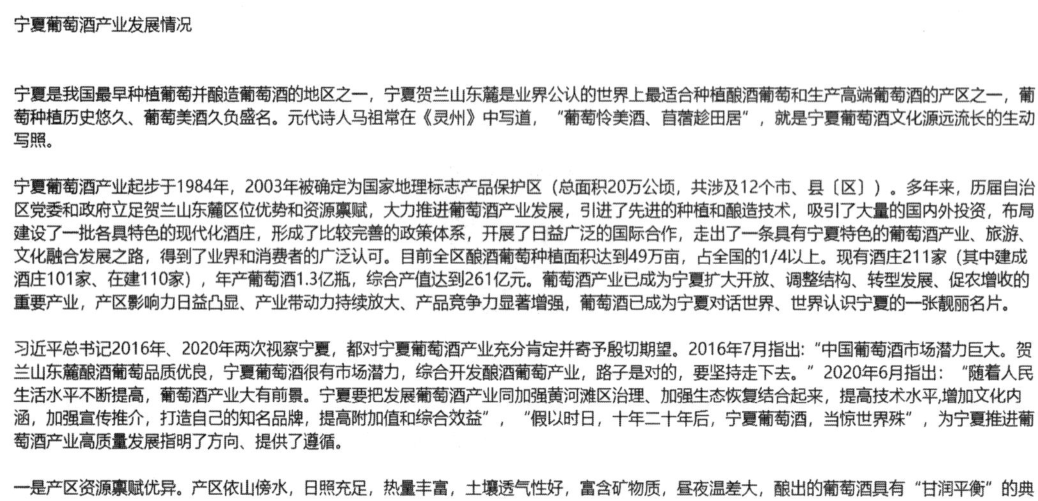

宁夏葡萄酒产业发展情况

宁夏是我国最早种植葡萄并酿造葡萄酒的地区之一，宁夏贺兰山东麓是业界公认的世界上最适合种植酿酒葡萄和生产高端葡萄酒的产区之一，葡萄种植历史悠久、葡萄美酒久负盛名。元代诗人马祖常在《灵州》中写道，“葡萄怜美酒、苜蓿趁田居”，就是宁夏葡萄酒文化源远流长的生动写照。

宁夏葡萄酒产业起步于1984年，2003年被确定为国家地理标志产品保护区（总面积20万公顷，共涉及12个市、县〔区〕）。多年来，历届自治区党委和政府立足贺兰山东麓区位优势和资源禀赋，大力推进葡萄酒产业发展，引进了先进的种植和酿造技术，吸引了大量的国内外投资，布局建设了一批各具特色的现代化酒庄，形成了比较完善的政策体系，开展了日益广泛的国际合作，走出了一条具有宁夏特色的葡萄酒产业、旅游、文化融合发展之路，得到了业界和消费者的广泛认可。目前全区酿酒葡萄种植面积达到49万亩，占全国的1/4以上。现有酒庄211家（其中建成酒庄101家、在建110家），年产葡萄酒1.3亿瓶，综合产值达到261亿元。葡萄酒产业已成为宁夏扩大开放、调整结构、转型发展、促农增收的重要产业，产区影响力日益凸显、产业带动力持续放大、产品竞争力显著增强，葡萄酒已成为宁夏对话世界、世界认识宁夏的一张靓丽名片。

习近平总书记2016年、2020年两次视察宁夏，都对宁夏葡萄酒产业充分肯定并寄予殷切期望。2016年7月指出:“中国葡萄酒市场潜力巨大。贺兰山东麓酿酒葡萄品质优良，宁夏葡萄酒很有市场潜力，综合开发酿酒葡萄产业，路子是对的，要坚持走下去。”2020年6月指出：“随着人民生活水平不断提高，葡萄酒产业大有前景。宁夏要把发展葡萄酒产业同加强黄河滩区治理、加强生态恢复结合起来，提高技术水平,增加文化内涵，加强宣传推介，打造自己的知名品牌，提高附加值和综合效益”，“假以时日，十年二十年后，宁夏葡萄酒，当惊世界殊”，为宁夏推进葡萄酒产业高质量发展指明了方向、提供了遵循。

一是产区资源禀赋优异。产区依山傍水，日照充足，热量丰富，土壤透气性好，富含矿物质，昼夜温差大，酿出的葡萄酒具有“甘润平衡”的典

图 5-38 文本内容

首先安装 wordcloud 库,代码如下:

```
pip install wordcloud
```

然后读取文本内容并生成词云图,完整的代码如下:

```
from wordcloud import WordCloud
import matplotlib.pyplot as plt
import jieba

#打开文本文件并读取内容
with open('nxptj.txt','r', encoding='utf-8') as file:
    text = file.read()

#中文分词
wordlist = jieba.cut(text, cut_all=False)
words = ''.join(wordlist)

#创建 WordCloud 对象
wordcloud = WordCloud(
    font_path='simhei.ttf',
    width=800,
    height=600,
```

```
    background_color='white'
).generate(words)

#显示词云图
plt.figure(figsize=(10, 5))
plt.imshow(wordcloud, interpolation='bilinear')
plt.axis('off')  #关闭坐标轴
plt.show()
```

生成词云图效果如图 5-39 所示。

图 5-39　词云图效果

此外，WordCloud 类有许多参数可以自定义，例如 max_words（显示的最大词数）、stopwords（要排除的词列表）、font_path（字体路径，用于支持特定的字体）等。实际应用中可以根据需要调整这些参数以优化词云图视觉效果。

检　查

各自完成学习情境的任务并展示结果，介绍任务的完成情况。作品展示前应准备阐述材料，并完成自查。自查单见表 5-10。

表 5-10　　自查单

学习情境 5.2	Matplotlib 进阶		
检查项目	检查标准	分值	得分
Matplotlib 绘制等高线图	能够通过 Matplotlib 绘制出简单的等高线图	20	
Matplotlib 绘制哑铃图	能够通过 Matplotlib 绘制出简单的哑铃图	20	
Matplotlib 绘制等漏斗图	能够通过 Matplotlib 绘制出简单的漏斗图	20	

(续表)

学习情境 5.2	Matplotlib 进阶		
检查项目	检查标准	分值	得分
Matplotlib 绘制等桑基图	能够通过 Matplotlib 绘制出简单的桑基图	20	
Matplotlib 绘制等词云图	能够通过 Matplotlib 绘制出简单的慈云图	20	
合计		100	

学生展示过程中,以个人为单位,对任务结果进行互查。互查单见表 5-11。

表 5-11　　互查单

学习情境 5.2		Matplotlib 进阶							
评价项目	分值	等级				评价对象			
		优(100%)	良(80%)	中(60%)	差(40%)	1	2	3	4
计划合理	10								
方案准确	10								
工作质量	20								
工作效率	20								
工作完整	10								
工作规范	10								
成果展示	20								
合计	100								

评　价

教师对学生的工作过程和工作结果进行综合评价,填写综合评价表,见表 5-12。

表 5-12　　综合评价表

学习情境 5.2		Matplotlib 进阶		
评价项目		评价标准	分值	得分
考勤(20%)		无迟到、早退、旷课现象	20	
工作过程(40%)	方案制作	能制订有效工作方案	10	
	工具运用	能有效使用相关工具	10	
	工作态度	态度端正、工作认真、积极向上	10	
	职业素养	一丝不苟、精益求精	10	

（续表）

学习情境 5.2		Matplotlib 进阶		
评价项目		评价标准	分值	得分
工作结果（40%）	工作完整	能按时完成任务	10	
	工作质量	能按计划完成任务	10	
	材料准备	能准备成果展示所需要的材料	10	
	成果展示	能准确表达、汇报工作成果	10	

拓展思考

1.本情境所介绍的高级图表各自的特点是什么？

2.本情境所介绍的高级图表各自的应用领域有哪些？

模块六　使用 Pyecharts 实现数据可视化

学习情境 6.1　安装、配置 Pyecharts

学习情境描述

2020 年 1 月 17 日，国家统计局发布了 2019 年国民经济报告，报告中指出：截至 2019 年年末中国大陆总人口（包括 31 个省、自治区、直辖市和中国人民解放军现役军人，不包括香港、澳门特别行政区和台湾地区以及海外华侨人数）140 005 万人。2021 年 5 月 11 日，第七次全国人口普查结果公布，全国人口共 141 178 万人。人口的变化对社会经济发展带来巨大而深远的影响，例如老龄化、男女比例失衡、生育率下降、人口红利下降等，本学习情境将分析第七次人口普查数据，并使用 Pyecharts 展示人口数据，其中主要展示我国人口的总人口、男女人口比例、人口城镇化、人口增长率和年龄结构。

学习目标

➢ 知识目标

（1）了解 Pyecharts 的特点。

（2）掌握 Pyecharts 的安装和使用方法。

（3）掌握 Pyecharts 的配置方法。

➢ 能力目标

（1）能够利用网络工具获取数据。

（2）能够安装 Python 的第三方库。

（3）具备分析数据的基本能力。

➢ 素质目标

（1）培养自学的能力。

（2）培养信息获取的能力。

（3）培养根据现象分析问题的能力。

学习任务

1.使用 pip 命令安装 Pyecharts。

2.配置 Pyecharts。

资 讯

引导问题：

1.人口普查有什么作用？

2.Echarts 和 Pyecharts 之间是什么关系？

3.Pyecharts 有什么优势？

计 划

1.制订工作方案(表 6-1)。

表 6-1 工作方案

步骤	工作内容
1	
2	
3	
4	
5	
6	
7	
8	

2.写出 Pyecharts 的安装、配置过程。

3.列出工具清单(表 6-2)。

表 6-2 工具清单

序号	工具名称	工具版本	备注

4.列出技术清单(表 6-3)。

表 6-3 技术清单

序号	技术名称	技术版本	备注

决 策

1.根据引导、构思、计划等,阐述自己的工作方案。

2.对其他工作方案提出不同看法。

3.教师根据完成情况进行点评,并选出最佳方案。

知识准备

1.人口普查

人口普查(Census),是按现行人口普查政策有针对性的人口数据统计和数据分析,是对总人口、民族、年龄、户口数、身体条件、是否残疾、有效劳动力和一二三产业各行业青壮劳动力占比和其他高素质人才资源数据统计、政策调整后的计划生育出生率、婚龄单身人口和性别比、出生性别比调查、职业、教育程度、婚姻构成分析汇总等登记搜集，并在国家统一规定的时间内，按照统一的方法、统一的项目、统一的调查表和统一的标准时点，对全国人口普遍地、逐户逐人地进行的全范围一次性调查登记计算。人口普查工作是一项重要的国情国力调查，是当今世界各国广泛采用的搜集人口资料的一种最基本的科学方法，提供全国基本人口数据的主要来源。

从 1949 年以来，我国分别在 1953 年、1964 年、1982 年、1990 年、2000 年、2010 年与 2020 年进行过七次全国性人口普查。2021 年 5 月 11 日，第七次全国人口普查结果公布，全国人口共 141 178 万人。

2.Pyecharts 概述

(1)Pyecharts 简介

Python 是一门富有表现力的开发语言，是数据科学和人工智能在学习和科研场景下的首选语言。Echarts 是一个开源的、免费的、成熟的、商业级的图表可视化框架，它基于 JavaScript 语言开发，是国内使用最多和最为广泛的可视化图表框架之一。而 Pyecharts 则是 Echarts 数据可视化框架，在 Python 开发语言环境下的实现版本，用于创建交互式和美观的图表。通过在 Python 中调用 Echarts 的功能，用户能够在 Python 环境中轻松地绘制各种类型的图表，包括折线图、柱形图、饼图、散点图等。

Pyecharts 提供了一个简单而直观的 API 接口，使用者无须了解复杂的 JavaScript 语法，即可通过 Python 代码实现高度定制化的图表设计。Pyecharts 官方网站(https://pyecharts.org/#/)提供了丰富的学习资源，包括文档、教程和案例等。

Pyecharts 除官方教程之外，还有一个案例演示平台(https://gallery.pyecharts.org/#/)，可以用来查看 Pyecharts 支持的所有图表组件的演示案例，包括源码、配置方法、图表预览等。

(2)Pyecharts 特点

①简洁的 API 设计，使用流畅，支持链式调用。

②提供了 30 多种常见图表，应有尽有。

③支持主流 Notebook 环境、Jupyter Notebook 和 JupyterLab。

④可轻松集成至 Flask、Django 等主流 Web 框架。

⑤高度灵活的配置项，可轻松搭配出精美的图表。

⑥详细的文档和示例，帮助开发者更快上手项目。

(3)Pyecharts 版本

Pyecharts 分为 v0.5.X 和 v1 两个大版本，v0.5.X 和 v1 间不兼容。v1 是一个全新的版本，支持 Echarts 4 且仅支持 Python3.6 及以上版本。本书中若无特殊说明，使用 v1.9 版本。

延伸阅读

人口普查，利国利民

2020 年 10 月至 11 月，我国开展了第七次全国人口普查。自中华人民共和国成立以来，我国已进行六次人口普查，获得了翔实的人口基础数据。人口状况是一个国家最基本的国情，开展人口普查不仅是摸清人口“家底”的重要手段，是完善人口发展的促进人口的长期均衡发展战略和政策，更是国家科学制订国民经济和社会发展规划，推动经济高质量发展的重要决策依据。

为实现人民对美好生活的向往,开启全面建设社会主义现代化国家新征程,向第二个百年奋斗目标进军,我们需要有科学准确的人口信息。我们每个人、每个家庭都要积极参与支持人口普查,并提供完整详尽的人口信息。这样才能全面查清我国人口数量、结构、分布等最新情况,为国家制订和完善未来收入、消费、教育、就业、养老、医疗等一系列政策措施提供决策依据。因此,人口普查利国利民,需要全民支持、全民配合。

任务实施

本任务为安装 Pyecharts,以及在 PyCharm 和 Jupyter Notebook 中简单使用 Pyecharts。

1.安装 Pyecharts

使用 Pyecharts 图表组件库之前,需要安装对应的 Pyecharts 库文件,安装的方式非常简单,只需要执行如下指令即可。

```
pip install Pyecharts
```

若安装过程比较慢,则可以在安装命令行中指定软件源(如清华大学镜像源)和软件的版本号,具体命令如下,安装过程如图 6-1 所示。

```
pip install -i https://pypi.tuna.tsinghua.edu.cn/simple/ Pyecharts==1.9
```

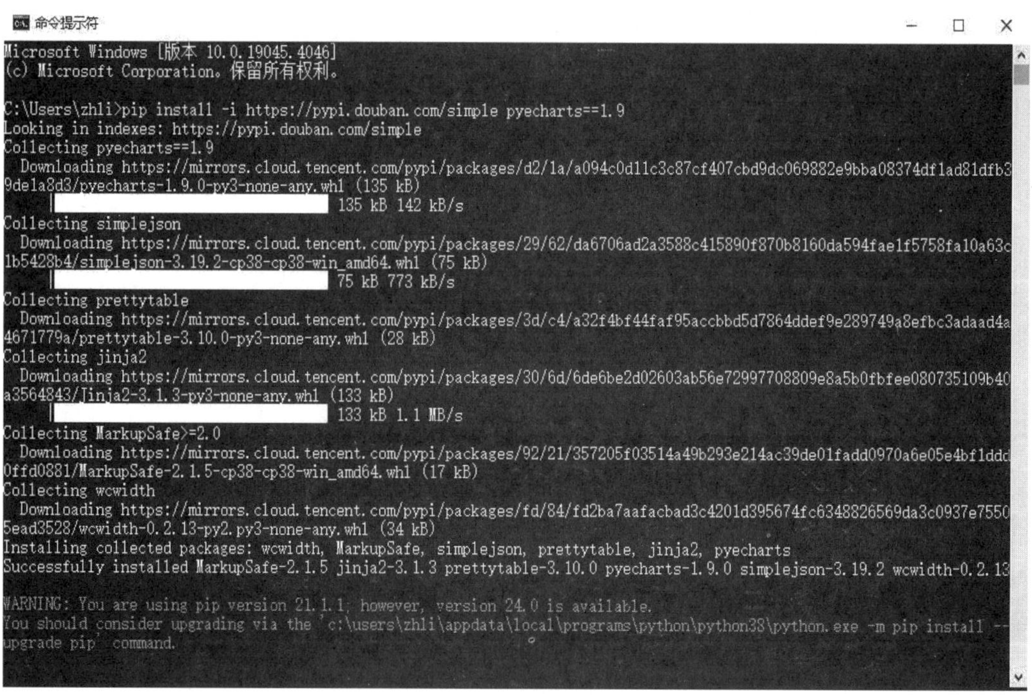

图 6-1 安装 Pyecharts

国内常用的镜像源:

①清华大学镜像源:https://pypi.tuna.tsinghua.edu.cn/simple/。

②华为镜像源:https://mirrors.huaweicloud.com/。

③阿里云镜像源：http://mirrors.aliyun.com/pypi/simple/。

④豆瓣镜像源：http://pypi.douban.com/simple/。

⑤中国科学技术大学镜像源：ttp://pypi.mirrors.ustc.edu.cn/simple/。

⑥腾讯开源镜像：http://mirrors.cloud.tencent.com/pypi/simple。

⑦网易源镜像：http://mirrors.163.com/。

⑧搜狐源镜像：http://mirrors.sohu.com/。

若用户需要用到地图图表，则可自行安装对应的地图文件包。命令如下：

```
pip install echarts-countries-pypkg ＃安装全球国家地图
pip install echarts-china-provinces-pypkg＃安装中国省级地图
pip install echarts-china-cities-pypkg＃安装中国市级地图
```

在安装完地图文件包以后，即可进行地图的数据可视化显示。

2.验证 Pyecharts 安装结果

安装完成以后可以通过以下指令查看安装结果信息。结果如图 6-2 所示，可以看到，安装的库的名称为 Pyecharts，版本号为 1.9.0，说明 Pyecharts 安装成功。

```
pip show Pyecharts
```

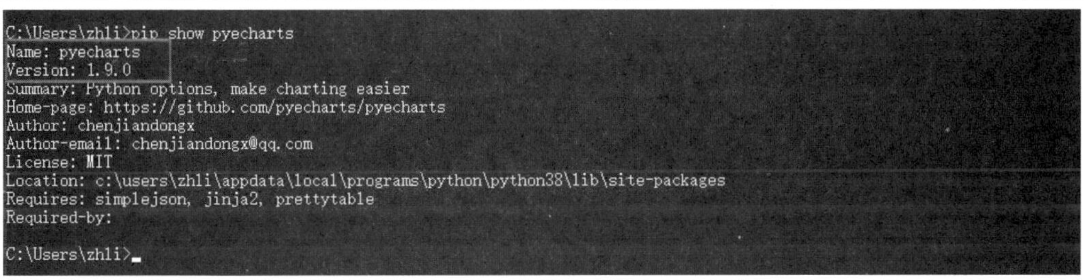

图 6-2　验证 Pyecharts 安装结果

3.引入 Pyecharts

Pyecharts 安装完成以后，可以通过 import 指令直接引入库中的组件对象，不过需要注意，Pyecharts 的大版本 v0.5x 和 v1.x 的引入方式不同，由于后续 v0.5x 版本不再维护，以下所有的示例程序的版本都是基于 v1.x。以柱形图为例，需要导入的对象如下：

```
from Pyecharts import options as opts
from Pyecharts.charts import Bar
from Pyecharts.commons.utils import JsCode
from Pyecharts.globals import ThemeType
```

上述代码中，opts 为配置参数，Bar 为柱形图组件，JsCode 为代码段对象，ThemeType 为图表主题样式对象。

4.配置 Pyecharts

Pyecharts 的配置主要是图表的参数设置，包括图表的提示框组件参数、图例组件参数、工具箱组件参数、X 轴组件参数、Y 轴组件参数、数据缩放组件参数、视图效果组件参数和主题样式参数。配置好的参数最终体现在可视化的图表中。一个典型的图表参数与页面呈现图表的对应关系如图 6-3 所示。

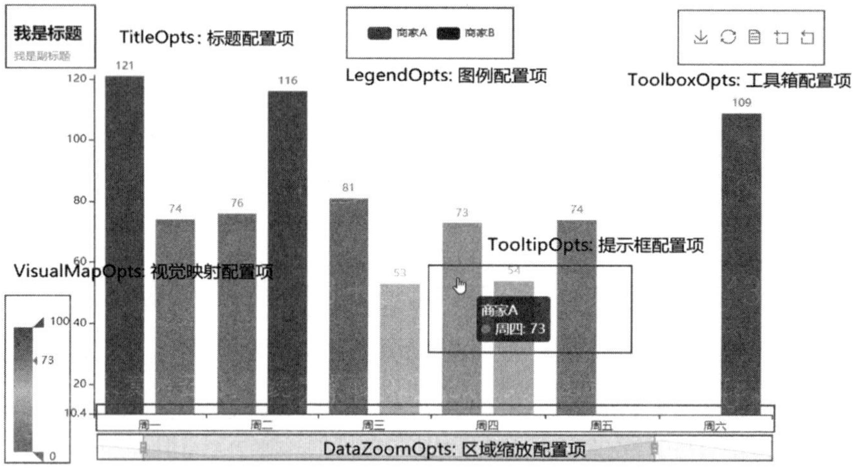

图 6-3 Pyecharts 图表参数与页面所呈现图表的对应关系

Pyecharts 中创建图表的通用配置见表 6-4。Pyecharts 中常见的图例组件参数见表 6-5。Pyecharts 中创建的图表名称及其含义见表 6-6。

表 6-4 Pyecharts 中常见的图表通用配置

参数	说明
xyAxis	直角坐标系中的的 x、y 轴
dataZoom	dataZoom 组件,用于区域缩放
legend	图例组件
label	图形上的文本标签
lineStyle	图形的风格选项
grid3D	3D 笛卡尔坐标系配置项
axis3D	3D 笛卡尔坐标系中的 x、y、z 轴配置项
visualMap	视觉映射组件
tooltip	提示框组件
mark_point	图形标记组件

表 6-5 Pyecharts 中常见的图例组件参数

参数	说明
legend_orient	图例列表的布局朝向,默认为 horizontal,可选 horizontal 或 vertical
legend_pos	图例组件离容器左侧的距离,默认为 center,可选 left、center 或 right
legend_top	图例组件离容器上侧的距离,默认为 top,可选 top、center 或 bottom
legend_text_color	图例名称的字体颜色
legend_text_size	图例名称的字体大小
legend_selectedmode	图例选择的模式,控制是否可以通过单击图例改变系列的显示状态。其默认为 multiple,可以设置为 single 或者 multiple,使用单选或者多选模式,也可以设置为 false,关闭显示状态

表 6-6 Pyecharts 中创建的图表名称及其含义

名称	说明	名称	说明
Bar	条形图/柱形图	liquid	水滴球图
Scatter	散点图	Parallel	平行坐标图
Guage	仪表盘图	Graph	关系图
Line	折线图	Geo	地理坐标图
Pie	饼图	Boxplot	箱型图
Map	地图	EffectScatter	带有涟漪效果的动态散点图
Overlap	组合图	Redar	雷达图
Line3D	3D 图	WordCloud	词云图

Pyecharts 中的图表类型通过“form Pyecharts import chart_name”设置。

5.Pyecharts 图表开发

Pyecharts 图表开发的过程主要分为四个步骤：Pyecharts 图表组件引入，图表对象声明，图表对象参数设置，图表对象渲染。以图 6-4 为例，该图是一个基于 Pyecharts 实现的柱形图的呈现效果，接下来逐步拆解实现过程。

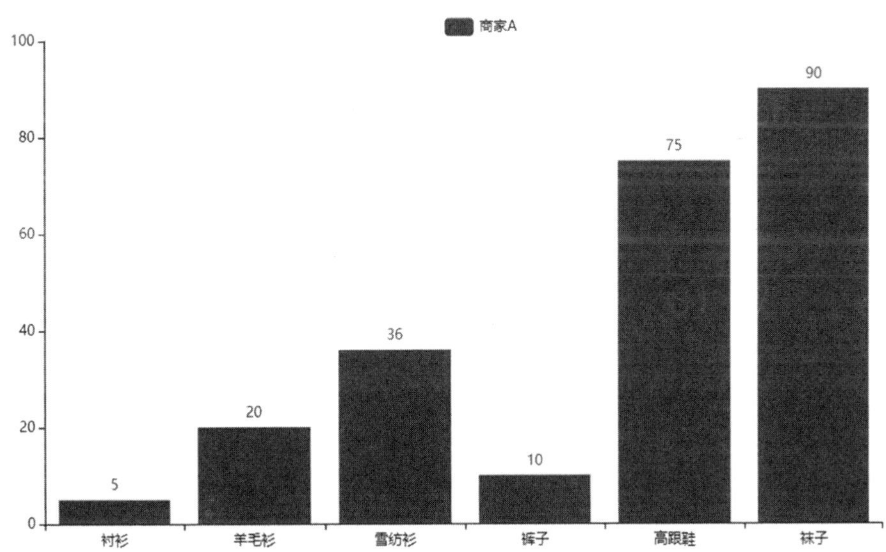

图 6-4 Pyecharts 实现的柱形图

首先，图表组件的引入。要想实现图 6-4 的柱形图，需要在源码中，引入 Pyecharts 柱形图组件，具体代码如下：

```
from Pyecharts.charts import Bar
```

其次，引入柱形图组件，并完成图表对象的声明，具体代码如下：

```
bar = Bar()
```

上述代码中，通过 Bar 类声明了一个柱形图图表组件的实例对象 bar。

再次，需要进行参数配置，具体代码如下：

```
# 参数设置：X 轴数据
bar.add_xaxis(["衬衫", "羊毛衫", "雪纺衫", "裤子", "高跟鞋", "袜子"])
# 参数设置：Y 轴数据
bar.add_yaxis("商家 A", [5, 20, 36, 10, 75, 90])
```

上述代码分别设置了柱形图图表对象的 X 轴数据和 Y 轴数据。

最后，进行图表对象渲染。图表对象的渲染只需要一行代码，如下：

```
# 图表渲染：默认文件名：bar.html，默认路径：当前目录
bar.render()
```

Pyecharts 图表组件的渲染，在不添加任何参数的情况下，默认会在 Python 程序文件当前目录下，生成一个名为“render.html”的 HTML 页面文件。

打开生成的 render.html，可以发现 Pyecharts 图表组件的渲染过程，其实是生成 HTML 和 JavaScripts Echarts 静态页面的过程，包括 Echarts 文件引入、HTML DOM 对象声明、图表对象初始化和参数设置。Pyecharts 通过渲染函数 render()，实现了从 Python 程序到浏览器默认能够识别的 HTML 和 JavaScripts 脚本程序的转化。

检 查

各自完成学习情境的任务并展示结果，介绍任务的完成情况。作品展示前应准备阐述材料，并完成自查。自查单见表 6-7。

表 6-7　　自查单

学习情境 6.1	安装、配置 Pyecharts		
检查项目	检查标准	分值	得分
信息检索	能够使用网络工具准确检索关于人口普查和 Pyecharts 相关的信息	20	
归纳整理	能够归纳总结 Pyecharts 的安装及配置方法	20	
比较分析	能够综合分析出 Pyecharts 的优点	20	
工作结果	能够独立安装并配置 Pyecharts	40	
合计		100	

学生展示过程中，以个人为单位，对任务结果进行互查。互查单见表 6-8。

表 6-8 **互查单**

学习情境 6.1		安装、配置 Pyecharts							
评价项目	分值	等级				评价对象			
		优 (100%)	良 (80%)	中 (60%)	差 (40%)	1	2	3	4
计划合理	10								
方案准确	10								
工作质量	20								
工作效率	20								
工作完整	10								
工作规范	10								
成果展示	20								
合计	100								

评 价

教师对学生的工作过程和工作结果进行综合评价，填写综合评价表，见表 6-9。

表 6-9 **综合评价表**

学习情境 6.1		安装、配置 Pyecharts		
评价项目		评价标准	分值	得分
考勤(20%)		无迟到、早退、旷课现象	20	
工作过程 (40%)	方案制作	能制订有效工作方案	10	
	工具运用	能有效使用相关工具	10	
	工作态度	态度端正、工作认真、积极向上	10	
	职业素养	一丝不苟、精益求精	10	
工作结果 (40%)	工作完整	能按时完成任务	10	
	工作质量	能按计划完成任务	10	
	材料准备	能准备成果展示所需要的材料	10	
	成果展示	能准确表达、汇报工作成果	10	

拓展思考

1.人口普查的意义是什么？

2.Pyecharts 创建出来的图表为什么叫作交互式图表？

学习情境 6.2 使用 Pyecharts 分析人口普查数据

学习情境描述

开发部的王工经过查阅第七次人口普查数据和其他资料，明白了人口普查的重要意义，看到了我国复杂的人口问题：老龄化、男女比例失衡、生育率下降、人口红利下降等。在明白了 Pyecharts 的作图原理、配置方法和使用方法后，他迫不及待地想用 Pyecharts 对人口普查数据进行可视化分析。

学习目标

➢ 知识目标

(1)了解使用 Python 获取并清洗网络数据的方法。

(2)了解使用 Pandas 分析数据的方法。

(3)了解 Pyecharts 提供的各种图形的使用方法。

➢ 能力目标

(1)能够通过官网下载并安装 Pandas。

(2)能够使用 Python 分析简单问题。

(3)能够使用不同图形来分析不同的问题。

➢ 素质目标

(1)培养勤于动手的能力。

(2)培养独立思考的能力。

学习任务

1.获取并整理清洗第七次人口普查数据。

2.使用 Pyecharts 对人口普查数据进行可视化。

资 讯

引导问题：

1.可以通过哪些方式获取人口普查数据？

____

____

2.如何使用 Pyecharts 对这些数据进行可视化？

____

____

计 划

1.制订工作方案(表 6-10)。

表 6-10 工作方案

步骤	工作内容
1	
2	
3	
4	
5	
6	
7	
8	

2.写出获取、清洗人口普查数据并将其可视化的详细步骤。

3.列出工具清单(表 6-11)。

表 6-11 工具清单

序号	工具名称	工具版本	备注

4.列出技术清单(表 6-12)。

表 6-12 技术清单

序号	技术名称	技术版本	备注

决 策

1.根据引导、构思、计划等，阐述自己的工作方案。

2.对其他工作方案提出不同看法。

3.教师根据完成情况进行点评，并选出最佳方案。

知识准备

1.网络爬虫技术

随着互联网的快速发展，海量的网络数据正在不断涌现。这些数据包括网页内容、图片、音频、视频等，它们的价值不断被认识和发掘。然而，由于互联网的开放性和自由性，使用传统的手动方式获取这些数据已经无法满足现代要求，而爬虫技术正是解决这一问题的有效手段。

爬虫技术是一种自动获取互联网信息的技术，也称为网络爬虫、网络蜘蛛、网络机器人等。爬虫技术通过程序自动访问网络资源，并抓取有用的数据，存储到本地或远程服务器中。爬虫技术可以自动获取大量数据，极大地提高了数据获取的效率和准确性，同时也提供了更多的数据分析和挖掘的可能性。

爬虫技术获取数据的步骤如下：

(1)URL 管理器：爬虫程序首先需要有一个 URL 管理器，用来存储待爬取的 URL 列表，或已经爬取过的 URL 列表。URL 管理器可以使用内存、数据库或者文件系统等方式进行存储。

(2)网络请求：爬虫程序通过网络请求访问目标网站，获取网页内容。网络请求的方式通常有 HTTP、HTTPS、FTP 等协议。在请求过程中，可以设置一些请求头信息，如 User-Agent 等，以模拟浏览器请求，避免被目标网站识别为爬虫而被禁止。

(3)网页解析：爬虫程序通过解析网页内容，提取出有用的信息。网页解析的方式通常有正则表达式、XPath、CSS Selector、BeautifulSoup 等。

(4)数据存储：爬虫程序将获取到的数据存储到本地或远程服务器中，常用的数据存储方式有文件系统、数据库等。此外，还可以使用分布式存储技术，将数据分散到多个节点中存储，以提高存储的可扩展性和可靠性。

2.Pandas

Pandas 是 Python 的一个数据分析包，最初由 AQR Capital Management 于 2008 年 4 月开发，并于 2009 年年底开源，目前由专注于 Python 数据包开发的 PyData 开发团队继续开发和维护，属于 PyData 项目的一部分。Pandas 最初被作为金融数据分析工具而开发出来，因此，Pandas 为时间序列分析提供了很好的支持。

Pandas 作为一个免费、开源的第三方 Python 库，是 Python 数据分析必不可少的工具之一，为 Python 数据分析提供了高性能且易于使用的数据结构。Pandas 自诞生即被应用于众多的领域，比如金融、统计学、社会科学、建筑工程等。

Pandas 库是基于 Python NumPy 库开发的，因此，它可以与 Python 的科学计算库配合使用。Pandas 提供了两种数据结构，分别是 Series(一维数组结构)和 DataFrame(二维数组结构)，这两种数据结构极大地增强了 Pandas 的数据分析能力。

Series 与 NumPy 中的一维数组类似。二者与 Python 基本的数据结构 List 也很相近。Series 如今能保存多种数据类型，如字符串、boolean 值、数字等。

DataFrame 的很多功能与 R 中的 data.frame 类似，也可以将 DataFrame 理解为 Series 的容器。

3.Pyecharts 绘图

(1)柱形图

柱形图是一种把连续数据画成数据条的表现形式，通过比较不同组的柱形长度，从而对比不同组的数据量大小。描绘柱形图的要素有三个：组数、宽度和组限。绘制柱形图时，不同组之间是有空隙的。柱状用来比较两个或以上的价值(不同时间或者不同条件)，只有一个变量时，通常利用与较小的数据集分析。柱形图也可以多维表达。使用 Pyecharts 绘制柱形图的示例代码如下，效果如图 6-5 所示。

```
c = (
Bar()
.set_global_opts(title_opts=opts.TitleOpts(title="Bar-基本示例", subtitle="我是副标题",title_link="https://Pyecharts.org/#/zh-cn/"))
.add_xaxis(Faker.choose())
.add_yaxis("商家 A", Faker.values())
.add_yaxis("商家 B", Faker.values())
)
```

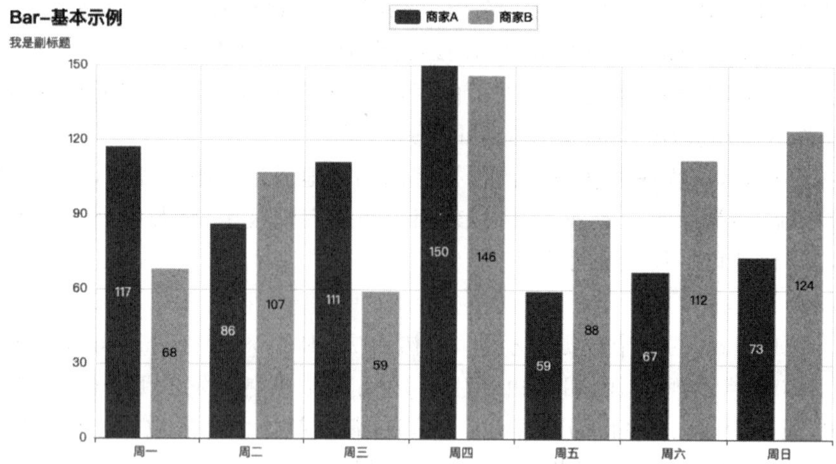

图 6-5 柱状图基本示例图

(2)折线图

折线图是用直线段将各个数据点连接起来而组成的图象,以折线方式显示数据的变化趋势。折线图可以显示随时间而变化的连续数据,因此非常适合显示相等时间间隔的数据趋势。在折线图中,类别数据沿水平轴均匀分布,数值数据沿垂直轴均匀分布。例如为了显示不同订单日期的销售额走势,可以创建不同订单日期的销售额折线图。使用 Pyecharts 绘制该折线图的示例代码如下,效果如图 6-6 所示

```
c = (
    Line()
    .add_xaxis(Faker.choose())
    .add_yaxis("商家 A", Faker.values())
    .add_yaxis("商家 B", Faker.values())
    .set_global_opts(title_opts=opts.TitleOpts(title="Line-基本示例"))
    .render("line_base.html")
)
```

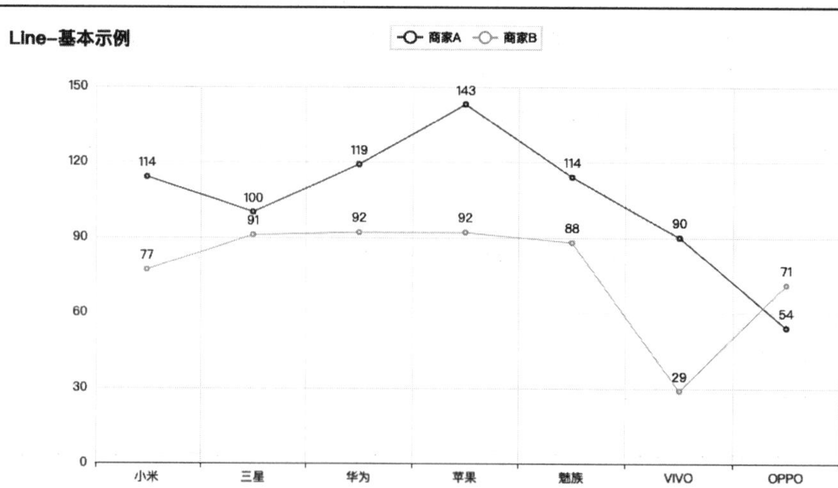

图 6-6 折线图基本示例

(4)饼图

饼图是用圆形及圆内扇形的角度来表示数值大小的图形,它主要用于表示一个样本(或总体)中各组成部分的数据占全部数据的比例。仅排列在工作表的一列或一行中的数据可以绘制到饼图中。饼图显示一个数据系列(数据系列:在图表中绘制的相关数据点,这些数据源自数据表的行或列;图表中的每个数据系列具有唯一的颜色或图案并且在图表的图例中表示;可以在图表中绘制一个或多个数据系列;饼图只有一个数据系列)中各项的大小与各项总和的比例。使用 Pyecharts 绘制饼图的示例代码如下,效果如图 6-7 所示。

```
c = (
    Pie()
    .add("", [list(z) for z in zip(Faker.choose(), Faker.values())])
    .set_global_opts(title_opts=opts.TitleOpts(title="Pie-基本示例"))
    .set_series_opts(label_opts=opts.LabelOpts(formatter="{b}: {c}"))
    .render("pie_base.html")
)
```

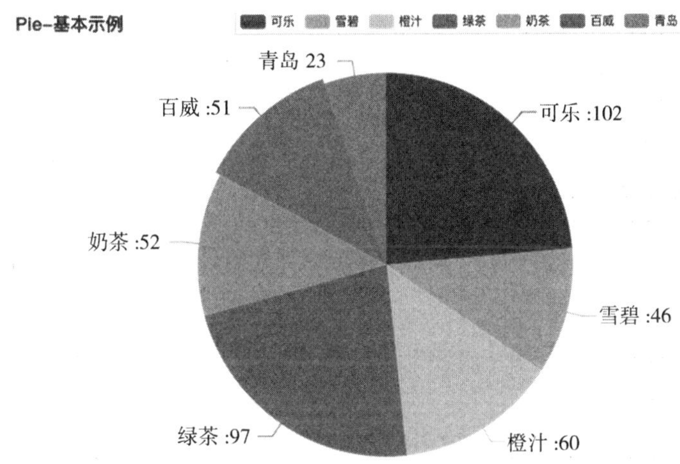

图 6-7 饼图基本示例

(5)仪表盘图

仪表盘形似汽车车速表、油表,属于拟物化图形,总体为一个圆形开口的表盘及分段刻度,构成要件:一(多)个指针,指向和填充色都可以帮助数据的精细化显示,作用上和玉玦图、环形进度图类似,用于展现单维定性数据的对比(单指针仪表盘和多指针仪表盘)。目前,很多实时数据监控网页会包含仪表盘图,管理报告上也会用到这种图表,便于直观表现出某个指标的进度或目标完成情况。使用 Pyecharts 绘制仪表图的示例代码如下,效果如图 6-8 所示。

```
c = (
    Gauge()
    .add("", [("完成率", 66.6)])
    .set_global_opts(title_opts=opts.TitleOpts(title="Gauge-基本示例"))
    .render("gauge_base.html")
)
```

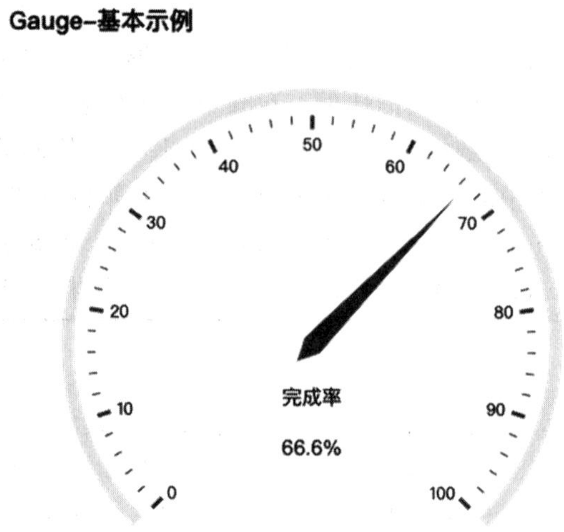

图 6-8 仪表盘图基本示例

(6)波浪水球图

波浪水球图是一种特殊的饼图,用于展示数据的百分比占比。波浪水球图通常由一个圆圈和一个小圆球组成,圆圈代表总量,小圆球代表当前数值占总量的百分比。因此,波浪水球图通常用于展示某一时间点数据的百分比占比情况。例如,可以使用波浪水球图展示一家公司某一时刻的资产配置情况,或者某个国家人口构成的百分比占比情况。使用 Pyecharts 绘制波浪水球图的示例代码如下,效果如图 6-9 所示。

```
c = (
    Liquid()
    .add("lq", [0.6, 0.7])
    .set_global_opts(title_opts=opts.TitleOpts(title="Liquid-基本示例"))
    .render("liquid_base.html")
)
```

图 6-9 波浪水球图基本示例

(7)散点图

散点图也是一种常见的图表类型。散点图由许多“点”组成,有时,这些点用来表示数据在坐标系中的位置(例如,在笛卡尔坐标系下,表示数据在 x 轴和 y 轴上的坐标;在地图坐标系下,表示数据在地图上的某个位置等);有时,这些点的大小、颜色等属性也可以映射到数据值,用以表现高维数据。使用 Pyecharts 绘制散点图的示例代码如下,效果如图 6-10 所示。

```
c = (
    Scatter()
    .add_xaxis(Faker.choose())
    .add_yaxis("商家 A", Faker.values())
    .add_yaxis("商家 B", Faker.values())
    .set_global_opts(
        title_opts=opts.TitleOpts(title="Scatter-VisualMap(Size)"),
        visualmap_opts=opts.VisualMapOpts(type_="size", max_=150, min_=20),
    )
    .render("scatter_base.html")
)
```

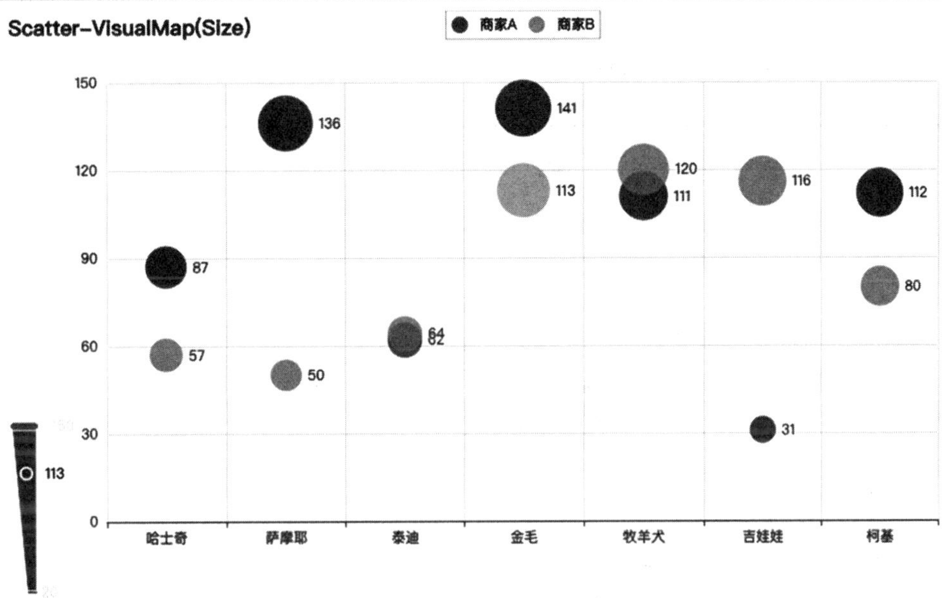

图 6-10　散点图基本示例

(8)雷达图

雷达图是以从同一点开始的轴上表示的三个或更多个定量变量的二维图表的形式显示多变量数据的图形方法。轴的相对位置和角度通常是无信息的。雷达图也称为网络图、蜘蛛网图、星图、极坐标图或 Kiviat 图。它相当于平行坐标图,轴径向排列。使用 Pyecharts 绘制雷达图的示例代码如下,效果如图 6-11 所示。

```
v1 = [[4300, 10000, 28000, 35000, 50000, 19000]]
v2 = [[5000, 14000, 28000, 31000, 42000, 21000]]
c = (
    Radar()
    .add_schema(
```

```
            schema=[
                opts.RadarIndicatorItem(name="销售", max_=6500),
                opts.RadarIndicatorItem(name="管理", max_=16000),
                opts.RadarIndicatorItem(name="信息技术", max_=30000),
                opts.RadarIndicatorItem(name="客服", max_=38000),
                opts.RadarIndicatorItem(name="研发", max_=52000),
                opts.RadarIndicatorItem(name="市场", max_=25000),
            ]
        )
        .add("预算分配", v1)
        .add("实际开销", v2)
        .set_series_opts(label_opts=opts.LabelOpts(is_show=False))
        .set_global_opts(
            legend_opts=opts.LegendOpts(selected_mode="single"),
            title_opts=opts.TitleOpts(title="Radar-单例模式"),
        )
        .render("radar_selected_mode.html")
    )
```

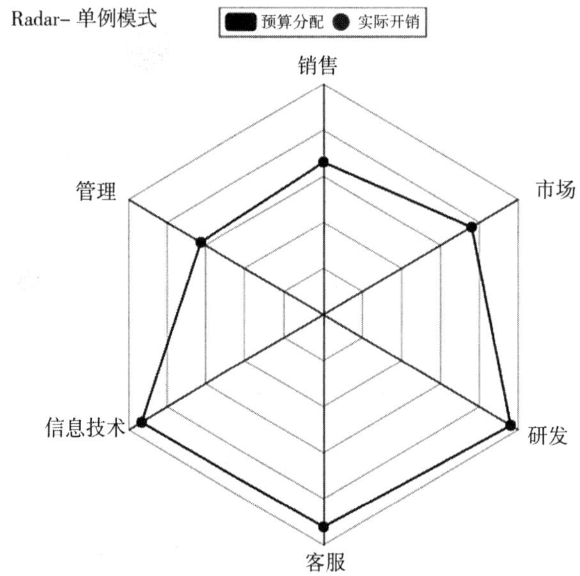

图 6-11 雷达图基本示例

延伸阅读

中国人口红利的过去、现在与未来

近年来，中国的出生人口数量创下新低，引发了对人口红利消失的担忧。然而，这一现象并非孤立存在，而是中国长期社会变迁和经济发展的结果。

回顾中华人民共和国成立初期，“三大改造”不仅重新分配了生产和生活资料，还为人口增长创造了有利条件。粮食产量的飙升、教育事业的蓬勃发展，使中国人口实现了惊人增长。这一时期，中国经历了人口红利的巅峰，创造了辉煌的社会和经济成就。

中国改革开放 40 多年来，取得了巨大的经济成就，但人口红利的逐渐消失也值得深思。曾经的“人口红利”一代在社会现代化的末班车上奋斗，为中国创造了千万亿的财富和资本积累。然而，这个时期也见证了教育费用上涨、公共资源分配不均等问题，给新一代带来了压力。

面对人口红利的减弱，需要思考如何在可持续的发展模式下推动社会前行。投资教育、提升医疗水平、实现资源合理分配，都是应对人口挑战的关键。通过合理的政策引导，中国可以迎接新的社会和经济挑战，实现可持续、平衡的发展。

任务实施

本任务为根据国家统计局的人口普查数据在 jupyter notebook 上从多角度的人口总数、男女比例、城镇化、增长率和人口结构来分析我国人口变化。

1.获取人口数据

可以从“国家数据”网站(https://data.stats.gov.cn)中获取我国的人口数据。

图 6-12　国家数据网站

以 1949 年到 2023 年的人口相关数据为例。在总人口数据中，选择“报表管理”然后单击“转置”将数据由行转为列显示，如图 6-13 所示。

然后再在时间选择框内输入“1949-2023”就可以获取从 1949 年到 2023 年全国每一年的总人口数据。具体操作如图 6-14 所示，获取数据后单击“下载”按钮或者直接复制到 Excle 即可。

其中，1981 年及以前人口数据为户籍统计数，1982 年、1990 年、2000 年、2010 年、2020 年数据为当年人口普查数据推算数，其余年份数据为年度人口抽样调查推算数据。统计总人口和按性别分人口时包括现役军人，按城乡分人口时现役军人计入城镇人口。

图 6-13　将人口数据转置

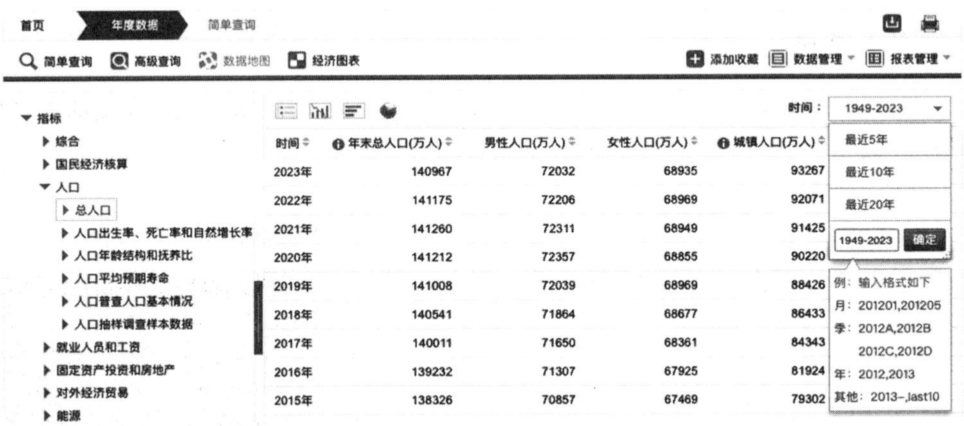

图 6-14　人口数据查询

2.全国各省人口分布

通过获取国家数据网站中的总人口数据得到 2022 年全国各省人口数据，并存放在“2022 年各省人口数.csv”文件中，部分数据如图 6-15 所示。

使用 Pandas 将 2022 年各省人口数.csv 文件中的数据读取到内存中，代码如下：

```
data = pd.read_csv('2022 年各省人口数.csv', encoding='UTF8')
```

序号	省份	人口(万)
1	北京市	2186
2	天津市	1364
3	河北省	7393
4	山西省	3466
5	内蒙古自治区	2396
6	辽宁省	4182
7	吉林省	2339
8	黑龙江省	3062
9	上海市	2487
10	江苏省	8526
11	浙江省	6627
12	安徽省	6121
13	福建省	4183
14	江西省	4515
15	山东省	10123

图 6-15　2022 年各省人口总数部分数据

然后生成地图示例，代码如下：

```
bar = Bar()
bar.add_xaxis(data["省份"].tolist())
bar.add_yaxis("",data["人口数(万)"].tolist())
bar.set_global_opts(
    xaxis_opts=opts.AxisOpts(axislabel_opts=opts.LabelOpts(is_show=True,rotate=60)),
    yaxis_opts=opts.AxisOpts(axislabel_opts=opts.LabelOpts(is_show=True)),
    title_opts=opts.TitleOpts(title="全国 2022 年各省人口分布", subtitle="数据来源:
国家数据", pos_right="center",pos_top="5%"),
    tooltip_opts=opts.TooltipOpts(trigger="item", formatter="{b}<br/>{c} (万)"),
)
```

最后将地图渲染到 html 文件中，代码如下：

```
bar.render('全国 2022 年各省人口分布图.html')
```

在同级目录下会生成全国 2022 年各省人口分布.html 文件，用浏览器打开该文件，将看到生成的地图如图 6-16 所示。

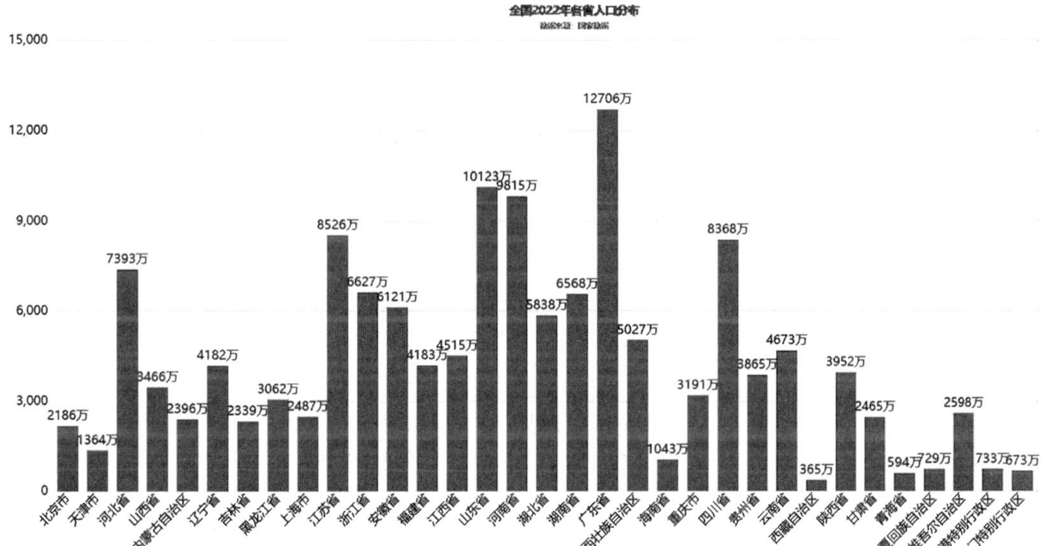

图 6-16　我国 2022 年各省人口总数分布

由图 6-16 可以看出，我国人口分布不均匀，人口大多集中在东南沿海地区，西北内陆地区人口分布较少。

生成本人口地图的完整代码如下：

```
import pandas as pd
from Pyecharts.charts import Bar
from Pyecharts import options as opts
data = pd.read_csv('各省人口数.csv', encoding='UTF8')
bar = Bar()
bar.add_xaxis(data["省份"].tolist())
```

```
    bar.add_yaxis("",data["人口数(万)"].tolist())
    bar.set_global_opts(
        xaxis_opts=opts.AxisOpts(axislabel_opts=opts.LabelOpts(is_show=True,rotate=60)),
        yaxis_opts=opts.AxisOpts(axislabel_opts=opts.LabelOpts(is_show=True)),
        title_opts=opts.TitleOpts(title="全国 2022 年各省人口分布", subtitle="数据来源：
国家数据", pos_right="center",pos_top="5%"),
        tooltip_opts=opts.TooltipOpts(trigger="item", formatter="{b}<br/>{c} (万)"),
    )
    bar.render("全国 2022 年各省人口分布.html")
```

3.中国历年人口趋势

通过获取国家数据网站中的总人口数据，得到从 1949 年到 2023 年全国总人口数据，并存放在“总人口数.xlsx”文件中，部分数据如图 6-17 所示。

年份	年末总人口(万人)
1949	54167
1950	55196
1951	56300
1952	57482
1953	58796
1954	60266
1955	61465
1956	62828
1957	64653
1958	65994
1959	67207
1960	66207
1961	65859
1962	67296
1963	69172
1964	70499

图 6-17　总人口数部分数据

然后使用 Pandas 对年末总人口数进行分析，主要分析中国 1949—2023 年年末总人口数的趋势，代码如下，效果如图 6-18 所示。

```
    POPULATION_EXCEL_PATH = '总人口数.xlsx'
    DF_STANDARD = pd.read_excel(POPULATION_EXCEL_PATH)
    x_data = DF_STANDARD['年份']
    y_data = DF_STANDARD['年末总人口(万人)'].map(lambda x: "%.2f" % (x / 10000))
    c = (
        Line()
        .add_xaxis(xaxis_data=x_data)
        .add_yaxis(
            series_name="总人口",
            y_axis=y_data,
            label_opts=opts.LabelOpts(is_show=False, position="top", color="white"),
            markpoint_opts=opts.MarkPointOpts(
```

```
                data=[opts.MarkPointItem(name="中华人民共和国成立(1949 年)", coord=[0, y
_data[0]], value=y_data[0]),
                      opts.MarkPointItem(name="计划生育(1980 年)", coord=[31, y_data
[31]], value=y_data[31]),
                      opts.MarkPointItem(name="放开二胎(2016 年)", coord=[67, y_data
[67]], value=y_data[67]),
                      opts.MarkPointItem(name="2023 年", coord=[74, y_data[74]], value=y_
data[74])
                      ]
            ),
        )
        .set_global_opts(
            title_opts=opts.TitleOpts(
                title="中华人民共和国成立以来人口变化(亿人)",
                pos_left="center",
                title_textstyle_opts=opts.TextStyleOpts( font_size=16),
            ),
            legend_opts=opts.LegendOpts(is_show=False),
            # X 轴相关的选项设置
            xaxis_opts=opts.AxisOpts(
                type_="category",
            ),
        )
        .render("中国 1949-2023 年总人口变化图.html")
    )
```

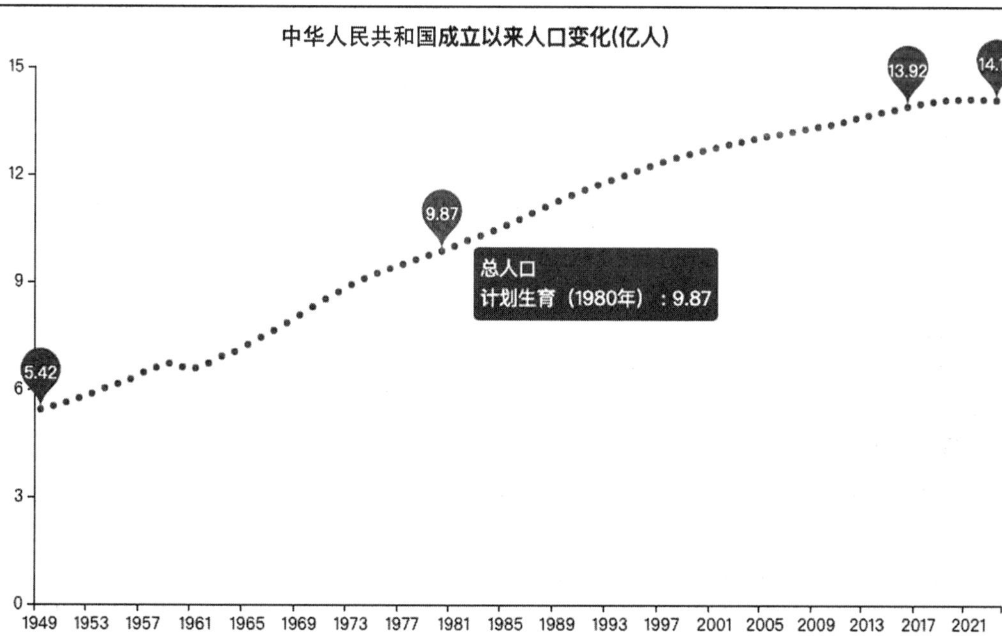

图 6-18 中国 1949—2023 年总人口变化图

在可视化过程中标注了四个时间点,分别是:

①1949 年:中华人民共和国成立,总人口 5.42 亿。

②1980 年:计划生育正式开始,总人口 9.87 亿。

③2006 年:全面放开二胎,总人口 13.83 亿。

④2023 年:总人口 14.09 亿。

由图 6-18 可知,人口总体在增加,但增长曲线慢慢放缓。据中国社会科学院预测,中国人口将在 2029 年达到峰值 14.42 亿,往后逐步下降;1949 年到 2023 年唯一出现人口减少的是 1960 年和 1961 年,这两年是我国的困难时期。

根据总人口数,再分析执行计划生育前 31 年与后 31 年增长的人口数。具体代码如下,效果如图 6-19 所示。

```
POPULATION_EXCEL_PATH = 'population.xlsx'
DF_STANDARD = pd.read_excel(POPULATION_EXCEL_PATH)
total_1949 = DF_STANDARD[DF_STANDARD['年份'] == 1949]['年末总人口(万人)'].values
total_1979 = DF_STANDARD[DF_STANDARD['年份'] == 1979]['年末总人口(万人)'].values
total_2010 = DF_STANDARD[DF_STANDARD['年份'] == 2010]['年末总人口(万人)'].values
increase_1949_1979 = '%.2f' % (int(total_1979 - total_1949) / 10000)
increase_1979_2010 = '%.2f' % (int(total_2010 - total_1979) / 10000)
c = (
    Bar()
    .add_xaxis(['前 31 年:1949-1979','后 31 年:1980-2010'])
    .add_yaxis("", [increase_1949_1979,increase_1979_2010],
               label_opts=opts.LabelOpts(color='black', font_size=16))
    .set_global_opts(
        title_opts=opts.TitleOpts(
        title="计划生育执行前 31 年(1949-1979)与后 31 年(1980-2010)增加人口总数比较
(亿人)",
    subtitle="数据来源:国家数据",
        pos_top="5%", pos_left="center"),
        xaxis_opts=opts.AxisOpts(axislabel_opts=opts.LabelOpts(is_show=True))
    )
    .render("计划生育前后 31 年人口增长对比图.html")
)
```

由图 6-19 可以看出计划生育确实控制了人口的增长,但放开二胎后并未迎来生育高峰期。

4.男女人口比例

下面从 2023 年男女比、男性占总人口比例、男女人口数曲线、男女人口数差值四个维度来分析一下男女人口比例问题。

数据来源于国家统计局,部分数据如图 6-20 所示。

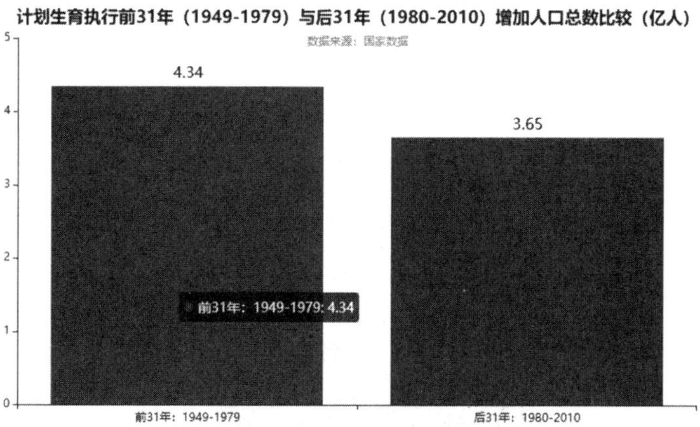

图 6-19　计划生育前后 31 年人口增长对比图

年份	男性人口(万人)	女性人口(万人)
1949	28145	26022
1950	28669	26527
1951	29231	27069
1952	29833	27649
1953	30468	28328
1954	31242	29024
1955	31809	29656
1956	32536	30292
1957	33469	31184
1958	34195	31799
1959	34890	32317
1960	34283	31924
1961	33880	31979
1962	34517	32778

图 6-20　男女人口总数部分数据

具体代码如下：

```
POPULATION_EXCEL_PATH = 'population.xlsx'
DF_STANDARD = pd.read_excel(POPULATION_EXCEL_PATH)
x_data_year = DF_STANDARD['年份']
sex_2023 = DF_STANDARD[DF_STANDARD['年份'] == 2023][['男性人口(万人)', '女性人口(万人)']]
pie = (
        Pie()
        .add("2023 年中国男女人口比例", [list(z) for z in zip(['男', '女'], np.ravel(sex_2023))])
        .set_global_opts(title_opts=opts.TitleOpts(title="2023 年中国男女人口比",
subtitle="数据来源:国家数据",pos_left="center",pos_top="top"),
                        legend_opts=opts.LegendOpts(pos_left="center", pos_bottom="bottom")
                        )
        .set_series_opts(label_opts=opts.LabelOpts(formatter="{b}: {d}%"))
        .render("2023 年中国男女人口比例图.html")
    )
```

运行程序将得到“男女人口比例图.html”文件，打开文件将会看到如图 6-21 所示的男女人口比例图。

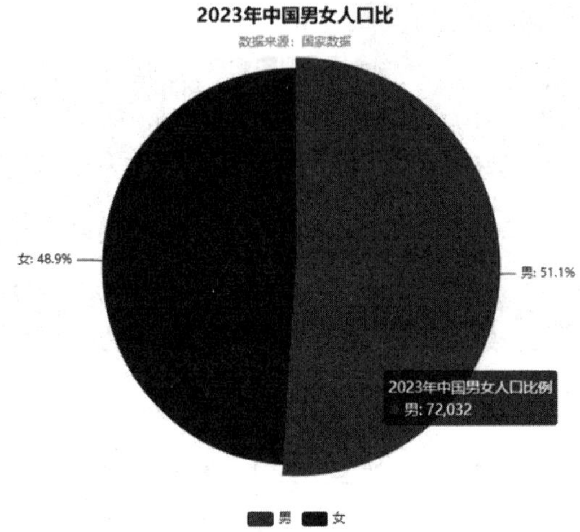

图 6-21　我国男女人口比例(2023 年)

由图 6-21 可以看出，2023 年我国的男女比例呈现出一种失衡状态。具体而言，男性人口的数量比女性人口略多，具体数字为 72 032 万人，占全国总人口的 51.1%，这意味着在每 100 个人中，就有超过 51 位是男性，这一比例不仅揭示了人口性别分布的当前状况，也隐含着对未来社会结构、家庭构成以及劳动力市场可能产生的影响。尽管这种失衡幅度相对较小，但仍需引起社会各界的关注。

5.人口城镇化

人口城镇化是指农村人口转变为城镇人口、农业人口转变为非农业人口的过程，它是社会生产力发展到一定阶段的产物。城镇化是一个综合指标，可以用来衡量当地经济发展情况、基础设施和人民生活水平。同时，城镇化的进程也是房地产市场在需求层面的重要支撑力量。下面对我国人口城镇化数据进行分析，分析的数据来源于国家统计局，部分数据如图 6-22 所示。

年份	城镇人口(万人)	乡村人口(万人)
1949	5765	48402
1950	6169	49027
1951	6632	49668
1952	7163	50319
1953	7826	50970
1954	8249	52017
1955	8285	53180
1956	9185	53643
1957	9949	54704
1958	10721	55273
1959	12371	54836
1960	13073	53134
1961	12707	53152
1962	11659	55636

图 6-22　城镇化人口总数部分数据

具体代码如下：

```
    POPULATION_EXCEL_PATH = 'population.xlsx'
    DF_STANDARD = pd.read_excel(POPULATION_EXCEL_PATH)
    x_data_year = DF_STANDARD['年份']
    y_data_city = DF_STANDARD['城镇人口(万人)'] / 10000
    y_data_countryside = DF_STANDARD['乡村人口(万人)'] / 10000
    line = (
        Line()
        .add_xaxis(x_data_year)
        .add_yaxis("城镇人口", y_data_city)
        .add_yaxis(series_name="乡村人口", y_axis=y_data_countryside,
                   # 标记线
                   markline_opts=opts.MarkLineOpts(
                       # 去除标记线的箭头
                       symbol='none',
                       label_opts=opts.LabelOpts(font_size=16),
                       data=[[opts.MarkLineItem(coord=[46, 0]),
                              opts.MarkLineItem(name='1995', coord=[46, y_data_countryside
[46]])],
                             [opts.MarkLineItem(coord=[61, 0]),
                              opts.MarkLineItem(name='2010', coord=[61, y_data_countryside
[61]])]],
                       # opacity 不透明度 0 - 1
                       linestyle_opts=opts.LineStyleOpts(color="red", opacity=0.3)
                   ),
                   # 标出关键点的数据
                   markpoint_opts=opts.MarkPointOpts(
                       data=[opts.MarkPointItem(name="1995 年", coord=[46, y_data_
countryside[46]],
                                                value="%.2f" % (y_data_countryside
[46])),
                             opts.MarkPointItem(name="2010 年", coord=[61, y_data_
countryside[61]],
                                                value="%.2f" % (y_data_countryside
[61]))]
                   )
                   )
        .set_global_opts(
            title_opts=opts.TitleOpts(title="中国历年(1949-2023)城乡人口曲线(亿人)", pos_
left="center",
                                      pos_top="bottom"),
            xaxis_opts=opts.AxisOpts(type_="category", name="年份",
```

```
                                        axislabel_opts=opts.LabelOpts(interval=1, is_show=
True, rotate=60),
                                        splitline_opts=opts.SplitLineOpts(is_show=True)
                                        ),
            yaxis_opts=opts.AxisOpts(name="人数(亿)",splitline_opts=opts.SplitLineOpts
(is_show=True))
        )
        .set_series_opts(label_opts=opts.LabelOpts(is_show=False)).render("中国历年(1949-
2023)城乡人口曲线.html")
    )
```

运行代码将得到“人口城镇化分析图.html”文件。打开该文件，可以看到如图 6-23 所示的城镇化人口分析图。

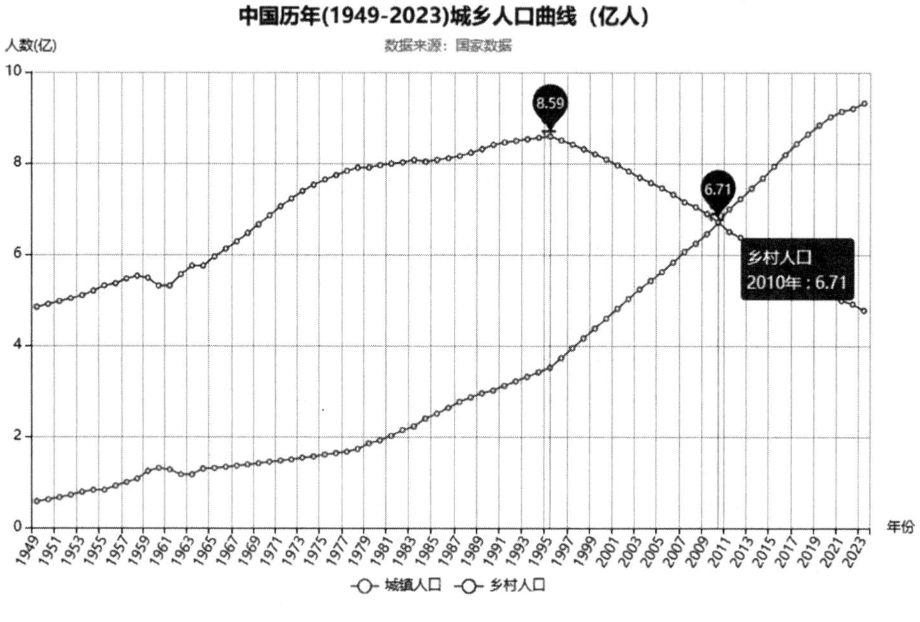

图 6-23 城镇化人口分析图

由图 6-23 可以看出，1995 年我国乡村人口达到峰值 8.59 亿人；到 2010 年我国城市人口与乡村人口持平约 6.7 亿，此后城镇人口持续上升，乡村人口持续下降，城镇化率不断上升。

6.人口增长率

人口增长率是一定时期内(通常为 1 年内)，由人口自然变动和迁移变动而引起人口增长的比率。人口增长率也称为人口增长速度。人口迁移是否会引起人口总量规模发生变动，是有一定地域条件的。例如，对于一个省，当不考虑省际迁移时，尽管省内各市、县间存在着频繁迁移，但这种迁移并没有引起全省人口发生变动，所以这时的人口增长率与人口自然增长率相等。计算公式为：人口增长率＝(年末人口数－年初人口数)/年平均人口×1000‰。

分析人口增长率所需的数据来源于国家统计局，部分数据如图 6-24 所示。

年份	乡村人口(万人)	人口出生率(‰)	人口死亡率(‰)
1949	48402	36	20
1950	49027	37	18
1951	49668	37.8	17.8
1952	50319	37	17
1953	50970	37	14
1954	52017	37.97	13.18
1955	53180	32.6	12.28
1956	53643	31.9	11.4
1957	54704	34.03	10.8
1958	55273	29.22	11.98
1959	54836	24.78	14.59

图 6-24　人口增长率部分数据

为了直观地看出人口增长率，现将人口出生率、死亡率和自然增长率放到一张图中展示，代码如下：

```
POPULATION_EXCEL_PATH = 'population.xlsx'
DF_STANDARD = pd.read_excel(POPULATION_EXCEL_PATH)
x_data_year = DF_STANDARD['年份']
y_data_birth = DF_STANDARD['人口出生率(‰)']
y_data_death = DF_STANDARD['人口死亡率(‰)']
y_data_growth = DF_STANDARD['人口自然增长率(‰)']
line1 = (
    Line()
    .add_xaxis(x_data_year)
    .add_yaxis("人口出生率", y_data_birth)
    .add_yaxis("人口死亡率", y_data_death)
    .add_yaxis("人口自然增长率", y_data_growth)
    .set_global_opts(
        # y轴显示百分比,并设置最小值和最大值
        yaxis_opts=opts.AxisOpts(axislabel_opts=opts.LabelOpts(formatter='{value} ‰
'), name="增长率:(‰)"),
        title_opts=opts.TitleOpts(title="中国(1949-2023)出生率、死亡率及增长率变化",
subtitle="数据来源:国家数据",
                                  pos_left="center",
                                  pos_top="top"),
        xaxis_opts=opts.AxisOpts(name="年份", interval=1, type_="category",
                                 axislabel_opts=opts.LabelOpts(is_show=True, rotate=
60),
                                 splitline_opts=opts.SplitLineOpts(is_show=True)),
        legend_opts=opts.LegendOpts(pos_left="center", pos_bottom="bottom")
    )
    .set_series_opts(label_opts=opts.LabelOpts(is_show=False)).render('人口增长率.html')
)
```

运行代码，将得到“人口增长率.html”文件，打开该文件，可以看到如图 6-25 所示的人口增长率示意图。

由图 6-25 得知，在三年困难时期(1959 年、1960 年、1961 年)我国人口死亡率陡增，出生率也下降，人口出现自中华人民共和国成立以来第一次负增长；在三年困难时期过后的两年(1962 年、1963 年)迎来最大的一波生育潮，2010 年人口第五次普查的数据也可以验证这个结论。三年困难时期过后，人口死亡率一直趋于稳定，维持在 6‰～7‰；人口出生率整体一直在下降，且在计划生育之前我国的出生率就在下降；在 2016 年我国全面放开二胎之后的三年(2017 年、2018 年、2019 年)，出生率并没有出现好转，反而持续走低；目前的育龄妇女基本都是“85～90”后，受计划生育(1980 年)影响，育龄妇女人数比以前少了，生孩子的数量自然就比以前少了，并且这一情况会持续下去。

图 6-25　人口增长率示意图

出生率降低，死亡率增加，人口增长率就慢慢放缓，中国社会科学院预测在 2029 年左右我国人口达到峰值(14.42 亿)，之后便会慢慢减少。

7.年龄结构

人口年龄结构是衡量老龄化与人口红利的指标。

老龄化是指老年人口相对增多，在总人口中所占比例不断上升的过程。国际上通常认为，当一个国家或地区 60 岁以上老年人口占人口总数的 10%，或 65 岁以上老年人口占人口总数的 7%，即意味着这个国家或地区的人口处于老龄化社会。老龄化是每个国家每个社会都会经历的阶段。目前来讲发达国家的老龄化问题比发展中国家更严重。

人口红利是一种经济学术语，是指一个国家的劳动年龄人口占总人口比重较大，抚养率比较低，为经济发展创造了有利的人口条件，整个国家的经济呈高储蓄、高投资和高增长的局面。人口红利简单来说就是劳动力人口数大于非劳动力人口，劳动人口比例较高，保证了经济增长中的劳动力需求，劳动力资源丰富和成本优势已经使中国成为世界经济增长的引擎。

分析年龄结构的数据来自国家统计局，部分年龄结构数据如图 6-26 所示。

年份	0-14岁人口(万人)	15-64岁人口(万人)	65岁及以上人口(万人)	总抚养比(%)	少儿抚养比(%)	老年抚养比(%)
2023	23063	96228	21676	46.5	24	22.5
2022	23908	96289	20978	46.6	24.8	21.8
2021	24678	96526	20056	46.3	25.6	20.8
2020	25277	96871	19064	45.9	26.2	19.7
2019	23689	99552	17767	41.5	23.8	17.8
2018	23751	100065	16724	40.4	23.7	16.8
2017	23522	100528	15961	39.3	23.4	15.9
2016	23252	100943	15037	37.9	22.9	15
2015	22824	100978	14524	37	22.6	14.3
2014	22712	101032	13902	36.2	22.5	13.7
2013	22423	101041	13262	35.3	22.2	13.1
2012	22427	100718	12777	34.9	22.2	12.7
2011	22261	100378	12277	34.4	22.1	12.3
2010	22259	99938	11894	34.2	22.3	11.9
2009	24659	97484	11307	36.9	25.3	11.6
2008	25166	96680	10956	37.4	26	11.3
2007	25660	95833	10636	37.9	26.8	11.1
2006	25961	95068	10419	38.3	27.3	11
2005	26504	94197	10055	38.8	28.1	10.7
2004	27947	92184	9857	41	30.3	10.7
2003	28559	90976	9692	42	31.4	10.7

图 6-26　人口年龄结构数据部分数据

具体代码如下：

```
    POPULATION_EXCEL_PATH = 'population.xlsx'
DF_STANDARD = pd.read_excel(POPULATION_EXCEL_PATH)
x_data = DF_STANDARD["年份"]
print(x_data)
y_data_age_14 = DF_STANDARD['0-14 岁人口(万人)']
y_data_age_15_64 = DF_STANDARD['15-64 岁人口(万人)']
y_data_age_65 = DF_STANDARD['65 岁及以上人口(万人)']
line1 = (
    Line()
    .add_xaxis(xaxis_data=x_data)
    .add_yaxis("0-14 岁人口", y_data_age_14)
    .add_yaxis("15-64", y_data_age_15_64)
    .add_yaxis("65 岁及以上人口", y_data_age_65)
    .set_global_opts(
        yaxis_opts=opts.AxisOpts(axislabel_opts=opts.LabelOpts(formatter='{value}万'),
                                 splitline_opts=opts.SplitLineOpts(is_show=True)),
        title_opts=opts.TitleOpts(title="中国人口年龄结构变化图(万人)", subtitle="数据
来源:国家数据",
                                  pos_left="center", pos_top="top"),
        xaxis_opts=opts.AxisOpts(min_='1990', max_='2023', name="年份", interval=1,type_
="category",
                                 axislabel_opts=opts.LabelOpts(is_show=True, rotate=60),
```

```
                              splitline_opts=opts.SplitLineOpts(is_show=True)),
        legend_opts=opts.LegendOpts(pos_left="center", pos_bottom="bottom")
    )
    .set_series_opts(label_opts=opts.LabelOpts(is_show=False)).render("人口年龄结构变化.
html")
)
```

运行以上代码，将得到“人口增长率.html”文件，打开该文件，可以看到如图 6-27 所示的人口年龄结构变化示意图。

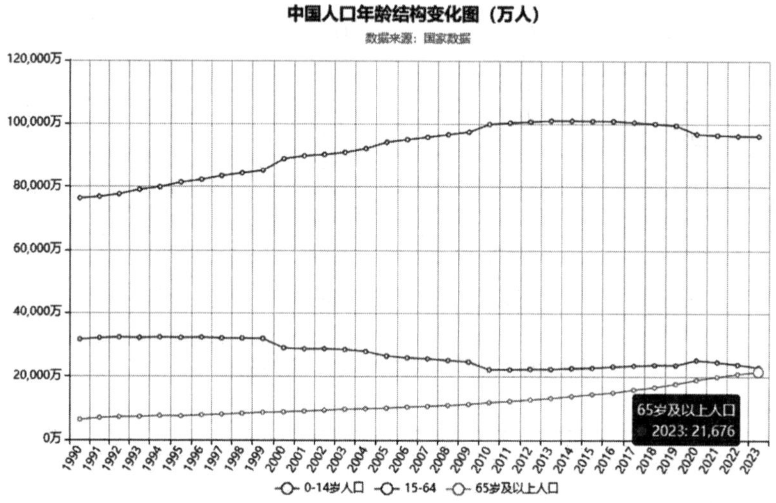

图 6-27 中国人口年龄结构变化

由图 6-27 可以看出，我国 65 岁以上的人口数量从 1990 年以后逐渐上升（1990 年之前的数据未做展示），到 2023 年已经达到了 21 676 万人，而 14 岁以下的儿童数量却有下降的趋势。我国已经逐步进入老龄化社会，这是一个值得社会普遍关注的问题。

检 查

各自完成学习情境的任务并展示结果，介绍任务的完成情况。作品展示前应准备阐述材料，并完成自查。自查单见表 6-13。

表 6-13 自查单

学习情境 6.2	使用 Pyecharts 分析人口普查数据		
检查项目	检查标准	分值	得分
信息检索	能够通过官网获取 Pyecharts 各种图形的绘制方法	20	
下载安装	能够正确下载并安装 Pyecharts，分析它所依赖的各种组件	20	
工具使用	能够使用 Pandas、Numpy、Openxly 等第三方组件	20	
工作结果	能够使用 Pyecharts 制作各种场景的可视化图表	40	
合计		100	

学生展示过程中，以个人为单位，对任务结果进行互查。互查单见表 6-14。

表 6-14　　互查单

<table>
<tr><th colspan="2">学习情境 6.2</th><th colspan="8">使用 Pyecharts 分析人口普查数据</th></tr>
<tr><th rowspan="2">评价项目</th><th rowspan="2">分值</th><th colspan="4">等级</th><th colspan="4">评价对象</th></tr>
<tr><th>优
(100%)</th><th>良
(80%)</th><th>中
(60%)</th><th>差
(40%)</th><th>1</th><th>2</th><th>3</th><th>4</th></tr>
<tr><td>计划合理</td><td>10</td><td></td><td></td><td></td><td></td><td></td><td></td><td></td><td></td></tr>
<tr><td>方案准确</td><td>10</td><td></td><td></td><td></td><td></td><td></td><td></td><td></td><td></td></tr>
<tr><td>工作质量</td><td>20</td><td></td><td></td><td></td><td></td><td></td><td></td><td></td><td></td></tr>
<tr><td>工作效率</td><td>20</td><td></td><td></td><td></td><td></td><td></td><td></td><td></td><td></td></tr>
<tr><td>工作完整</td><td>10</td><td></td><td></td><td></td><td></td><td></td><td></td><td></td><td></td></tr>
<tr><td>工作规范</td><td>10</td><td></td><td></td><td></td><td></td><td></td><td></td><td></td><td></td></tr>
<tr><td>成果展示</td><td>20</td><td></td><td></td><td></td><td></td><td></td><td></td><td></td><td></td></tr>
<tr><td>合计</td><td>100</td><td colspan="4"></td><td></td><td></td><td></td><td></td></tr>
</table>

评　价

教师对学生的工作过程和工作结果进行综合评价，填写综合评价表，见表 6-15。

表 6-15　　综合评价表

<table>
<tr><th colspan="2">学习情境 6.2</th><th colspan="3">使用 Pyecharts 分析人口普查数据</th></tr>
<tr><th colspan="2">评价项目</th><th>评价标准</th><th>分值</th><th>得分</th></tr>
<tr><td colspan="2">考勤(20%)</td><td>无迟到、早退、旷课现象</td><td>20</td><td></td></tr>
<tr><td rowspan="4">工作过程
(40%)</td><td>方案制作</td><td>能制订有效工作方案</td><td>10</td><td></td></tr>
<tr><td>工具运用</td><td>能有效使用相关工具</td><td>10</td><td></td></tr>
<tr><td>工作态度</td><td>态度端正、工作认真、积极向上</td><td>10</td><td></td></tr>
<tr><td>职业素养</td><td>一丝不苟、精益求精</td><td>10</td><td></td></tr>
<tr><td rowspan="4">工作结果
(40%)</td><td>工作完整</td><td>能按时完成任务</td><td>10</td><td></td></tr>
<tr><td>工作质量</td><td>能按计划完成任务</td><td>10</td><td></td></tr>
<tr><td>材料准备</td><td>能准备成果展示所需要的材料</td><td>10</td><td></td></tr>
<tr><td>成果展示</td><td>能准确表达、汇报工作成果</td><td>10</td><td></td></tr>
</table>

拓展思考

1.如何使用 Pyecharts 创建交互式图表？

2.尝试阅读 Pyecharts 源代码。

3.如何将 Pyecharts 与其他的 Web 框架(Flask、Django 等)整合起来？

参考文献

[1] 赵鹏,谢益辉,黄湘云.现代统计图形[M].北京:人民邮电出版社,2021.

[2] 张杰.R 语言数据可视化之美:专业图表绘制指南(增强版)[M].北京:电子工业出版社,2019.

[3] 王念新,尹隽.数据可视化[M].北京:清华大学出版社,2023.

[4] 范路桥,张良均.Web 数据可视化(ECharts 版)[M].北京:清华大学出版社,2021.

[5] 刘大成.Python 数据可视化之 Matplotlib 实践[M].北京:电子工业出版社,2019.

[6] 郭宏远.Excel 数据可视化从图表到数据大屏[M].北京:清华大学出版社,2023.

[7] Python 数据可视化之 Matplotlib 与 Pyecharts[M].北京:清华大学出版社,2020.

[8] 潘强,张良均.Power BI 数据分析与可视化[M].北京:人民邮电出版社,2019.

[9] Python 分析我国存在哪些人口危机[EB/OL].(2021-07-23)[2024-05-12].https://blog.51cto.com/u_15303040/3173335.